W0255803

Industrielle Automatisierungs- und
Informationstechnik

Michael Weyrich

Industrielle Automatisierungs- und Informationstechnik

IT-Architekturen, Kommunikation und Software zur Systemgestaltung

Michael Weyrich
Universität Stuttgart
Stuttgart, Deutschland

ISBN 978-3-662-56354-0   ISBN 978-3-662-56355-7 (eBook)
https://doi.org/10.1007/978-3-662-56355-7

Die Deutsche Nationalbibliothek verzeichnet diese Publikation in der Deutschen Nationalbibliografie; detaillierte bibliografische Daten sind im Internet über https://portal.dnb.de abrufbar.

Planung/Lektorat: Michael Kottusch
Springer Vieweg ist ein Imprint der eingetragenen Gesellschaft Springer-Verlag GmbH, DE und ist ein Teil von Springer Nature.
Die Anschrift der Gesellschaft ist: Heidelberger Platz 3, 14197 Berlin, Germany

Das Papier dieses Produkts ist recyclebar.

Über dieses Buch

Die Automatisierungs- und die Informationstechnik sind ein Garant für Fortschritt und ein Motor für Innovation und Wohlstand. Als Schlüsseltechnologien finden sie zahlreiche Anwendungen in der Industrie. Die Automatisierungstechnik ist heute ein integraler Bestandteil unserer Gesellschaft, da sie die Industrieproduktion in Hochlohnländern hält und neuartige Produkte ermöglicht.

Als Integrationswissenschaft sorgt die Automatisierungstechnik dafür, dass technische Systeme zusammenspielen und selbstständig Aufgaben erfüllen. Auf diese Weise lassen sich eine hohe Effizienz beim Ressourceneinsatz erreichen, die Komplexität bei der Verarbeitung von Information beherrschen oder Fähigkeiten für eine autonome Aufgabenerfüllung realisieren.

In diesem Buch werden Aspekte der Automatisierungstechnik aus der Perspektive der Informationstechnik und der Software zur Steuerung von industriellen Produkten und Anlagen betrachtet. Dazu wird nicht nur eine Sicht auf die Technologie vermittelt, sondern es werden auch die Rahmenbedingungen betrachtet, unter denen Automatisierungstechnik heute zum Einsatz kommt. Dieses Buch vermittelt seinen Leserinnen und Lesern einen Überblick über die für die Automatisierung relevanten Informationstechnologien. Anhand von Fallstudien wird das Verständnis für die Technologieauswahl, für das Muster des Zusammenspiels und für die Entscheidungssituationen vertieft. Es wird überdies erörtert, welche Aspekte bei der Einführung von Automatisierungstechnik in die Praxis eine Rolle spielen und wie die zukünftige Entwicklung aussehen könnte.

Das Buch umfasst folgende Inhalte:

- Was ist Automatisierungstechnik?
- Wo und wie wird sie eingesetzt?
- Wie wird Software in der Automatisierungstechnik erstellt?
- Wie lässt sich die IT-Vernetzung im industriellen Maßstab realisieren?
- Fallstudie zu kognitiven Sensoren für mobile autonome Systeme
- Fallstudie zur IT-Integration in der Anlagenautomatisierung
- Fallstudie zur Automotive-IT heute und in Zukunft
- Wie entsteht Wertschöpfung durch Automatisierungstechnik?

- Wie sehen Wege zur Umsetzung in die Praxis aus?
- Welche zukünftigen Entwicklungen zeichnen sich ab?

Dieses Lehrbuch wendet sich damit an alle Interessierten, die eine Einführung in die Automatisierungstechnik aus der Perspektive der Informationstechnik und Software suchen. Dabei ist es als Überblickswerk besonders für Bachelor- bzw. Master-Studierende geeignet. Es bietet aber auch Ingenieurinnen und Ingenieuren sowie anderen Interessierten eine Möglichkeit zur Fortbildung.

Vorwort

Die Automatisierungs- und die Informationstechnik in Deutschland sind Innovationstreiber, die Fortschritt und Beschäftigung in vielen Bereichen der Industrie schaffen. Entsprechend groß ist die Nachfrage zu unseren Lehrveranstaltungen im Bereich der Automatisierungstechnik, die meine Kolleginnen, meine Kollegen und ich am Institut für Automatisierungstechnik und Softwaresysteme in Stuttgart anbieten.

In vielen Diskussionen mit Studierenden und Praktikern wurde offenkundig, dass eine Mischung aus Methoden- und Anwendungswissen wesentlich ist, um die fachlichen Aspekte und die vielschichtigen Zusammenhänge transparent zu machen, die den Einsatz der Automatisierungstechnik in der Praxis charakterisieren. Diese Mischung, die dieses Buch ausmacht, ist von besonderer Bedeutung, um die informationstechnischen Aspekte und Belange der IT und Software in der Automatisierungstechnik verstehen und anwenden zu können. Das Werk richtet sich an Studierende im Bachelor- und Masterstudium, aber auch an Ingenieure, Technikerinnen, Wissenschaftler sowie Manager und Entscheidungsträgerinnen, die im Bereich der Automatisierungstechnik tätig sind oder Interesse an diesem Thema haben.

Gerade in der heutigen Zeit der Wissensexplosion, der allgegenwärtigen Verfügbarkeit von Informationen durch das Internet und KI, ist ein sorgfältig gewähltes Konzept der Wissensvermittlung von besonderer Bedeutung. Denn trotz unzähliger Quellen, Suchmaschinen, Chatbots und großer Sprachmodelle ist es schwierig, sich ein zusammenhängendes Bild der Informationstechnik in der Automation zu machen. Dies ist aber eine unabdingbare Voraussetzung, um überhaupt die richtigen Fragen stellen und im Internet erfolgreich recherchieren zu können.

Dem an mich herangetragenen Wunsch nach einem Lehrbuch zum Thema Automatisierungstechnik bin ich daher gern nachgekommen, auch wenn die Konzeption und Stoffzusammenstellung aufwendiger war als ursprünglich geplant.

Gefragt war eine kompakte Kombination aus Breiten- und Tiefenwissen, die die IT für die Automatisierungstechnik beleuchtet, ohne sich in der enormen Tiefe und Komplexität der heutigen Technologien zu verlieren. Natürlich ist dabei ein Gesamtverständnis im Sinne eines T-förmigen Wissensprofils wichtig, das einerseits Breitenwissen der Automatisierungstechnik darstellt und andererseits Tiefenwissen zu speziellen Aspekten untermauert. Das Buch bietet daher einen umfassenden Überblick über aktuelle und zukünftige Technologien und ihre Anwendungsbereiche in der Automatisierungstechnik. Zudem werden Fallstudien aus der Praxis vorgestellt, die einen Einblick in konkrete Anwendungen der Automatisierungstechnik geben.

Eine entsprechende Auswahl zu treffen, war eine Herausforderung. Das Ergebnis kann zwangsläufig nicht allen gerecht werden, was auch in der Diskussion mit Studierenden und Praktikern immer wieder thematisiert wird.

Der Anspruch des Buches ist es dennoch, einen Einstieg in die wichtigsten Themen der IT für die Automatisierungstechnik zu bieten. Dazu sind die Forschungsergebnisse der letzten Jahre strukturiert worden, um sie deskriptiv für die Lehre zu präsentieren. Es sind viel Erfahrungswissen und Beobachtungen aus meiner langjährigen Tätigkeit in der Praxis, in der industriellen Forschung und an der Universität in diesem Buch zusammengestellt. Meine Position als Vorsitzender der VDI/VDE Gesellschaft für Mess- und Automatisierungstechnik sowie im Präsidium des VDE vermittelte mir Einblicke, die bei der Priorisierung der vielen Themen hilfreich waren.

Aufgrund der Informationsfülle wird eine eng abgegrenzte Darstellung des Themas benötigt, um einen Einstiegt in die komplexe Welt der Automatisierungstechnik zu finden. Zu diesem Zweck gliedert sich das Buch in drei Bereiche: Grundlagen und Basistechnologien, Fallstudien aus den anwendenden Bereichen und eine Darstellung der Möglichkeiten zur Wertschöpfung und zum Einsatz in der Praxis. Das Buch vermittelt somit wichtige Kompetenzen, um Konzepte und Prinzipien im Bereich der Informationstechnik für die Automatisierung zu entwickeln und dann für die Einsatzfelder anzuwenden. Dabei werden auch wirtschaftliche Zusammenhänge behandelt, die für die Planung, Realisierung und Einführung von Informationstechnik für die Automatisierung von Bedeutung sind.

Nach der Lektüre dieses Buches können und sollten spezielle Vertiefungen in diesem sich schnell entwickelnden Bereich durch weiterführende Literatur, Darstellungen im Internet oder durch Fortbildungskurse zu industriellen Produkten erlernt werden. Auch KI-Chatbots mit Sprachverarbeitungsmodellen können genutzt werden, da Leserinnen und Leser dann in der Lage sind, die richtigen Fragen zu formulieren.

Für ihre Recherchen und die Ausarbeitung von Teilaspekten möchte ich den zahlreichen Mitwirkenden an dieser Stelle danken, die alle einen wichtigen Beitrag zu diesem Buch geleistet haben.

Benjamin Maschler und Dustin White haben intensiv an der didaktischen Darstellung des Lehrstoffs gearbeitet und konkretes Feedback zu einzelnen Fachkapiteln beigetragen. Zu nennen sind auch Matthias Klein und Philipp Marks, die besonders in den anfänglichen Recherchen zum aktuellen Stoffumfang sehr aktiv waren. Bei der Erstellung der Fallstudien trugen insbesondere Dominik Braun, Falk Dettinger, Daniel Dittler, Baran Gül, Andreas Löcklin, Nada Sahlab und Matthias Weiß mit Entwürfen zur Ausgestaltung bei. Dr. Nasser Jazdi und Falk Dettinger haben das Manuskript sorgfältig durchgesehen und Hinweise auf fachliche Unstimmigkeiten gegeben.

Die Erstellung der Blockgrafiken hat Ulrike Bek umfassend unterstützt, ein Bild geht auf Timo Müller zurück, die Photoshop-Illustrationen wurden von Justina Trefz und Oliver

Schneider angefertigt. Für die finale Durchsicht des Manuskripts und Hinweise zum Aufbau und der Lesbarkeit bedanke ich mich bei Dr. Susanne Schuster.

Ich wünsche den Leserinnen und Lesern dieses Buches viele interessante Erkenntnisse und Einsichten. Ich hoffe, insbesondere Studierende für das Thema der Informationstechnik und Software in der Automatisierungstechnik begeistern zu können. Ihre Kompetenzen und Ideen werden den Industriestandort Deutschland stärken.

Stuttgart, Deutschland Michael Weyrich
Juli 2023

Inhaltsverzeichnis

Über den Autor

Professor Michael Weyrich studierte Elektrotechnik mit Schwerpunkten in der Automatisierungstechnik in Saarbrücken, Bochum und London. Er promovierte an der RWTH Aachen im Rahmen seiner Tätigkeit am Europäischen Zentrum für Mechatronik.

Nach der Promotion wechselte er zu einem internationalen Automobilkonzern. Er war dort acht Jahre in verschiedenen Stationen u. a. als Leiter des Fachgebiets „CAx/IT-Prozesskette – Produktion" im Bereich Informationstechnologie-Management tätig. In seiner Tätigkeit als Abteilungsleiter „IT for Engineering" für Mercedes in Bangalore (Indien) baute er das Offshore-Kompetenzfeld in Kooperation mit den Unternehmensteilen in Deutschland, USA und Japan auf. Nach seiner Rückkehr aus dem Ausland war Michael Weyrich für zwei Jahre bei Siemens im Bereich der Automatisierungstechnik als Abteilungsleiter zuständig für den Aufbau eines neuen Geschäfts auf der Basis von Software und Dienstleistungen für den Produktlebenszyklus von Maschinen und Anlagen.

Im Jahr 2009 erfolgte die Berufung zurück in die akademische Welt. Seit Anfang 2013 leitet er das Institut für Automatisierungstechnik und Softwaresysteme an der Universität Stuttgart. Er ist Studiendekan des Master-Studienganges „Autonome Systeme".

Michael Weyrich begeistert sich für die Forschung und Lehre in der Automatisierungstechnik und hat zahlreiche wissenschaftliche Beiträge publiziert. Er ist Vorsitzender der Gesellschaft für Mess- und Automatisierungstechnik des VDI/VDE.

Einführung

1

Zusammenfassung

Dieses Buch betrachtet die Automatisierungstechnik aus der Perspektive der IT und der Software. Es skizziert die wesentlichen Lösungselemente und beschreibt, wie IT-orientierte Automatisierungssysteme heute und in Zukunft aufgebaut werden können.

In dieser kurzen Einführung wird dargelegt, was die Automatisierungstechnik ausmacht und welche Informationen und Kompetenzen in diesem Buch vermittelt werden. Dazu werden die folgenden Fragen erörtert:

- **Welches Selbstverständnis liegt der Automatisierungstechnik zugrunde und für welche Themen fühlen sich die Ingenieurinnen und Ingenieure verantwortlich?**
- **Wie sieht der „Technologie-Stack" der Automatisierungstechnik aus, der in diesem Buch vermittelt wird?**
- **Wie gliedert sich das Buch, welche Lernziele werden verfolgt und welche Kompetenzen vermittelt?**

Aufgrund der Vielfalt der technischen Lösungen geht es hierbei nicht um eine Tiefenkenntnis spezieller Verfahren und Methoden, sondern vielmehr um ein Verständnis davon, wie sich komplexe Systeme der Automatisierungstechnik realisieren lassen und welche Kriterien bei Entscheidungen zugrunde liegen.

© Springer-Verlag GmbH Deutschland, ein Teil von Springer Nature 2023

M. Weyrich, *Industrielle Automatisierungs- und Informationstechnik,*

https://doi.org/10.1007/978-3-662-56355-7_1

1.1   Was Automatisierungstechnik heute und in Zukunft leistet

Die Automatisierungstechnik ist und bleibt ein Motor des Fortschritts, der bereits viele Veränderungen bewirkt hat und auch zukünftig Geschäftsprozesse, industrielle Abläufe und neuartige Produkte unserer Lebens- und Arbeitswelt hervorbringen wird.

Die Autorinnen und Autoren einer Zukunftsstudie für das Jahr 2025, die von der Gesellschaft für Mess- und Automatisierungstechnik im Verein Deutscher Ingenieure (VDI/VDE) als wichtige Interessenvertretung der Branche in Deutschland erstellt wurde, formulierten Thesen für die Entwicklung der Automatisierungstechnik, die sich aus heutiger Sicht bestätigen (Adamczyk et al. 2015):

- Automatisierung ermöglicht flexible Wertschöpfungsnetzwerke.
- Automatisierung erleichtert Menschen den Umgang mit Technik.
- Automatisierung integriert Technologiefelder und vernetzt verschiedene Disziplinen.
- Automatisierungstechnik bildet das Bindeglied zwischen physischen Elementen der realen Welt und ihren digitalen Abbildern.

Der Automatisierungstechnik kommt also eine große Bedeutung zu: Sie dient dazu, die immer komplexer werdenden technischen Prozesse zu organisieren und intelligente vernetzte Produkte zu schaffen. Dabei steht die Frage nach den technischen Möglichkeiten, die neue Funktionsprinzipien hervorbringen, im Vordergrund. Es entstehen Konzepte, systematische Untersuchungen und vor allem Versuchsaufbauten, an denen die vielfältigen Fragestellungen untersucht werden können.

So sehen wir viele Aktivitäten, die den „digitalen Reifegrad" von Unternehmen in Bezug auf Industrie 4.0 betrachten oder ihre Fähigkeit zur digitalen Transformation bewerten.

Aber auch das Thema intelligente Produkte, also Systeme, die auf der Basis von meist vernetzten Informationen Fähigkeiten entwickeln, rückt zunehmend auf die Tagesordnung der Unternehmensleitungen, die sich fragen müssen, wie neuartige Fähigkeiten von Produkten auf Basis von Daten und Software entwickelt werden können.

Die Automatisierungstechnik wird weiterhin disruptiv unsere Arbeits- und Lebenswelt verändern. So formulieren Porter und Heppelmann (2014):

> „Pfiffige, vernetzte Produkte werden schlussendlich mit einer vollständigen Autonomie funktionieren. Dem Menschen als Anwender kommt lediglich eine Überwachungsfunktion des Betriebs zu bzw. er wacht über einen Verband von Systemen statt über einzelne Einheiten."

Offenkundig tauchen im Zuge dieser Entwicklung viele Fragen zur wirtschaftlichen Verwertung und gesellschaftlichen Akzeptanz auf, die nicht allein handlungsführenden und an technischen Machbarkeiten orientierten Unternehmen überlassen werden dürfen.

Das Wissen um diese Technologien sowie die Mechanismen zum erfolgreichen Einsatz von Produkten der Automatisierungstechnik in der Anwendung sind außerordentlich vielfältig und unterliegen Einflussfaktoren und Begleitumständen, die weitreichende Konsequenzen auch für die Gesellschaft haben.

Insbesondere im deutschsprachigen Raum wird der regulatorische Rahmen mit Standards und Integrationsansätzen für Systeme mit künstlicher Intelligenz ausführlich diskutiert. Dies wird als eine Grundvoraussetzung zur Schaffung eines digitalen Ökosystems verstanden. In Deutschland sind insbesondere Industrieverbände und Zusammenschlüsse von Industrieunternehmen aktiv, deren Fachexperten übergreifende Aspekte adressieren. So haben sich in den letzten Jahren Organisationen formiert, um die weitere Entwicklung auf dem Gebiet der Automatisierungstechnik voranzutreiben.

Die zukünftigen Anwendungsfelder reichen dabei von der Automatisierung der Wissensarbeit, also dem Einsatz von künstlicher Intelligenz zur Informationsverarbeitung, über Roboteranwendungen bis hin zu einer weiteren Rationalisierung der industriellen Wertschöpfungsketten und der Industrieproduktion.

Dabei sind gute Arbeitsbedingungen und eine qualifizierte Ausbildung übergeordnete soziale Aspekte, die Eckpfeiler der Technologieentwicklung sein werden.

Aber auch ein nachhaltiger Umgang mit der Umwelt und eine Kreislaufwirtschaft werden durch die Automatisierungstechnik ermöglicht. Beispielsweise erlauben Datenräume das Sammeln von Informationen bei der Produktherstellung, die beispielsweise den CO_2-Fußabdruck dieser Produkte erfassen. Gleichzeitig werden aber auch tiefe Einblicke in die Wertschöpfungskette, ihre Akteure und die betriebswirtschaftlichen Zusammenhänge gewährt, die eine neue Form der Transparenz entstehen lassen. Gleichzeitig muss aber auch anerkannt werden, dass für die Speicherung von Daten und die Rechenleistung der Automatisierungstechnik ein nicht zu vernachlässigender Anteil an Energie benötigt wird.

Heute stehen wir jedoch noch an einem Punkt, an dem der Einfluss von Informationsvernetzung und die Möglichkeiten von künstlicher Intelligenz erst schrittweise erkennbar werden. Es wird noch vieler Diskussionen und Entwicklungen bedürfen, bis Leitbilder und Regeln entstehen, die allgemein akzeptiert, tragfähig und gegebenenfalls auch staatlich reguliert sind.

Bei all diesen Diskussionen sind jedoch die Technologien die Auslöser für die Veränderung und die Gestaltung der Lebenswelt. Hier kommt dem konsequenten Einsatz von Software und KI sowie der Nutzung vernetzter Daten und Informationen große Bedeutung insbesondere für die Automatisierungstechnik zu.

1.2   Zum Selbstverständnis der Automatisierungstechnik

Als Integrationswissenschaft verbindet die Automatisierungstechnik die Welt der maschinenbaulichen Systeme mit der der Elektrotechnik, der Informationstechnik und der Informatik. Dabei kommt der Automatisierungstechnik eine Schlüsselrolle im Zuge der Systemintegration zu. Sie verbindet die Systemelemente und organisiert ihr Zusammenspiel. Wird ein automatisiertes System erstellt, z. B. eine Produktionsstraße oder ein vollautomatisches Fahrzeug, dann ist oft die Automatisierungstechnik das Bindeglied, quasi der „Klebstoff", zwischen den einzelnen Lösungsbausteinen.

Verantwortliche für Automatisierungstechnik sehen sich aufgrund dieses Selbstverständnisses in einer integrativen Stellung für das Gesamtsystem. Sie organisieren die technischen Prozesse, strukturieren die Komplexität und gestalten das Gesamtsystem so, dass es funktioniert und die Übersicht gewahrt bleibt.

Rückblickend kann man der Automatisierungstechnik attestieren, dass sie die Unternehmensstrategien und die internationale Wettbewerbssituation in den letzten 50 Jahren stark beeinflusst hat. Dabei hat sie sowohl zu Produktivitätsgewinnen in der Industrie als auch zu vielen neuen Funktionen und Fähigkeiten von technischen Produkten geführt.

Die Themen der Automatisierungstechnik haben sich über die Jahre ständig weiterentwickelt. Waren in den 1970er- und 1980er-Jahren aufgrund der eingeschränkten Rechenleistung die Themen Echtzeitsteuerung und grundlegende Kommunikation noch maßgeblich, sind dazu heute viele Lösungen verfügbar. Ähnliches gilt für die Entwicklung von Software für die Steuerung, Regelung und Überwachung, die inzwischen seit Dekaden erfolgreich eingesetzt wird.

Mittlerweile geht es eher um die Allgegenwart von Informationstechnik im Sinne einer vernetzten Datenerfassung. Automatisierung hilft bei der Entscheidungsfindung und der Ableitung von Handlungsoptionen, basierend auf Daten und der Auswertung mit Softwaresystemen. Es wird möglich, jeden Bereich zu automatisieren und dabei eine Automatisierung „im Kleinen" mit der „im Großen" zu verbinden. Software spielt eine zunehmend führende Rolle, die praktisch over-the-Air ständig und überall verändert werden kann. Man spricht heute auch von „softwaredefinierten Systemen", also solchen, die nicht etwa durch den speziellen Aufbau der Hardware des technischen Prozesses bestimmt werden, sondern durch die Konfiguration der Automatisierungssoftware definiert sind.

Abb. 1.1 skizziert die heutige Automatisierungstechnik, die die Kernthemen in einen Gesamtzusammenhang setzt. Meine geschätzten Vorgänger Prof. Rudolf Lauber und Prof. Peter Göhner haben in ihren Lehrwerken (Lauber 1989, Lauber und Göhner 1999) das Bild eines Tanzpaares benutzt, um aufzuzeigen, wie Automatisierungssysteme im Gleichklang komplexe Vorgänge steuern und regeln, ähnlich wie beim Tanz. Dabei stand zur damaligen Zeit die Echtzeitfähigkeit, also die rechtzeitige und synchronisierte Koordination der jeweiligen Abläufe im Vordergrund, die mit vielen technischen Herausforderungen verbunden war.

Heute geht es natürlich immer noch um die Koordination von technischen Abläufen, sodass das Bild des Tanzpaares immer noch zutrifft, aber es sind weitere Aufgaben in der Automatisierung hinzugekommen: So hat man heute sozusagen mehrere Tanzpaare gleichzeitig im Blick und beschäftigt sich mit ihrer übergreifenden Koordination. Die Frage nach der Orchestrierung der Musik hat einen anderen Stellenwert und man ist auch viel stärker vernetzt, man bezieht quasi Erfahrungen aus anderen Tanzschulen mit ein. Es ist auch möglich, dass sich die Musikrichtung ändert und morgen zu ganz anderen Rhythmen getanzt wird als heute.

Natürlich ist die Frage der Echtzeitsteuerung von Automatisierungssystemen immer noch aktuell. Allerdings hat sich aufgrund der Verfügbarkeit von neuen Technologien das Betrachtungsfeld erweitert. Es geht heute eher um die Koordination mit anderen Syste-

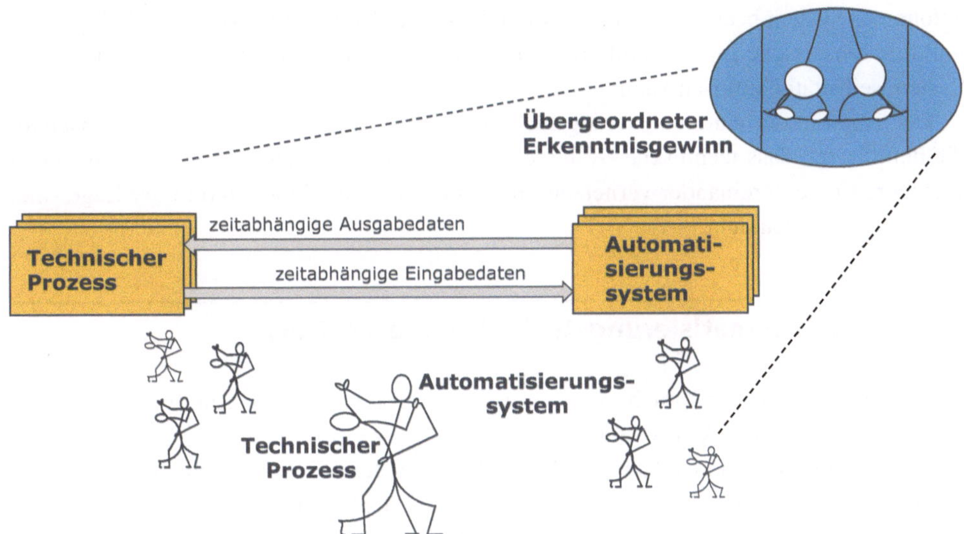

Abb. 1.1 Analogiebeispiel zur Veranschaulichung der Kopplung zwischen technischem Prozess, Automatisierungssystem und Möglichkeiten des übergeordneten Erkenntnisgewinns. (Hommage an eine Darstellung von Rudolf Lauber 1989)

men, ihre Vernetzung, nachfolgende übergreifende Beurteilungen und Abstimmungen. Die Koordination eines einzelnen automatisierten Systems kann zwar bei ganz neuen Automatisierungsaufgaben nach wie vor schwierig sein, oft geht es jedoch um Fragen der Orchestrierung und der übergreifenden Optimierung mehrerer dieser Systeme. Es müssen komplexe Anlagen erstellt werden, die auf der einen Seite resilient gegenüber unerwarteten Einflüssen sind und auf der anderen Seite ausreichend agil, um für sich verändernde Aufgaben eingesetzt werden zu können.

Das Bild des Tanzpaares verdeutlicht, um wieviel komplexer die Automatisierungstechnik heute geworden ist und welche unterschiedlichen Aspekte zu integrieren sind, um einen übergreifenden Ablauf zu gestalten. In vielen Industrieanwendungen geht es heute nicht nur um die Realisierung einer speziellen Funktion in Echtzeit, sondern um Zuverlässigkeit, Resilienz, Energieeffizienz und Kosten für Umbauten. Zudem werden Automatisierungssysteme und ihre Komponenten heute übergeordnet überwacht, um Einsichten in ihr Verhalten und damit in größere Zusammenhänge zu gewinnen.

Die Automatisierungstechnik fungiert heute als eine interdisziplinäre Drehscheibe zwischen Prozessverantwortlichen (z. B. Anwendern in der Produktion), Geräte- und Systemherstellern sowie Komponentenlieferanten von Automatisierungsprodukten. Diese Akteure arbeiten zusammen, um die Automatisierung in der Praxis umzusetzen. Somit wirkt die Automatisierung als „Klebstoff" für die einzelnen Akteure und deren Beiträge.

Bei der Automatisierungstechnik der Zukunft werden autonome Systeme neue Maßstäbe setzen, da es um ein „Wahrnehmen" der Umgebung geht und um die Frage, inwiefern mit einem deutlich höheren Maße an Handlungsfreiheiten diese Umgebung durch ein autonomes System beeinflusst werden kann. Dazu werden mithilfe kognitiver Fähigkeiten multiple sensorische Inputs kombiniert und eine Situation verstanden, die das autonome System selbsttätig auflösen kann.

Der Trend in der Automatisierungstechnik verändert diese hin zu einer Wissenschaft, die dafür sorgt, dass technische Systeme über automatische bzw. autonome Fähigkeiten verfügen, sich untereinander vernetzen, ihre Umwelt wahrnehmen und in der Lage sind, selbstständig zu handeln.

1.3   Die Automatisierungstechnik in diesem Buch

Dieses Buch hat den Anspruch, den Leserinnen und Lesern ein Gesamtverständnis der Automatisierungstechnik zu vermitteln.

Dazu werden nach einer Klärung der wichtigsten Begriffe Schlüsseltechnologien der Automatisierungstechnik aus der Perspektive der IT und Software vermittelt. Auf diese Weise lernen die Leserinnen und Leser die Basistechnologien, Methoden und Verfahren kennen.

Das Buch diskutiert dann anhand von Fallbeispielen, unter welchen Rahmenbedingungen die Integration automatisierter Systeme erfolgt und auf welcher Basis Entscheidungen für oder gegen bestimmte Technologien getroffen werden. Die Anwendungen der Automatisierung sind vielfältig; in den vorliegenden Fallstudien werden die Sensorik, die industrielle Produktionstechnik sowie Aspekte aus dem Bereich Automotive-IT betrachtet.

Schließlich werden auch nicht technische Aspekte der Wertschöpfung erörtert. Es geht also nicht nur um Kompetenzen im Bereich technischer Methoden und Verfahren, sondern auch um die Frage, welche Mehrwerte geschaffen werden und wie sich diese über den Produktlebenszyklus hinweg entfalten können.

Abb. 1.2 zeigt eine Topologie der industriellen Automatisierungs- und Informationstechnik, wie sie in diesem Buch behandelt wird. Darüber hinaus werden im Zusammenhang mit der Geschäftsperspektive und der Technologieeinführung der Automatisierungstechnik auch Aspekte der technischen Produkte und Prozesse diskutiert.

Die Automatisierungstechnik integriert heute eine große Vielfalt technischer Ansätze, mit denen Funktionalitäten und Fähigkeiten realisiert und betrieben werden. Der sogenannte „Technologie-Stack" der Automatisierungstechnik ist ausgesprochen breit und an manchen Stellen tief. Das bedeutet, es gibt ein ganzes Spektrum unterschiedlicher Technologien, die in verschiedenen Reifegraden eingesetzt werden. Manche Technologien bestehen schon lange und sind gut beherrscht, andere sind neu und benötigen ein tiefgreifendes Verständnis, um angewendet werden zu können.

Das Gesamtsystem und der zielgerichtete Einsatz von Technologien haben einen großen Einfluss auf den Erfolg von industriellen Produkten und die Effizienz von Industrieprozessen. Heute kristallisieren sich Muster in den IT-Architekturen, der Software und in der industriellen Kommunikation heraus, die facettenreich Technologien einsetzen. Technologische Fragestellungen betreffen Referenzarchitekturen, die Virtualisierung

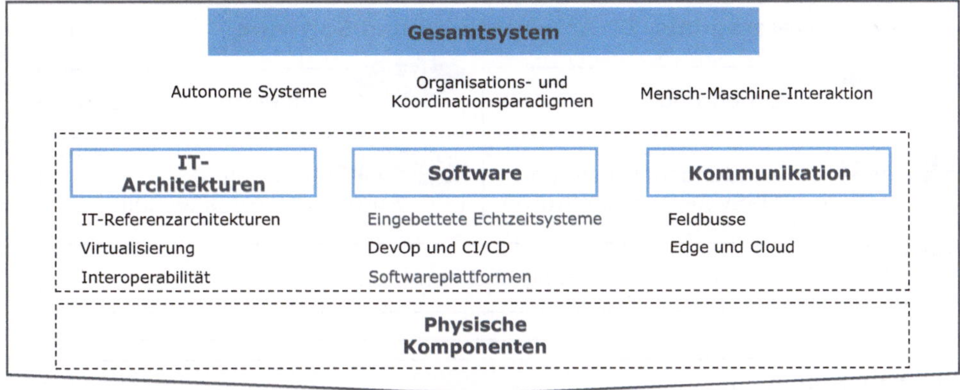

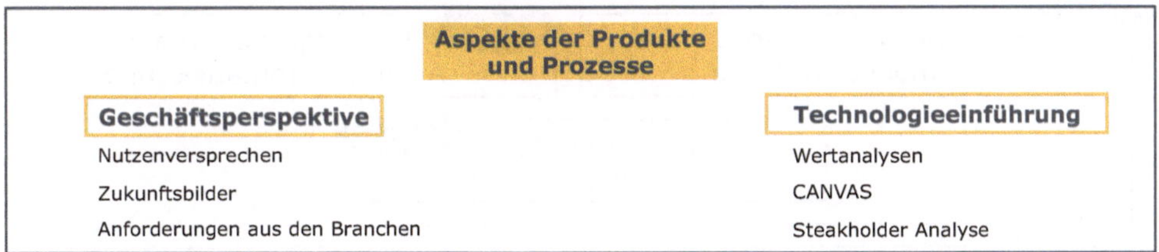

Abb. 1.2 Topologie der industriellen Automatisierungs- und Informationstechnik

und die Interoperabilität. Im Bereich der Software geht es um die Entwicklung von Echtzeitsystemen, Softwareplattformen und um spezielle Entwicklungsverfahren. Auch die industrielle Kommunikation, d. h. die Konnektivität zwischen automatisierten Teilsystemen in Echtzeit, spielt eine wichtige Rolle. Benötigt werden hierbei Kenntnisse, um die Vielzahl der möglichen Lösungsverfahren zu überblicken und die geeigneten einsetzen zu können.

Heute wird man in der Automatisierungstechnik zunehmend mit Aspekten der Produkte und Prozesse aus der Geschäfts- oder Technologieeinführungsperspektive konfrontiert. Beispielsweise sind das Nutzenversprechen und die Wirtschaftlichkeit wichtige Aspekte für die Auswahl von Funktionsprinzipien und Technologien. Zu bedenken ist dabei auch, dass nach einer ersten Phase der Euphorie über neue technische Funktionen rasch eine Phase kommt, in der sich diese wirtschaftlich beweisen müssen. Zwar soll die Betrachtung der Geschäfts- und Einführungsperspektiven hier nicht umfassend ausgerollt werden, dennoch gehören Verfahren der Wertanalyse heute zum Repertoire von Ingenieurinnen und Ingenieuren.

Fragen der Technologieeinführung automatisierter Lösungen im Produktentstehungsprozess sind ebenfalls von Bedeutung. Sie hängen zwar stark vom jeweiligen Anwendungsfeld ab, dennoch gibt es typische Muster und viele bekannte Fallstricke. Die Leserinnen und Leser erfahren in diesem Buch, welche Möglichkeiten es gibt, Methoden und Verfahren der Automatisierung erfolgreich einzuführen.

Natürlich gibt es eine Vielzahl weiterer wichtiger Themenstellungen – insbesondere der maschinenbauliche Entwurf und Fragen der Produktion – aber Aspekte, die mit der

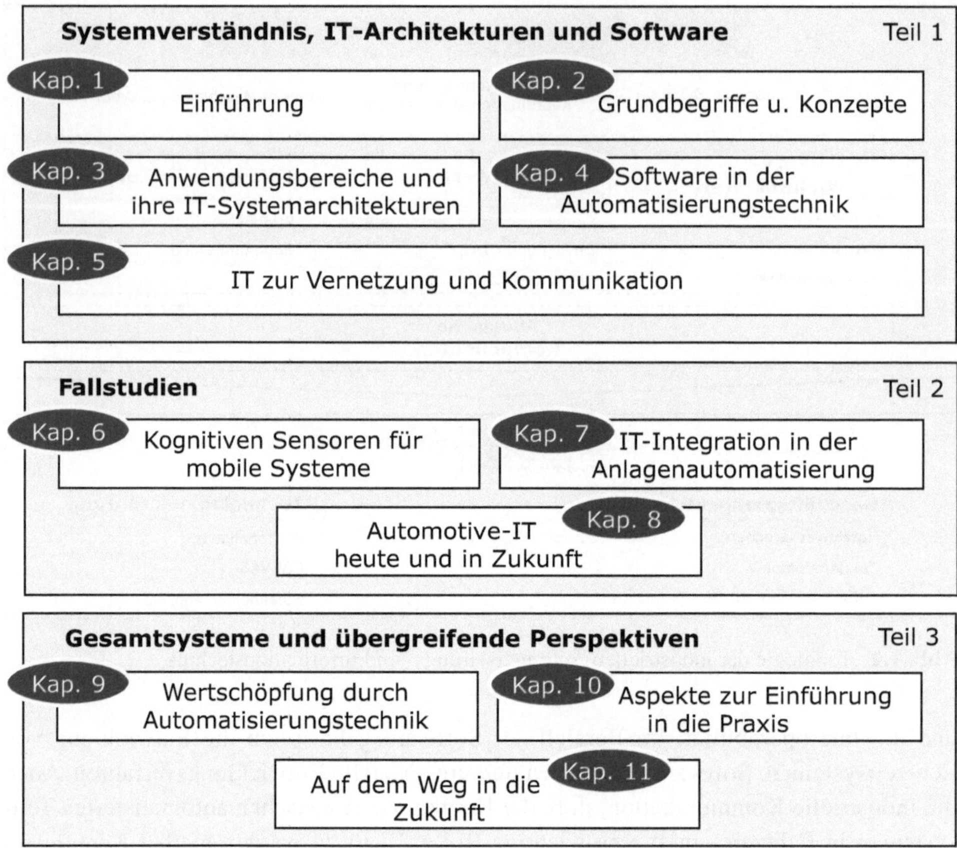

Abb. 1.3 Aufbau des Buches

Realisierung der physischen Komponenten zusammenhängen, können in diesem Rahmen nicht behandelt werden.

Dieses Buch gliedert sich gemäß Abb. 1.3 in drei Teile:

Im ersten Teil werden die technologischen Grundlagen der Automatisierung behandelt. Es geht dabei um relevante Denkwelten, Konzepte und Prinzipien, die die Automatisierung von Prozessen und Systemen ermöglichen. Es geht um ein Systemverständnis, Grundmuster von IT-Architekturen sowie um Technologien der Software und Kommunikation. Hierbei werden Begrifflichkeiten und Zusammenhänge geklärt, um ein grundsätzliches Verständnis zu schaffen. Es folgt eine Diskussion der verschiedenen Anwendungsgebiete in der Praxis, ihre Anforderungen und typische Architekturen. Anschließend wird auf Topologien, Paradigmen und Realisierungen der Automatisierungstechnik eingegangen. Abschließend werden Möglichkeiten zur industriellen Softwareerstellung behandelt und der Stand der Technik im Bereich Industriekommunikation vorgestellt.

Im zweiten Teil wird untersucht, wie und warum Automatisierungstechnik heute eingesetzt wird. Hierzu werden Fallstudien aus dem Bereich der kognitiven Sensorik, der

IT-Integration bzw. Interoperabilität in der Anlagenautomatisierung und dem Bereich der IT für Automotive vorgestellt. Die Fragestellungen der Technologieauswahl, Entwicklungsansätze und Einsatzpotenziale werden aus Sicht der Praxis fallbasiert diskutiert. Die Fallstudien haben nicht den Anspruch, spezifische Problemstellungen tagesaktuell zu diskutieren; sie sollen vielmehr die Kompetenz fördern, Lösungsalternativen zu identifizieren, zu bewerten und systematisch umzusetzen.

Im dritten Teil des Buches werden die Möglichkeiten der Wertschöpfung durch Automatisierung sowie deren Einführung in die Praxis betrachtet. Hier wird den Leserinnen und Lesern die Kompetenz vermittelt, aufgrund von unterschiedlichen Kriterien zwischen denkbaren Lösungsalternativen systematisch auswählen zu können. Zum Einsatz kommen dabei Verfahren der Wertanalyse sowie eine umfassende Betrachtung, wie neue Technologien beurteilt und in die Praxis gebracht werden können.

Durch diesen Aufbau vermittelt das Buch die erforderlichen Kompetenzen, um die Komplexität beim Einsatz von IT und Software in der Automatisierungstechnik zu verstehen und Entscheidungssituationen und Aspekte bei der Technologieauswahl erfolgreich vorzubereiten.

Weiterführende Literatur

Anderl, R.; Fleischer, J. (Hrsg.): **Leitfaden Industrie 4.0, Orientierungshilfe zur Einführung in den Mittelstand**. VDMA und Partner, 2015

Frietsch, R.; Beckert, B.; Daimer, S.; Lerch, Ch.; Meyer, N.; Neuhäusler, P.; Rothengatter, O.; Lichtblau, K.; Fritsch, M.; Kempermann, H.; Lang, T.: **Die Elektroindustrie als Leitbranche der Digitalisierung**. Zentralverband Elektrotechnik- und Elektronikindustrie (ZVEI), 2016

Bauer, K.; Bedenbender, H.; Bettenhausen, K. D.; Bilgic, A.; Dirzus, D.; Grieb, H.; Gräßler, I.; Heizmann, M.; Lange, Ch.; Menze, Th.; Miny, T.; Roos, E.; Sommer, K. D.; Tauchnitz, Th.; Thiele, H.; Weyrich, M.: **Automation 2030: Zukunft gestalten, Szenarien und Empfehlungen**. VDI/VDE Gesellschaft für Mess- und Automatisierungstechnik, 2021

Referenzen

Adamczyk, H.; Bettenhausen, K.; Daum, W.; Dirzus, D.; Figalist, H.; Heim, M.; Jumar, U.; Leonhardt, S.; Roos, E.; Urbas, L.; Winterhalter, Ch.: **Automation 2025 – Thesen und Handlungsfelder**. VDI/VDE Gesellschaft für Mess- und Automatisierungstechnik, 2015

Lauber, R.: **Prozeßautomatisierung I – Aufbau und Programmierung von Prozeßrechensystemen**. 2. Auflage, Springer Verlag, 1989 https://doi.org/10.1007/978-3-662-09530-0

Lauber, R.; Göhner, P.: **Prozessautomatisierung I**. 3. Auflage, Springer Verlag, 1999 https://doi.org/10.1007/978-3-642-58446-6

Porter, M. E.; Heppelmann, J. E.: **How smart, connected products are transforming competition**. Harvard Business Review, 2014

Was ist Automatisierungstechnik?

Grundbegriffe und Konzepte der Automatisierungstechnik

Zusammenfassung

Im vorliegenden Kapitel werden die zentralen Begrifflichkeiten, Topologien und Konzepte eingeführt. Dazu wird zunächst der Betrachtungsrahmen geklärt, der für die Automatisierungstechnik relevant ist.

Es folgt eine Einführung in den Systemgedanken der Kybernetik, in Grundbestandteile von automatisierten Systemen, Betrachtungen zur Rolle des Menschen und Überlegungen zu autonomen Systemen.

Das Kapitel gibt Antworten auf viele grundsätzliche Fragen:

- Welche Begriffe werden rund um die Automatisierungstechnik verwendet, wie sind sie definiert und welche Denkmodelle stehen dahinter?
- Welche grundlegenden Strukturen von automatisierten Systemen gibt es?
- Wie ist die Entwicklung der Automatisierungstechnik in der Vergangenheit erfolgt und wie schreitet sie voran?
- Welche Bedeutung haben Software, IT und Daten für die Automatisierung und welche grundsätzlichen Konzepte lassen sich erkennen?
- Welche Rolle nimmt der Mensch in Bezug auf die Automatisierung ein?
- Was kennzeichnet autonome Systeme und wie sieht deren Struktur aus?

Nach der Lektüre können die Leserinnen und Leser die wesentlichen Grundbegriffe, Topologien und Konzepte der Automatisierungstechnik erklären und in einen Zusammenhang setzen.

© Springer-Verlag GmbH Deutschland, ein Teil von Springer Nature 2023
M. Weyrich, *Industrielle Automatisierungs- und Informationstechnik*,
https://doi.org/10.1007/978-3-662-56355-7_2

2.1 Grundbegriffe der Automatisierungstechnik

Die Automatisierungstechnik ist eine souveräne Fachdisziplin innerhalb des Gebiets der Elektro- und Informationstechnik, die Teilaspekte insbesondere der Sensorik, Aktorik, der Steuer- und Regelungstechnik, der Kommunikationstechnik, der Echtzeitsoftware und der Datenwissenschaften kombiniert.

Sie fungiert als Integrationswissenschaft und betrachtet Funktionen technischer Systeme, um diese automatisch ausführen zu können.

Die Automatisierungstechnik befasst sich mit der systematischen Auslegung und insbesondere mit der Steuerung von selbstständig ablaufenden technischen Prozessen. Sie ist geprägt durch die Anwendungen, z. B. des Maschinenbaus, der Fahrzeugtechnik oder der Produktionstechnik, die automatisiert werden sollen. Lauber und Göhner (1999) definieren:

> „Ein automatisiertes Gesamtsystem besteht aus dem technischen System mit den technischen Prozessen, dem Automatisierungssystem und Bedienpersonal."

Heutige automatisierte Systeme bestehen aus mechatronischen Modulen, Elektroniksystemen und einem immer größer werdenden Anteil von Software. Diese Software sowie die vernetzte Kommunikation nehmen im Verbund mit Methoden zur Informationsverarbeitung eine treibende Rolle in der Automatisierungstechnik ein.

2.1.1 Technisches System, technische Anlage und technischer Prozess

Wie lässt sich ein technisches System von einer technischen Anlage und einem technischen Prozess abgrenzen?

Technisches System
Ein technisches System ist durch seine Ein- und Ausgänge, seine Funktion und seine Struktur gekennzeichnet. Ein technisches System ist eine Gesamtheit von Teilsystemen, die hierarchisch gegliedert sein können und miteinander in Wechselwirkung stehen. Diese Teilsysteme weisen bestimmte Eigenschaften auf und es besteht ein Zusammenhang zwischen den Eingangsgrößen und den Ausgangsgrößen, der als Funktion des Systems bezeichnet wird. Ein technisches System kann als ein Produkt verstanden werden, das die Zusammengehörigkeit von technischen Komponenten im Sinne von Anlagen und die Vorgänge im System beschreibt.

Abb. 2.1 zeigt die Struktur eines technischen Systems, das aus Teilsystemen mit Systemelementen aufgebaut ist.

Die Abstraktion eines technischen Systems bietet Vorteile bei der Beschreibung und Modellierung. Im Gegensatz dazu steht die Konkretheit der technischen Anlage.

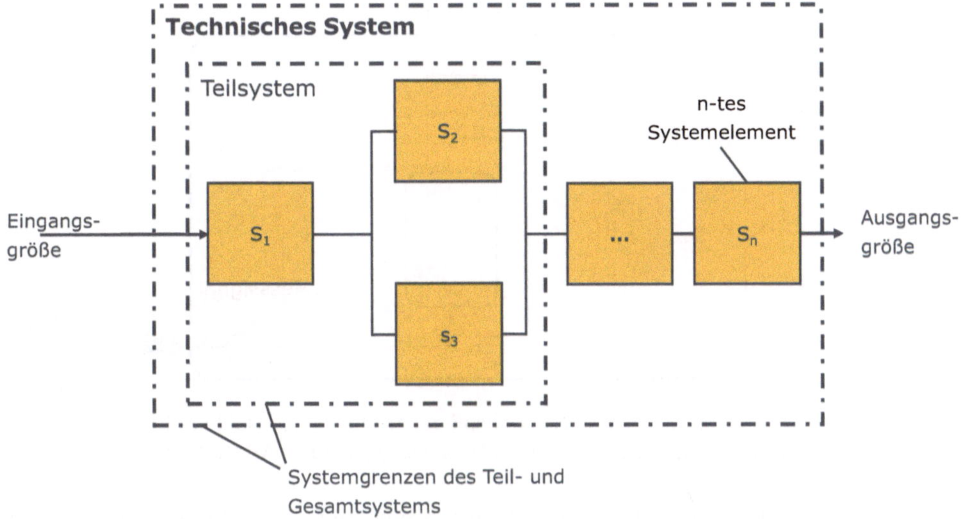

Abb. 2.1 Ein technisches System bestehend aus Teilsystemen und Systemelementen

Technische Anlage

Eine technische Anlage und ihre Komponenten sind konkrete Ausführungen von technischen Systemen. Eine technische Anlage ist eine Zusammenstellung von Apparaten, Geräten und Maschinen, die in einer räumlichen Beziehung stehen und zusammenwirken, um ein Ziel zu erreichen.

Abb. 2.2 zeigt ein Beispiel einer technischen Anlage. Sie besteht aus verschiedenen Komponenten (oder einem Zusammenschluss von Komponenten), wie Ventilen, Verrohrungen, Reaktoren etc.

Diese Komponenten der realen technischen Anlage können auch als Teilsysteme eines technischen Systems aufgefasst werden, da sie in der Darstellung modellhaft abstrahiert sind.

Mit dem Aufkommen der Informationsverarbeitung konzentrierte sich die Automatisierungstechnik auf die Abstraktion von technischen Anlagen hin zu technischen Prozessen. Dabei wird die konkrete Sicht der technischen Anlage mit Blick auf die Folgen und Wechselbeziehungen der Aktivitäten abstrahiert.

Technischer Prozess

Ein technischer Prozess beschreibt die jeweilige Funktion im Sinne einer Abfolge von Verrichtungsschritten.

Er ist nach DIN IEC 60050-351 (2014) und dem VDI-Begriffslexikon (2019) definiert als die

„Gesamtheit der in einem System aufeinander einwirkenden Vorgänge, durch die Materie, Energie oder Information umgeformt, transportiert oder gespeichert wird."

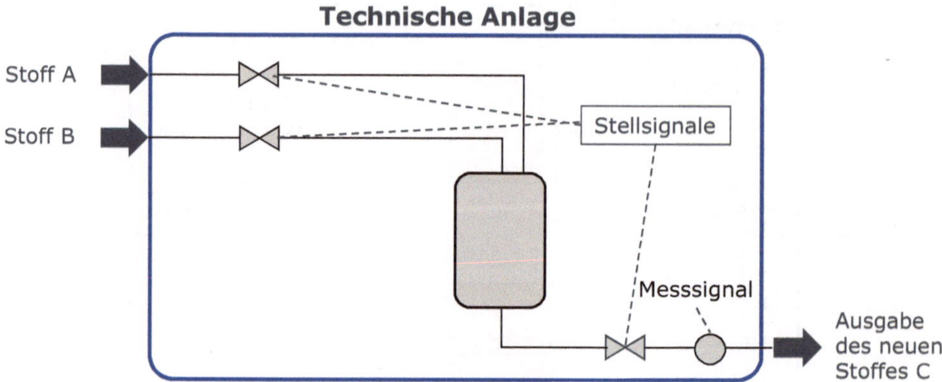

Abb. 2.2 Beispiel einer technischen Anlage. (Adaptiert nach Lauber und Göhner 1999; mit freundlicher Genehmigung von © Springer-Verlag GmbH Deutschland 2023. All Rights Reserved)

Diese Abstraktion für technische Anlagen bzw. Systeme hinsichtlich Funktion und Ablauf ist insbesondere dann sinnvoll, wenn die Informationsverarbeitung in Echtzeit erfolgen soll und die Zusammenführung verteilter Informationen eine entscheidende technische Hürde darstellt.

Die Abb. 2.3 visualisiert den technischen Prozess der in Abb. 2.2 gezeigten technischen Anlage.

In Abb. 2.3 besteht der technische Prozess aus den drei Teilprozessen Füllen, Reaktion und Entleeren von Chemikalien. Die Führungs- und Zustandsgrößen eines technischen Prozesses entsprechen einer Überwachung mit Stell- und Messsignalen in den Komponenten einer technischen Anlage.

Der technische Prozess ist als eine Abfolge von Funktionen in einer abstrahierten Darstellung zu verstehen, die eine Gesamtfunktion erfüllen. Ein technischer Prozess kann durch technische Systeme, bzw. konkrete technische Anlagen realisiert werden.

So lassen sich die einzelnen Aspekte der konkreten Umsetzung zu Beschreibungen von Systemen und Prozessen im obigen Beispiel wie folgt abstrahieren:

- Der Zufluss von Stoff A, Stoff B und der Abfluss von Stoff C in der technischen Anlage werden zu den Eingangsgrößen „Stoffzufluss A", „Stoffzufluss B" und der Ausgangsgröße „Reaktorprodukt C" abstrahiert.
- Reale Komponenten wie Ventile, Verrohrungen, Reaktoren und Sensoren lassen sich als entsprechende technische Systeme darstellen und über ihre Funktion zu Prozessfunktionen wie „Füllen", „Reaktion" und „Entleeren" beschrieben.
- Stell- und Messsignale wie der Grad der Ventilöffnung oder das Messsignal eines Durchflusses werden zur Beschreibung der Ein- und Ausgänge bzw. zu Führungs- und Zustandsgrößen eines technischen Prozesses.

Weitere Beispiele für technische Prozesse sind der Transport von Stückgut in der Intralogistik, die Raffination verschiedener Kohlenwasserstoffe oder die Erzeugung und Vertei-

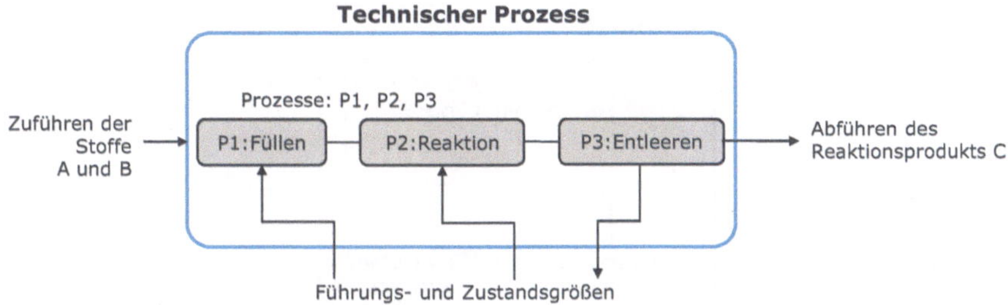

Abb. 2.3 Beispiel eines technischen Prozesses. (Adaptiert nach Lauber und Göhner 1999; mit freundlicher Genehmigung von © Springer-Verlag GmbH Deutschland 2023. All Rights Reserved)

lung von Energie. Aber auch die Planung und Durchführung eines Fluges oder die Auswertung von Informationen folgen technischen Prozessen.

2.1.2   Automaten und Automatisierungssysteme

Eine frühe Definition eines Automaten aus den Anfängen der Automatisierungstechnik sieht diesen durch den jeweiligen Funktionsumfang klar von anderen Systemen abgegrenzt und quasi isoliert. Dementsprechend ist nach DIN IEC 60050-351 (2014) ein Automat wie folgt definiert:

> „Ein Automat ist ein selbsttätig arbeitendes künstliches System, dessen Verhalten entweder schrittweise durch vorgegebene Entscheidungsregeln oder zeitkontinuierlich durch festgelegte Beziehungen bestimmt wird und dessen Ausgangsgrößen aus seinen Eingangs- und Zustandsgrößen gebildet werden kann."

Mit der Weiterentwicklung der Informations- und Kommunikationstechnologie bricht diese atomisierte Betrachtung einzelner Automaten und ihrer Funktionsumfänge jedoch zunehmend auf.

Das heißt, die Automatisierungstechnik von heute orchestriert eine Kollektion von (Teil-)Systemen, bei denen nicht die jeweils einzelnen Funktionen im Mittelpunkt stehen, sondern die Verbindung von Funktionen der Teilsysteme, die autonom und doch zusammen Aufgaben erfüllen.

Die Definition eines Automaten als Grundbestandteil der Automatisierungstechnik geht auf klar abgrenzbare technische Teilprozesse zurück, die jeweils durch ein Automatisierungssystem bearbeitet werden. Die Einheit aus Automatisierungssystem und technischem Prozess bildet einen Automaten, der vom Benutzer überwacht wird. In Abb. 2.4 ist ein solcher Automat mit seinen Bestandteilen, dem technischen System und dem Automatisierungssystem skizziert.

Dem Menschen wird in diesem System eine dedizierte Überwachungsfunktion für den Automaten zugeschrieben. Er trifft die Entscheidung über den Einsatz des Automaten in einem exakt spezifizierten Kontext.

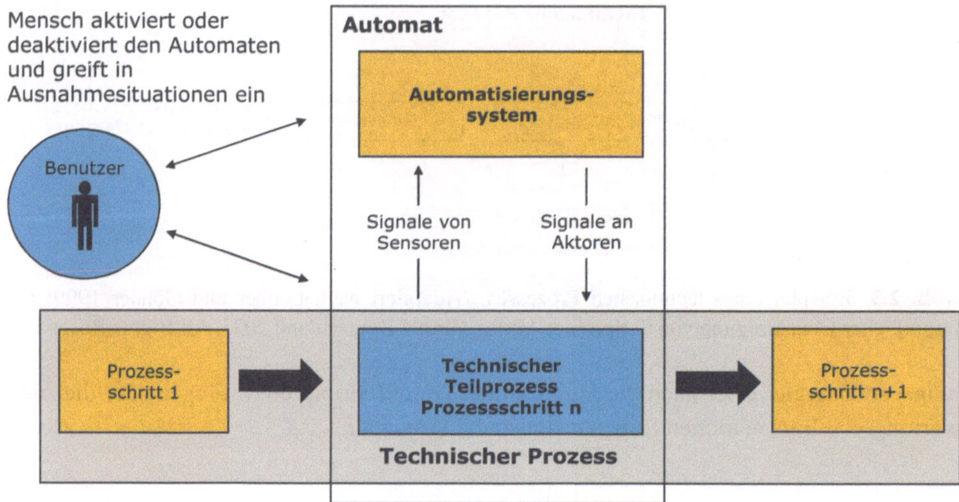

Abb. 2.4 Struktur eines Automaten in Bezug auf den technischen Prozess, das Automatisierungssystem und den menschlichen Benutzer

In diesem Denkmodell nach DIN IEC 60050-351 (2014) wird der Begriff Automatisierungsgrad wie folgt definiert:

> „Der Automatisierungsgrad ist der Anteil der selbsttätigen Funktionen an der Gesamtheit der Funktionen eines Systems oder einer technischen Anlage."

Diese Vorstellung der Automatisierungstechnik basierend auf Automaten mit unterschiedlichem Automatisierungsgrad orientiert sich am Taylor'schen Prinzip der wissenschaftlichen Betriebsführung (*Scientific Management*), auch als Taylorismus bezeichnet. Dieses Prinzip prägte ab Anfang des 20. Jahrhunderts die industrielle Produktion im Sinne einer Atomisierung der Prozesse und der Steuerung von einzelnen Arbeitsabläufen, die von einem auf Arbeitsstudien gestützten und arbeitsvorbereitenden Management detailliert vorgeschrieben wurden. Auf Basis dieser Detailaufgaben der einzelnen technischen Prozesse kann entsprechend automatisiert werden.

Als Beispiel lässt sich ein industrieller Schweißroboter anführen, der Aufgaben wie das Legen einer Schweißnaht nach einem vorgefertigten Programm durchführt. Der Prozess des Schweißens einer Naht kann dabei genau spezifiziert werden und entweder durch einen Menschen oder einen Automaten ausgeführt werden. Auf dieser Basis ist ein konkreter Vergleich möglich: Man kann die Zeiten messen, die der Mensch oder der Automat benötigt. Auch lassen sich Aussagen über die Qualität der Arbeit treffen. So kann davon ausgegangen werden, dass der mechanisierte Schweißprozess qualitativ höherwertige und reproduzierbarere Ergebnisse erbringt, wohingegen beim menschlichen Schweißer das Ergebnis von den Fertigkeiten einer bestimmten Person abhängig ist. Zudem lassen sich die Kosten vergleichen. Der Schweißautomat setzt Investitionen in die Automatisierungstechnik voraus und hat Betriebskosten zur Folge, die mit den Kosten des menschlichen Arbeiters und seiner Schweißausrüstung unmittelbar konkurrieren. Neben einem wirtschaftlichen Vergleich auf Basis von Zeitaufwänden, Qualität und Kosten sollten zudem Aspekte der Flexibilität herangezogen werden. So muss ein Automat erst eingerichtet und programmiert werden, wohingegen ein menschlicher Schweißer sehr agil Aufgaben ausführen kann.

Diese Herangehensweise des Taylorismus hat sich in der Industrieautomatisierung über viele Jahre bewährt, führt in der systematischen Umsetzung aber letzten Endes in eine Spirale, die nach anfänglichen Fortschritten in eine Form der Sättigung übergeht, die immer weniger Verbesserungen zulässt.

Diese Problematik der wissenschaftlichen Betriebsführung ist auch als Taylor'scher Teufelskreis bekannt: Eine immer stärkere Verfeinerung der Teilprozesse in der Betriebsführung erfordert eine sehr spezielle Erstellung von Automatisierungsfunktionen. Im Sinne des Taylorismus werden dabei alle Funktionen im Produktionsprozess, wie das Spannen des Bauteils oder dessen Handhabung und Transport, die Qualitätsprüfung etc., jeweils separat betrachtet und gegebenenfalls durch Roboter oder den Menschen ausgeführt. Diese feingliederige Automatisierung ist jedoch sehr zeit- und arbeitsaufwendig, da Automaten aufgrund vielschichtiger technischer Abhängigkeiten starr und nur mit einem erheblichen Engineeringaufwand veränderbar sind.

Man versucht daher, in der Automatisierungstechnik eine Flexibilisierung z. B. durch den Einsatz von Sensoren herbeizuführen. Kann beispielsweise bei dem oben erwähnten Schweißroboter ein thermischer Verzug des Bauteils aufgrund von Wärmeeinbringung im Prozess direkt und automatisch ausgeglichen werden, so bleibt der Schweißroboter zwar auf die dedizierte Funktion begrenzt, muss jedoch nicht durch den Menschen neu programmiert werden, wenn sich das Bauteil durch den Wärmeeintrag verändert.

Es ist naheliegend, dass man durch den Einsatz von Software im Verbund mit möglichst einheitlichen und modularen Anlagen die Einsatzmöglichkeiten und die Flexibilität automatisierter Gesamtsysteme zu steigern versucht.

2.2   Die Systemtheorie der Kybernetik in der Automatisierungstechnik

Die Systemtheorie der Kybernetik war für die Automatisierungstechnik über lange Jahre prägend und hat viele Denkmuster maßgeblich geformt. Sie wurde ab Ende der 1940er-Jahre durch den Kybernetiker Norbert Wiener, den theoretischen Biologen Ludwig von Bertalanffy und den Informationstheoretiker Claude Shannon geprägt. Die Systemtheorie beschreibt einen übergreifenden Denkansatz, der das System und seine Eigenschaften verfolgt. Die Systemtheorie wurde seither intensiv weiterentwickelt und hat viele Anknüpfungspunkte in der Informations-, Regelungs- und Systemtechnik sowie in der *Operations Research*.

2.2.1 Der Regelkreis und seine Komponenten

Zu Beginn steht die Frage, aus welchen Grundkomponenten ein automatisiertes System besteht und wie sich diese systematisch einordnen lassen. Betrachtet man den technischen Prozess, so lassen sich eine Reihe von Automatisierungskomponenten identifizieren: So besteht ein typischer Aufbau eines Systems aus Aktoren, Sensoren und einer Regelung.

Abb. 2.5 zeigt auf, welche Funktionsblöcke in einem geschlossenen Regelsystem auftreten. Das dargestellte Modell zeigt einen geschlossenen Regelkreis, der aus dem technischen Prozess mittels Sensorik Informationen erfasst, diese in einer Regelung verarbeitet und dann über eine Aktorik die verschiedenen Funktionen des technischen Prozesses beeinflusst.

Sensoren und Aktoren bilden die Schnittstellen des Automatisierungssystems. Sie verarbeiten die Sensorsignale bzw. die Stellsignale, die in den Regler eingespeist bzw. vom Regler ausgegeben werden. Ein sogenanntes Führungssignal gibt die Ausgangsgrößen des technischen Prozesses vor. Der Regelkreis ist dabei geschlossen, sodass auch bei unbekannten Störgrößen und einem von der Erwartung abweichenden Verhalten des technischen Prozesses die Ausgangsgrößen entsprechend der Führungssignale eingehalten werden können.

Bei dieser Struktur ist keine exakte Kenntnis der Zusammenhänge zwischen Eingangs- und Ausgangsgrößen erforderlich, da die Ausgangssignale über einen Sensor gemessen werden, sodass die Steuerungseinrichtung aufgrund des Rückkopplungseffektes die Ausgangsgrößen einstellen kann, um die Differenz zwischen Führungssignal und Ausgangsgrößen zu minimieren. Aufgrund der Rückkopplung ist es möglich, Störgrößen auszuregeln, da deren Einfluss durch die Sensoren erfasst und grundsätzlich kompensiert werden kann.

Die räumliche Position der Sensoren und Aktoren hat dabei zwangsläufig eine Nähe zum technischen Prozess, da dort die Informationen durch Sensoren erfasst werden und die Eingriffe durch die Aktorik erfolgen.

Auch die Steuerung bzw. Regelung war aus technischen Gründen in der Vergangenheit in der Nähe der Sensoren und Aktoren. Heute allerdings spielt diese Nähe aufgrund der infor-

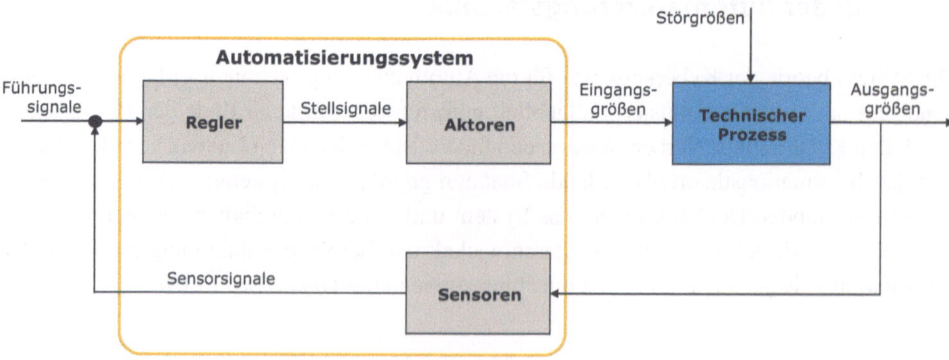

Abb. 2.5 Der Regelkreis und seine Elemente

mationstechnischen Vernetzung nur noch eine nachrangige Rolle, da sich die Daten- und Informationsverarbeitung heute virtualisieren, d. h. an unterschiedlichen Orten ausführen lässt.

2.2.2   Aktoren

Aktoren dienen der Umwandlung von Stellsignalen in mechanische Arbeit oder andere physikalische Prozessgrößen. Um beispielsweise eine Bewegung entlang eines Weges, eine Geschwindigkeit oder eine Kraft zu erzeugen, kann der Aktor zusätzliche Energie einsetzen. Auf diese Weise können physikalische Größen des Prozesses beeinflusst werden. Neben mechanischer Arbeit können Aktoren auch andere physikalische Größen wie Schall oder Licht erzeugen oder die Temperatur verändern. Aktoren bedienen sich dabei verschiedener Energieformen, um den physikalischen Eingriff herzustellen. Je nach Aktor kann elektromechanische, fluidische, thermische oder auch chemische Energie eingesetzt werden. Aktoren spielen aufgrund ihrer Nähe zum technischen Prozess eine wichtige Rolle und sind daher Gegenstand eigenständiger Fachdisziplinen, die sich mit den entsprechenden physikalischen und chemischen Zusammenhängen auseinandersetzen. Es gibt heute ein breites Angebot an kommerziellen Produkten, die auf die Einsatzfelder der Automatisierungstechnik zugeschnitten sind.

Die Funktionsprinzipien und der jeweilige Aufbau sind in der Regel sehr spezifisch, lassen sich aber in drei unterschiedliche Bereiche einteilen:

Elektromechanische Aktoren: Diese bieten vielfältige Möglichkeiten, den elektrischen Antrieb zu regeln. Dabei spielt auch die Art der Ansteuerung mithilfe von Leistungselektronik, z. B. Umrichter und Getriebe, eine zentrale Rolle. Diese Aktoren sind über Jahrzehnte intensiv entwickelt worden, sodass es zahlreiche Bauformen und Konfigurationen gibt. So sind beispielsweise Servomotoren verfügbar, die zusätzlich zur Antriebsansteuerung mit Sensoren ausgestattet sind, die Positionen exakt anfahren können. Dazu ist der Servomotor zusätzlich mit Regelungselektronik und Software ausgestattet und bildet so eine eigenständige Automatisierungskomponente. Elektromechanische Systeme befinden sich im breiten Einsatz in der Industrie und es gibt eine große Anzahl von Herstellern für Antriebssysteme, die ihre Produkte auf die speziellen Bedürfnisse der Anwendungen abstimmen. Dabei findet die gesamte Palette der Gleichstrom-, Asynchron- und Synchronmaschinen sowie der Linear- und Schrittmotoren Verwendung.

Fluidische Systeme: Bei fluidischen Systemen kommt entweder Druckluft oder eine Flüssigkeit (meist Öl) zum Einsatz. Es gibt Motoren für rotatorische Bewegungen, Zylinder für lineare Bewegungen, eine Vielzahl unterschiedlicher Ventile und Kompressoren bzw. Pumpen, die die Druckverteilung im fluidischen System herstellen. Grundsätzlich lassen sich in hydraulischen Systemen mithilfe von Flüssigkeiten hohe Kräfte übertragen. Durch die entstehenden hohen Drücke kann bei Leckagen allerdings Öl in die Umwelt austreten. Hydraulische Systeme sind daher auf Anwendungsfelder begrenzt, bei denen solche Umweltbelastungen beherrscht werden können. Auch Druckluft wird vielfältig in der Industrie eingesetzt, um Aktoren anzutreiben. Aufgrund des Mediums Luft sind diese Systeme umweltfreundlich und sie stellen niedrigere Anforderungen an die Verrohrung. Auch hier haben sich die Hersteller auf bestimmte Anwendungsfelder spezialisiert und bieten spezifische Produkte insbesondere für die Anlagenautomatisierung an.

Im Bereich von thermischen und chemischen Systemen existieren aufgrund der Vielzahl physikalischer Effekte eine große Anzahl unterschiedlichster, meist sehr spezieller Aktoren. Hersteller bieten Speziallösungen z. B. zur gesteuerten Bewegung im Mikromillimeterbereich auf Basis von Piezo-Aktoren an, nutzen Memory-Metalle zur Erzeugung von Bewegung oder andere Effekte wie die Magnetostriktion oder den Elektrolysedruck.

2.2.3 Sensoren

Sensoren stellen sozusagen die Sinne eines Automatisierungssystems dar. Mit ihnen werden die Umgebung und der Zustand von Elementen des technischen Prozesses oder der Umwelt erfasst. Sensoren werden auch als Messaufnehmer oder Detektoren betrachtet. Sie wandeln physikalische oder chemische Messgrößen in Signale um, arbeiten diese auf und kommunizieren die Messdaten weiter. Ein Sensor benötigt ein Setup zur Kalibrierung oder Justage. Sogenannte „intelligente" oder „kognitive" Sensoren verfügen zusätzlich über Funktionen der Selbstanpassung zur automatischen Korrektur von Fehlern oder zur Diagnose des eigenen Zustandes.

Alle fünf Sinne des Menschen versucht man mithilfe von Sensoren nachzuahmen. Wie die Tab. 2.1 zeigt, geht es dabei um die Wahrnehmung von unterschiedlichsten Eigenschaften beziehungsweise Beschaffenheiten.

In der Automatisierungstechnik steht heute eine große Anzahl unterschiedlicher Sensoren zur Verfügung. Die technischen Ansätze und die Einsatzfelder sind dabei sehr vielschichtig.

Es gibt eine sehr große Anzahl von Effekten, die als Messprinzipien der Sensoren zum Einsatz kommen können. Je nach Anwendungsfall und technischen Möglichkeiten ergeben sich somit verschiedenste Varianten zur Bestimmung der messbaren Größe, wobei auch eine Kombination von Messprinzipien sinnvoll sein kann.

Tab. 2.1 Sensoren – die Sinne eines Automatisierungssystems

Sinn	Wahrnehmen von:	Beispiele für Sensoren
Visuell (sehen)	Licht und Konturen, Szenarien	Kamera, optische Messtechnik
Auditiv (hören)	Schall	Mikrofon, Ultraschall
Olfaktorisch (riechen)	Duftstoffen	Analysator
Gustatorisch (schmecken)	Geschmacks-/Inhaltsstoffen	Chromatograf
Taktil (tasten, fühlen)	Kräften, Momenten, Formen, Lagen oder Wärme	Fühler, Dehnungsmessstreifen, Thermometer

Beispielsweise können die physikalischen Größen Druck und Kraft mit verschiedenen Effekten erfasst werden. So lassen sich mechanische Federdämpfersysteme nutzen, um über den Umweg der mechanischen Auslenkung einen Rückschluss auf Kräfte oder Drücke zu ermöglichen. Es gibt zahlreiche andere Ansätze, die gegebenenfalls für andere Messbereiche geeignet sind, beispielsweise den Piezo-Effekt, der als messbare Größe eine elektrische Spannung erzeugt. Temperaturen lassen sich über den thermoelektrischen Effekt oder mithilfe von Halbleitern über Spannungsänderungen, Widerstands- oder Stromänderungen messen; Lichtintensitäten über Fotodioden mit der messbaren Größe Strom; Wege und Längen über Impulse oder Spannungswerte, die über elektromechanische oder optoelektronische Systeme erzeugt werden.

Sensoren haben als Sinne der Automatisierungstechnik eine zentrale Bedeutung für viele Anwendungen. Die Vergangenheit hat gezeigt, dass die Verfügbarkeit von neuartigen Messverfahren die Automatisierungstechnik in Teilbereichen verändern kann.

Da die Anforderungen, die sich aus dem technischen Prozess ergeben, sehr vielschichtig sind, hat sich ein breites Angebot unterschiedlichster Sensorsysteme entwickelt. Somit kann beim Ausfall eines Sensorsystems aus einer Vielzahl anderer Produkte gewählt werden.

Doch wie sollte bei der Auswahl eines Sensorsystems vorgegangen werden? Zunächst steht die Frage im Raum, nach welchem physikalischen Messprinzip eine Messgröße erfasst werden soll. Eine Länge kann beispielsweise induktiv, kapazitiv, magnetisch oder optisch gemessen werden. Der Berücksichtigung von funktionalen Anforderungen, den Anforderungen an das System und diversen Zusatzfunktionen kommt dabei eine zentrale Bedeutung zu. Mit der Festlegung des Messprinzips wird bereits eine erste wichtige Auswahl getroffen, die über die Messgenauigkeit, die Toleranz, aber auch die Wirtschaftlichkeit entscheidet. Dennoch ist die Auswahl eines geeigneten Messprinzips oder kommerziellen Sensors oft schwierig und erfordert Experimente mit entsprechenden Machbarkeitsnachweisen, damit sichergestellt wird, dass die Anforderungen der Praxis auch tatsächlich erfüllt werden.

Moderne Sensoren sind weit mehr als Messwertaufnehmer, die Zeitreihen beispielsweise eines Temperaturverlaufes registrieren. Sie bieten eine Fülle von Zusatzfunktionen an, die die Messwerte aufarbeiten, Messfehler automatisch korrigieren und Unterstützung bei der Konfiguration und Wartung liefern.

So besteht die Möglichkeit, die Messwerterfassung zu verbessern, spezielle Unterstützung bei der Konfiguration und dem Betrieb zu geben sowie zusätzliche Funktionen im Sinne von speziellen Programmen bereitzustellen.

- Es können mehrere Messprinzipien aufeinander abgestimmt werden, um ihre Daten zu verschmelzen, sodass durch eine sogenannte Datenfusion die Qualität der Messwerte verbessert werden kann oder Validitätsprüfungen durchführbar werden, die eine Fehlererkennung erlauben.
- Eine systemintegrierte Steuerung kann das Setup organisieren. Dazu ermöglicht eine Konfigurationsdatenbank die unterstützte Konfiguration und Anpassung der Messtechnik im Betrieb, indem auf bewährte Parametersätze zurückgegriffen werden kann.

- Betriebsdaten können auch über Sensoren gesammelt werden, die über spezielle Programme eine Selbstkalibrierung oder Selbstüberwachung erlauben.
- Die Mensch-Maschine-Kommunikation kann z. B. mit Apps so aufgebaut werden, dass auch angelerntem Personal die Bedienung ermöglicht wird. Das Personal sollte bei der Auswahl von Systemkonfigurationen während der Inbetriebnahme oder bei der Wartung unterstützt werden.

Obwohl durch diese Erweiterungen die Komplexität eines Sensorsystems deutlich zunimmt, ergibt sich aus Sicht der Anwendenden durch „intelligente Sensorsysteme" eine Erleichterung durch eine sehr einfache Handhabung und Unterstützung im Betrieb.

Aber auch das Zusammenwirken von Sensornetzwerken wird immer wichtiger, sodass einer Sensordatenfusion wachsende Bedeutung zukommt. Dabei geht es um das Verarbeiten unterschiedlicher Datenstrukturen, ihre Verknüpfung und Auswertung. Heutige Sensorsysteme sind oft mit erheblicher Rechenleistung ausgestattet, die die der Steuerung bei Weitem überschreiten kann.

Der nächste Schritt in Richtung fortschrittlicher Sensortechnik liegt in sogenannten kognitiven Sensoren. Dabei geht es um eine weiterführende Verarbeitung von Signalen hin zur Perzeption, einer ersten Wahrnehmungsstufe also, bzw. einer integrierten Interpretation der Daten. Solche Funktionen sind abhängig von der Fähigkeit, unterschiedliche Messwerte zu verarbeiten oder im Sinne einer Sensorfusion mit anderen Messwerten zu kombinieren und gemeinsam auszuwerten.

Zukünftig werden daher Sensoren als eigenständige Teilkomponenten noch weiter an Bedeutung gewinnen.

2.2.4   Steuerung oder Regelung?

Die Steuerung bzw. Regelung ist der Kern eines jeden automatisierten Systems. Die beiden Begriffe werden, trotz aller Versuche einer einheitlichen Sprachregelung, oft synonym verwendet.

Aus der Perspektive der Kybernetik wird jedoch grundsätzlich zwischen einer Steuerung mit einer offenen Wirkkette und einer Regelung mit einer geschlossenen Wirkkette, also einer Rückkopplung, unterschieden.

Die Steuerung mit einer offenen Wirkkette (*Feed Forward Control*) ist in Abb. 2.6 dargestellt. Die Zusammenhänge zwischen Eingangs- und Ausgangsgrößen müssen zum Zeitpunkt der Auslegung exakt bekannt sein. Aus dieser Kenntnis heraus lassen sich die Stellsignale der Steuerungseinrichtung so realisieren, dass der technische Prozess in die gewünschten Ausgangsgrößen geführt wird. Wenn die Störgrößen bekannt sind, lässt sich die Steuerungseinrichtung so auslegen, dass diese kompensiert werden. Sollten jedoch nicht messbare bzw. unbekannte Störgrößen wirken, so pflanzt sich deren Auswirkung unkompensiert auf die Ausgangsgrößen fort. Da es sich hier um eine quasi vorlaufende Steuerung ohne

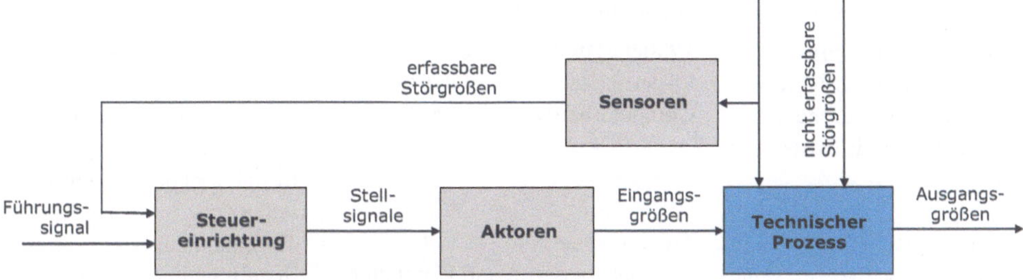

Abb. 2.6 Steuerung mit offener Wirkkette und Erfassung der Störungen

Rückkopplung handelt, treten bei Abweichungen des Verhaltens des technischen Prozesses u. U. Schwierigkeiten auf, da die Steuerung evtl. fehlgeleitet agiert.

Eine Regelung hingegen bezieht sich auf eine geschlossene Wirkkette, bei der eine Rückkopplung der Ausgangsgrößen vorliegt (*Feed Back Control*, siehe Regelkreis Abb. 2.5).

In heutigen Automatisierungssystemen werden beide Verfahren oft gemeinsam verwendet, um einen erweiterten Funktionsumfang bereitzustellen. Beispielsweise wird in einem Heizungsthermostat eine geschlossene Regelkette betrieben, um ausgehend von der Messwerterfassung eines Temperaturfühlers das Zuflussventil des Heizkörpers zu steuern. Der Regler hält dabei die Temperatur möglichst entsprechend der gewählten Führungsgröße konstant.

Allerdings kommt ein solches System bei unerwarteten Änderungen aus dem Gleichgewicht. Werden beispielsweise die Fenster zur Stoßlüftung geöffnet, so würde ein geschlossener Regelkreis trotzdem versuchen, die Raumtemperatur konstant zu halten, was jedoch nicht möglich ist und Energie vergeudet. Aufgrund des Temperatursensorsignals kann man jedoch per Steuerung in einer offenen Wirkkette den abrupten Temperaturabfall erkennen und daraufhin die Regelung so lange ausschalten, bis die Stoßlüftung abgeschlossen ist und die Temperaturregelung wieder einsetzen kann.

2.3 Historie und Fortschritt in der Automatisierungstechnik

In den letzten Dekaden hat die Automatisierungstechnik zahlreiche Innovationsschübe aufgrund der Weiterentwicklung der Informations- und Kommunikationstechnologie sowie der Software erfahren. Die Automatisierungstechnik hatte dabei stets den technischen Prozess, seine Optimierung und die funktionale Erweiterung im Visier.

Die Tab. 2.2 zeigt diese Stufen auf und bezieht sich dabei insbesondere auf die Ausführung und Verortung der Steuerungs- bzw. Regelungstechnologie.

Insbesondere in der Produktionsindustrie hat die Automatisierungstechnik die Wettbewerbssituation und Unternehmensstrategien mehrfach drastisch verändert. So wurden ab Mitte der 1960er-Jahre zunächst einzelne Funktionen „mechanisiert", d. h. durch den Einsatz von Mechanik und etwas Elektronik automatisiert. Es entstanden beispielsweise neuartige Schweißapparate oder Maschinen zur mechanischen Verarbeitung. Mit dem Aufkommen von Transistoren und Mikroprozessoren wurden ab etwa 1970 erste

Tab. 2.2 Entwicklungsstufen der Automatisierungstechnik in den letzten Jahrzehnten

1960er-/1970er-Jahre	1980er-/1990er-Jahre	2000er-/2020er-Jahre
Einzelne automatisierte Tätigkeiten basierend auf Mechanik und Elektrik/Elektronik	IT-getriebener Wandel auf Basis von Computerhardware und Software	Informations- und Kommunikationstechnik wird ein durchgängiger Bestandteil des Produkts selbst
Trendthemen: Elektronische Verknüpfungssteuerungen, Messgeber und Antriebstechnik Erste speicherprogrammierbare Steuerungen	Trendthemen: Mikroprozessoren und Computer, Echtzeitprogrammiersprachen, strukturierter Entwurf, Feldbussysteme und numerische Regelung von Bewegung	Trendthemen: Erstellung und Betrieb komplexer Softwaresysteme, Vernetzung und Cloud-Technologien Eingebettete Systeme mit Konnektivität und objektorientierten Softwaresystemen

speicherprogrammierbare Steuerungen (SPS) eingesetzt, die eine softwarebasierte Programmierung statt einer fest verdrahteten Verknüpfungssteuerung erlaubten.

Aufgrund des Fortschritts der Mikroelektronik und Kommunikationstechnik in den 1980er- und 1990er-Jahren kamen zunehmend Mikrorechner und Software sowie Kommunikationsnetzwerke zum Einsatz. Steuerung und Regelung in Echtzeit sowie eine Überwachung von Prozessen mit dezentralen Steuerungen, also die numerische Regelung von Bewegung und die Standardisierung von Feldbussystemen, waren wichtige Themen. Etwa seit dem Jahr 2000 hat die Entwicklung „eingebetteter Systeme", also von Systemen, die in ein umgebendes technisches System eingefügt sind und mit diesem in Wechselbeziehung stehen, deutlich zugenommen. Solche Systeme werden mit höheren Programmiersprachen und der objektorientierten Softwareentwicklung auf Basis von einheitlichen Vorgehenssystematiken implementiert. So stieg etwa zur Jahrtausendwende die Nachfrage nach echtzeitfähigen Betriebssystemen und ihren Vernetzungsmöglichkeiten. Zudem erreichte die Komplexität von automatisierten Systemen zu dieser Zeit Höhen, die Softwareentwicklungsmethoden sowie Systematiken zum Aufbau dieser Systeme unabdingbar werden ließen.

Verfahren zur vernetzten Kommunikation und zur Informationsverarbeitung haben sich heute in der Automatisierungstechnik etabliert. Beim Aufbau von Automatisierungssystemen aus Sicht der Informationstechnik geht es in der Zeit nach 2000 hauptsächlich um die Rechnerhardware und -software, die als Steuerungen eingesetzt werden.

Seit etwa 2010 ist offensichtlich, dass die zunehmende Digitalisierung aller Prozesse auch die Automatisierungstechnik stark betreffen wird.

Zunächst ging man noch von einer Zunahme an eingebetteten Prozessoren, Sensoren und Konnektivitäten der Systeme aus, sodass sich die Arbeiten stark auf Fragen des Systems Engineerings konzentrierten, um die neu entstehende Vielfalt besser organisieren zu können.

Nun aber erleben wir seit etwa 2020 eine technologische Entwicklung, die insbesondere durch die Vernetzung, den massiven Einsatz von Software und eine zunehmende

Bedeutung von Daten gekennzeichnet ist. So wird Software die führende Größe, wenn es um Innovationen in der Automatisierungstechnik geht. Es entstehen neue Technologieplattformen, die Grundfunktionalitäten abbilden und als Branchenstandard eingesetzt werden.

Mit der Verfügbarkeit von Cloud-Plattformen steht aktuell die Virtualisierung, also eine Auflösung des Zusammenhangs zwischen physischem Ort der Wirkung und informationstechnischer Verarbeitung, im Mittelpunkt.

Bei dieser Virtualisierung ändert sich das Paradigma von einer den Einbauort betreffenden Position im Sinne von „tief eingebetteten Systemen" hin zum Signalfluss oder zu datengetriebenen Architekturen zur Verarbeitung von großen Datenmengen. Mit der Virtualisierung geht die Möglichkeit einher, Softwaresysteme zu strukturieren, da physische Einschränkungen bezüglich des Ortes und der Position der Elektroniksysteme zunehmend wegfallen.

Im Zuge dieser technischen Entwicklungen verändern sich auch die Strukturen von Automatisierungssystemen. Es wird vermehrt auf die Vernetzung von Systemen geblickt, deren Teilsysteme ubiquitär, d. h. allgegenwärtig und damit tief in unseren Alltag integriert sind und zunehmend autonome Fähigkeiten aufweisen.

So verändert sich auch die Sicht auf die Abfolge der Aktivitäten eines kybernetischen Automatisierungssystems hin zu einem autonomen System. Abb. 2.7 zeigt diese Erweiterung und die Verschiebung der Begrifflichkeiten.

Ein kybernetisches Automatisierungssystem durchläuft zur Erfüllung seiner Funktionen zyklisch die Abfolge „Messen", „Analysieren" und „Agieren" mittels Steuer- und

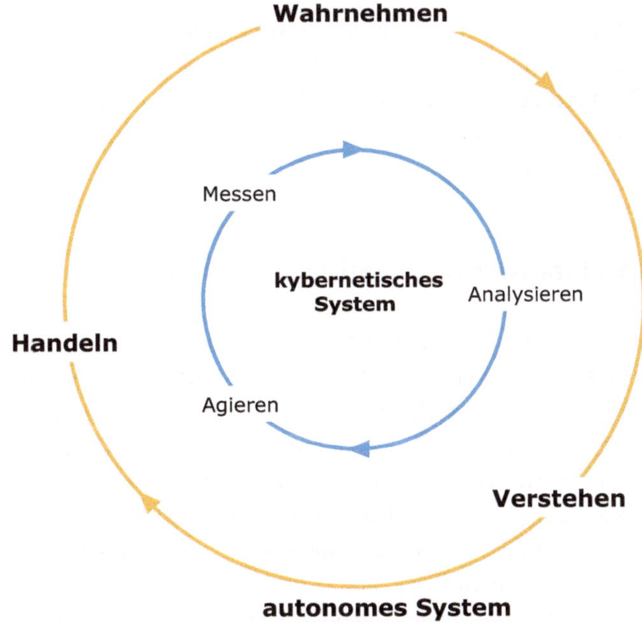

Abb. 2.7 Vom kybernetischen zum autonomen System

Regelprozesse (innerer Zyklus in der obigen Abbildung). Dabei wird auf der Basis von Messgrößen mithilfe von Algorithmen eine Steuerung oder Regelung durchgeführt. Ein Beispiel ist die Regelung einer Fahrgeschwindigkeit. Es existiert ein Regelkreis mit einem Tachometer, einem Regler und einem Leistungsteil, die aufgrund der bekannten Zusammenhänge realisiert werden.

Die technische Entwicklung der Systemfunktionalität wird in Zukunft zu einer Erweiterung in Richtung kognitiver Fähigkeiten führen. Autonome Systeme der Zukunft erweitern den inneren Kreis um einen äußeren Kreis, der eine weitere zyklische Abfolge realisiert, die als „Wahrnehmen", „Verstehen" und „Handeln" bezeichnet werden kann.

Beispielsweise nimmt ein autonomes Fahrzeug seine Umgebung über Sensorsysteme wahr: Auf Basis unterschiedlicher Sensorinformationen werden umfassende Mustererkennungen durchgeführt, die wiederum komplexe Handlungsalternativen zur Folge haben. In diesem Zusammenhang kommt heute auch zunehmend der Begriff *Skills* ins Spiel, d. h. die Fähigkeit, eine Aufgabe aufgrund von Fertigkeiten und Wissen selbstständig zu erledigen.

Damit entwickeln sich die Algorithmen von klar abgrenzbaren Funktionen einfacher Automatisierungssysteme hin zu deutlich komplexeren „kognitiven Fähigkeiten" autonomer Systeme.

2.4   Einfluss der Software, der Informationstechnik und der Daten auf die Automatisierungstechnik

Zur Realisierung von Funktionen der Automatisierungstechnik kommt Software heute umfassend zum Einsatz. Zudem erlaubt die Informations- und Kommunikationstechnik eine Vernetzung zwischen Systemen, wodurch viele Daten entstehen, die für die Automatisierungstechnik eingesetzt werden können. Heutige Entwicklungen gehen dabei noch viel weiter und nutzen vielschichtige Daten und Informationen, um Systeme selbsttätig, d. h. autonom agieren zu lassen.

2.4.1   Softwareintensive Automatisierungssysteme

Der Einsatz von Software zur vernetzten Kommunikation ermöglicht viele neue Anwendungen und Wertschöpfung. Vernetzten Softwaresystemen in der Automatisierungstechnik kommt somit eine Schlüsselrolle in der aktuellen Entwicklung zu. Es stellt sich also die Frage, in welchen Kernbereichen der Automatisierung Software zum Einsatz kommt.

Unter einem Softwaresystem versteht man eine Ansammlung von miteinander kommunizierenden Softwareteilsystemen, auch Softwarekomponenten, die zusammenwirken und dabei auf einem oder mehreren Computern ausgeführt werden, um beispielsweise ein mechatronisches System zu steuern.

Software durchdringt heute zunehmend unsere gesamte Lebenswelt. Die Anwendungen reichen von Smartphone-Apps im Alltag über den Einsatz in Unternehmen zur Verwaltung oder zur Produktion industrieller Güter bis hin zum Einsatz in der Medizin, im Verkehr, in der Luftfahrt oder der Energieerzeugung. Die Entwicklung von Softwaresystemen ist in den letzten Jahren exponentiell verlaufen. Es ist bemerkenswert, welche Komplexität sie z. B. für Fahrzeuge schon heute erreicht haben, gemessen am Umfang des Codes.

Dabei lässt sich ein Trend beobachten, der aufgrund einer derartigen Komplexitätszunahme und Vernetzung kaum überrascht: Die technische Infrastruktur wird zukünftig mehr und mehr auf Softwaresystemen beruhen – bei einem vermutlich gleichbleibenden Anteil maschinenbaulicher Komponenten. Dabei interagieren Softwaresysteme mit physischen Geräten und übernehmen Informationsverarbeitung und Entscheidungen aufgrund von vernetzten Informationen und Entscheidungsprozessen. Somit wird die Kombination von maschinenbaulichen Systemen, d. h. Mechanik, mit Software-, Kommunikations- und Informationstechnik zentral werden.

Mit dem zunehmenden Wandel von mechanischen Systemen mit Elektronik und sehr dedizierter Software hin zu softwarebasierten Systemen, die gegebenenfalls massiv untereinander vernetzt sind, kommt es zu einem gesteigerten Einsatz von Software in der industriellen Automatisierungstechnik.

Nach Studien von Unternehmensberatungen zeigt sich, dass sich der deutsche Technologiesektor von der Hardware weg entwickelt und Dienstleistungen sowie Software bedeutungsvoller werden. Während vor zwanzig Jahren die Hardware noch zwei Drittel des deutschen Technologie-Branchenumsatzes ausmachte, ist es inzwischen nur noch die Hälfte. Gleichzeitig hat sich der deutsche Technologiemarkt in zwei Dekaden mehr als verdoppelt.

2.4.2   Softwareentwicklungsprozesse in der Automatisierungstechnik

Die Art und Weise, wie Systeme entwickelt werden, ändert sich aufgrund des Einsatzes von Software. Dabei entsteht eine Beschleunigung und Agilität der Entwicklungsprozesse, die die Automatisierungstechnik verändern. So war es in der Vergangenheit aufgrund der Gegebenheiten im Maschinenbau häufig so, dass Entwicklungen sehr strukturiert, unterteilt in unterschiedliche Phasen über viele Jahre durchgeführt werden mussten.

Viele solcher maschinenbaulicher Systemkomponenten sind heute nahezu ausinnoviert und stehen als Module zur Verfügung. Software hingegen ist aufgrund des immateriellen Charakters ganz anders zu entwickeln und kann insbesondere auch im Einsatz noch durch Updates verändert werden.

Es ergeben sich somit neue Möglichkeiten zur Flexibilisierung der Entwicklung für Automatisierungssysteme, die sich bereits im Feld befinden, was gleichwohl aber auch Herausforderungen für die Systementwicklungen mit sich bringt.

Abb. 2.8 zeigt den Entwicklungsprozess, wie er gestern durchgeführt wurde (sequenziell) und wie er heute bereits möglich ist.

Es ist davon auszugehen, dass zunehmend Systemveränderungen während des Betriebs, also beispielsweise anlässlich geplanter Wartungen oder Umbauphasen oder auch unmittelbar bei einem Neustart des Systems durchgeführt werden können. Schon heute ist es gängige Praxis, im Rahmen eines Werkstattaufenthaltes eines Autos oder bei der Reparatur einer Spülmaschine ein neues Update der Software zu erhalten, das die Eigenschaften des Produktes oder der Anlage verbessert. Wir haben uns auch daran gewöhnt, dass

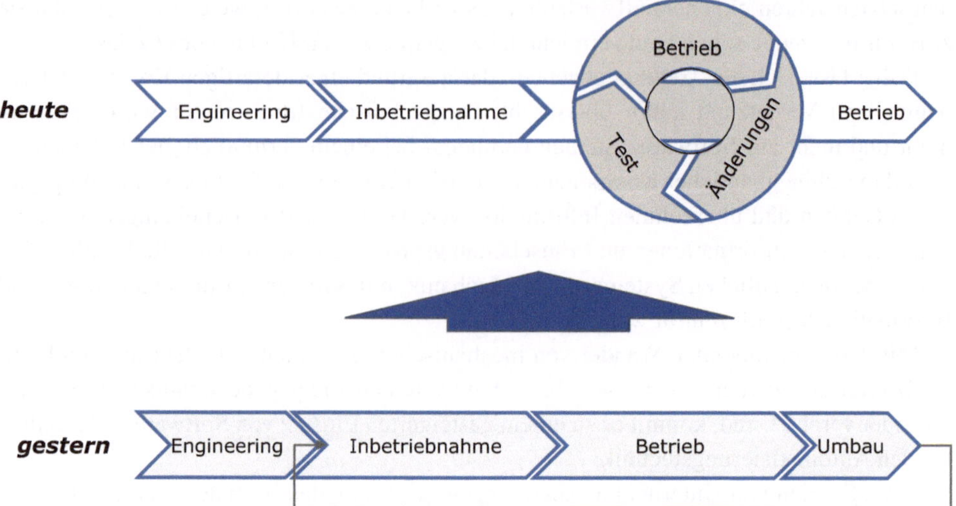

Abb. 2.8 Veränderung des Entwicklungsprozesses hin zu Anpassungen in der Betriebsphase

Konsumentengeräte mit Zugang zum Internet solche Updates erhalten – oft ohne, dass wir darüber informiert werden oder dies überhaupt bemerken. Der Begriff „DevOps", zusammengesetzt aus „Dev" (*Development*, Entwicklung) und „Ops" (*Operations*, Betrieb), deutet eine kontinuierliche Weiterentwicklung von Systemfunktionalitäten im Betrieb an. Dabei ist es ein Novum, die Verbindung zu den im Feld befindlichen Automatisierungssystemen halten zu können, um diese fortlaufend weiterzuentwickeln. Dadurch kann die Software und damit das Gesamtsystem auch nach der Auslieferung kontinuierlich verbessert und an Kundenbedürfnisse angepasst werden. Allerdings birgt DevOps auch gewisse Risiken, da eine Veränderbarkeit der Automatisierungssysteme Gefahren im Bereich der IT- und Betriebssicherheit mit sich bringen kann.

In diesem Zusammenhang wird oft auch vom CI/CD-Prozess gesprochen. Diese Abkürzung steht für *Continuous Integration/Continuous Delivery* und *Continuous Deployment* (fortlaufende Integration, Auslieferung und Verteilung). Dabei handelt es sich um ein automatisiertes Verfahren, das von Entwicklerteams im Geiste von DevOps angewendet wird, um häufig und in kurzen Intervallen Softwareupdates zu erzeugen und an die Systeme im Feld auszuliefern.

Das CI/CD-Konzept sieht drei unterschiedliche Phasen vor:

1. Mittels *Continuous Integration* ist es möglich, Codeanpassungen in einem gemeinsamen Baum zu administrieren. Dabei durchläuft die Software automatisiert Prüf- und Freigabevorgänge, was bestehende Konflikte im Code aufdeckt. Ferner wird durch diesen Mechanismus eine schnellere Entwicklung von Anwendungen, das Entdecken von Fehlern sowie das Einbeziehen von Kundenfeedback begünstigt, was zu einer Verbesserung der Softwarequalität führt.

2. Die nächste Stufe des Feedback-Prozesses der Softwareentwicklung, das sogenannte *Continuous Delivery*, baut auf der *Continuous Integration* auf und dient der automatischen Codevalidierung und Funktionsprüfung, um so eventuelle Fehler erkennen und beheben zu können. Zudem dient diese Stufe der automatisierten Codefreigabe, um jederzeit Updates ausrollen zu können.
3. Schließlich erfolgt das automatische Ausrollen von Updates, das *Continuous Deployment*. Hier werden die Softwaremodule automatisiert freigegeben und ausgerollt. Der korrekte Einsatz des CI/CD-Konzeptes ist insbesondere für Systeme relevant, die langfristig betrieben und aktuell gehalten werden sollen, ohne dass Ausfallzeiten durch Updates in Kauf genommen werden müssen.

Während solche Over-the-Air-Updates von Betriebssystemen in Mobiltelefonen, Laptops etc. bereits seit Längerem Stand der Technik sind, sind diese bei technischen Systemen wie den hier betrachteten noch nicht verbreitet und auch deutlich schwieriger umsetzbar. Dies liegt darin begründet, dass mittels Softwareupdates neuartige Befähigungen des Systems erfolgen können, die zur Zeit der ursprünglichen Entwicklung noch gar nicht abzusehen waren. Hiervon sind dann jedoch Fragen der Zulassung, des sicheren Einsatzes und der Zuverlässigkeit betroffen.

Daher ergeben sich aufgrund neuer Möglichkeiten der Softwareentwicklung sehr viele neue Fragestellungen in Bezug auf die Funktionssicherheit, die Qualität und die Nachhaltigkeit der automatisierten Systeme.

2.4.3   Cyber-physische Automatisierungssysteme

Beflügelt wird der Einsatz von Software und Dienstleistungen durch eine zunehmende Vernetzung, durch künstliche Intelligenz (Analytics, maschinelles Lernen) sowie durch das Aufkommen neuer Geschäftsmodelle für Dienstleistungen.

Die technologische Entwicklung hin zu einer Allgegenwart von informationsverarbeitenden vernetzten Systemen zeichnet sich schon seit vielen Jahren ab. So hatte der Vordenker Marc Weiser bereits 1999 einen Artikel mit dem Titel *„The Computer for the 21st Century"* verfasst, in dem er vorhersagt, dass die seinerzeit vorherrschenden Personal Computer als Einzelgeräte verschwinden und durch vernetzte Gegenstände ersetzt werden. Er prägte in diesem Zusammenhang den Begriff des *Ubiquitous Computing*, also einer Form der Allgegenwart von Rechnern.

Dem Technologen Kevin Ashton wird die Prägung des Begriffs „Internet der Dinge" (*Internet of Things*, abgekürzt IoT) im Jahr 1999 zugeschrieben. Das IoT erlaubt die Verknüpfung eindeutig identifizierbarer physikalischer Objekte beispielsweise in der Logistik mit einer virtuellen Repräsentanz in einer internetähnlichen Struktur.

Neben der Zunahme der Software ist die Automatisierungstechnik heute geprägt von einer Situation, in der ein Automatisierungssystem in der Regel aus vielen Computern besteht, die untereinander mittels Kommunikationstechnologie vernetzt sind und gemeinsam ein virtuelles Abbild der realen Welt schaffen.

Es ist davon auszugehen, dass zukünftige Systeme der Automatisierungstechnik zu einem sehr großen Teil aus Software bestehen, hoch vernetzt sind und umfassend Daten verarbeiten. Dadurch entsteht eine Omnipräsenz von Informationssystemen, die vernetzte Daten verarbeiten, vergleichbar etwa mit der heutigen Verfügbarkeit von Elektrizität.

In diesem Zusammenhang machte Edward Lee (2006) im Rahmen eines National-Science-Foundation-Workshops im Jahr 2006 den Begriff der „cyber-physischen Systeme" populär.

Ein cyber-physisches System (CPS) wird laut dem VDI/VDE-GMA-Begriffslexikon definiert als ein

> „System, das reale (physische) Objekte und Prozesse verknüpft mit informationsverarbeitenden (virtuellen) Objekten und Prozessen über offene, teilweise globale und jederzeit miteinander verbundene Informationsnetze."

Seither gibt es eine Vielzahl von Aktivitäten, die sich im Sinne von cyber-physischen Systemen mit dem Entstehen einer informationstechnischen Welt befassen, die die Gegenstandswelt, die physische Welt, zukünftig ergänzen und den Umgang mit ihr vereinfachen wird.

Im Jahr 2014 wurde durch den damaligen Google-Vorstand Eric Schmidt der Begriff der hybriden Realität geprägt, der ein Wechselspiel zwischen einer Welt der physischen Systeme und einer neuen digitalen Informationswelt beschreibt. Es stellt sich beispielsweise die Frage, welche Konsequenzen es haben wird, wenn in Zukunft die überwiegende Mehrheit der Weltbevölkerung online ist und Informationstechnik jederzeit verfügbar.

Das US-amerikanische *President's Council of Advisors on Science and Technology* (2010) verfasste daher ein Schreiben an den US-Präsidenten mit dem Titel „*Designing a Digital Future: Federally Funded Research and Development in Networking and Information Technology*". Darin wird eine digitale Zukunft skizziert und die gesellschaftliche Bedeutung der kommenden Digitalisierung hervorgehoben.

In Deutschland wurde das Thema der cyber-physischen Systeme im Jahr 2010 durch die acatech, die Deutsche Akademie der Technikwissenschaften, aufgegriffen. 2011 wurde der Begriff „Industrie 4.0" im Sinne einer kommenden vierten industriellen Revolution auf Basis von Informations- und Kommunikationstechnologie erstmals als Umsetzungsempfehlung im Bereich der industriellen Produktion auf der Hannover Messe verwendet.

Cyber-physische Systeme sind gekennzeichnet durch eine verteilte Steuerung, mit deren Hilfe einzelne Anlagenkomponenten gezielt gesteuert werden können.

Dabei bilden Informationsnetze eine Basis, über die einzelne technische Teilprozesse informationstechnisch verbunden werden. Die Daten und Informationen sind dann nicht an einem Ort gespeichert, sondern liegen verteilt und doch von überall her zugänglich vor. Für diese Form des dezentralen Datenzugriffs wird häufig der Begriff des *Cloud Computing* gebraucht. Er macht deutlich, dass keine physische Lokation der Daten wesentlich ist, sondern ein alles umschließendes Gesamtsystem, eine Wolke aus Rechnern. Vor diesem Hintergrund ist auch der Begriff des Digitalen Zwillings zu verstehen, der ein digitales Abbild parallel zum physischen System beschreibt.

Eine Vernetzung der unterschiedlichen Systeme erfolgt über Netzwerke, sodass die Daten und Dienste an unterschiedlichen Stellen verwendbar sind und parallel zur physischen Welt einen Informationsraum bilden.

Cyber-physische Systeme ermöglichen die Realisierung der folgenden drei Paradigmen:

1. Dezentrale Steuerung mit teilautonomen Systemen: Teilsysteme können aufgrund der verteilt verfügbaren Informationen selbsttätig handeln, Aktivitäten durchführen und sich dabei gleichzeitig mit anderen Teilsystemen abstimmen. Einzelne Teilprozesse lassen sich so separat steuern und trotzdem mit einer übergeordneten Steuerung koordinieren. Auf diese Weise können dezentrale technische Prozesse organisiert werden bzw. sich an geänderte Rahmenbedingungen anpassen.
2. Neuartige Datenräume basierend auf Infrastrukturen zur Verwaltung großer Datenbestände. Die technische Umsetzung erfolgt in einer Cloud, die heute auf den Rechnern der großen IT-Anbieter weltweit betrieben wird. Dabei ist es aufgrund der Datensammlung heute noch offen, wie der Zugang und die Nutzung dieser Datenbestände im Kontext des jeweiligen Landesrechtes und gesellschaftlicher Vorgaben erfolgen sollen.
3. Weiterentwicklung von Softwaresystemen zur Laufzeit: Rekonfigurationen der Software erfolgen nicht nur im Laufe der Entwicklung, sondern auch während ihres Einsatzes, sozusagen im Feld. Zukünftig kann also von einer kontinuierlichen Weiterentwicklung technischer Systeme im Betrieb ausgegangen werden. Waren Systeme bisher zur Entwicklungszeit strukturiert und bei Abnahme klar konfiguriert, ist in Zukunft davon auszugehen, dass es Interaktionen zwischen Systemkomponenten geben kann, die zur Entwicklungszeit so nicht vollständig vorhersagbar waren.

Alle drei Aspekte erlauben eine Adaption an Umgebungsbedingungen. Darüber hinaus entsteht neben der ausgeprägten physischen Welt eine parallele Informationswelt, die ihrerseits Auswirkungen auf die physische Welt hat.

Aufgrund der genauen Kenntnisse über Systemzustände im Betrieb, der Möglichkeiten des Vergleichs und der Einflussnahme lassen sich Entscheidungen über Veränderungen am technischen Prozess informiert treffen und umsetzen. Eine wichtige zukünftige Fragestellung ist dabei, in welcher Form man durch den Einsatz von Software Veränderungen wie Anpassungen an Abläufe oder Umbauten vornehmen kann. Allerdings müssen die deutlich aufwendigeren Anpassungen an der maschinenbaulichen und elektronischen/elektrischen Hardware ebenfalls durchführbar sein.

2.4.4   Der Digitale Zwilling

Der Blick in die Forschung und Entwicklung zeigt, dass der Digitale Zwilling in der Praxis große Aufmerksamkeit findet. Er ist das Gegenstück zum „physischen Zwilling", also einer technischen Anlage bzw. einer Komponente. Der Digitale Zwilling bildet somit das „Cyber"-Gegenstück zum physischen System in Form von Software und Daten.

Nach Ashtari et al. (2019) ist ein Digitaler Zwilling wie folgt definiert:

> „Ein digitales Abbild eines physischen Assets, das möglichst realistische Modelle und alle verfügbaren Daten über das physische Objekt enthält. Dabei soll ein Digitaler Zwilling stets mit dem physischen Objekt synchronisiert sein."

Frühere Definitionen des Digitalen Zwillings charakterisierten diesen als eine integrierte multiphysikalische Simulation eines Systems. Er wurde als Softwaremodell für die Entwicklung und das Testen von verschiedenen Konfigurationen genutzt. Der Simulationsaspekt ist jedoch nur einer von vielen Aspekten des Digitalen Zwillings. Heutzutage wird der Digitale Zwilling insbesondere in der virtuellen Inbetriebnahme und der Datenerfassung im Feld erstellt. Er erfasst dabei auf Basis eines zweckmäßigen digitalen Modells den aktuellen Zustand des Prozesses und das Verhalten des technischen Systems. Der Digitale Zwilling betont dabei den Informationsraum und erlaubt auch bei großen und räumlich verteilten technischen Teilsystemen eine Steuerung, Regelung und Überwachung – selbst wenn sie komplexen Veränderungen unterliegen und sich Teilprozesse in wechselnden Systemkonstellationen zusammenschließen.

Ein Digitaler Zwilling beschreibt wichtige Eigenschaften und Merkmale der technischen Anlage und bezieht sich dabei auf einen ausgewählten Kontext wie beispielsweise die Systemgeometrie, die elektrotechnische Auslegung, die Software oder bestimmte Betriebsdaten.

Er umfasst die Eigenschaften, Bedingungen und das Verhalten des realen Systems durch Modelle und Daten. Der Digitale Zwilling repräsentiert somit seinen physischen Zwilling und stellt sein virtuelles Gegenstück dar.

Abb. 2.9 zeigt ein UML-Klassendiagramm, in dem zwischen dem Digitalen Zwilling, der physischen Anlage und dem Benutzer unterschieden wird.

Dabei ist der Digitale Zwilling die sogenannte Basisklasse zur virtuellen Entität und den Softwareservices, die mit den Daten und Informationen der physischen Anlage und

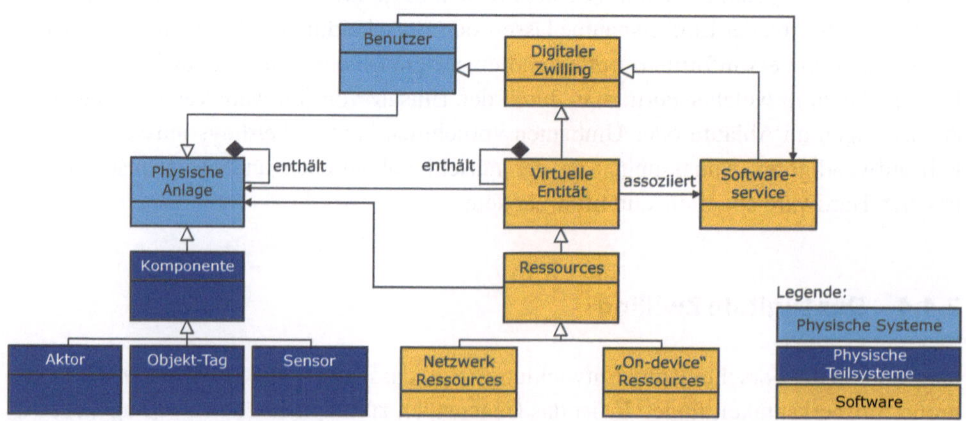

Abb. 2.9 Klassendiagramm mit physischer Anlage, Benutzer und Digitalem Zwilling. (Adaptiert nach Carrez 2013)

den jeweiligen Softwareservices verknüpft sind. Das UML-Klassendiagramm macht auch die Einbeziehung der physischen Anlage in Bezug zum Benutzer und der Software deutlich. Anzumerken ist noch, dass die physische Anlage und die virtuelle Entität eine sogenannte reflexive Kompositionsbeziehung haben, also aus unterschiedlichen Instanzen gebildet sein können, die dann jeweils ein Ganzes bilden.

2.5 Die Rolle des Menschen in der Automatisierungstechnik

Trotz aller Fortschritte der Automatisierung hat der Mensch nach wie vor wesentliche Aufgaben, die verantwortungsvoll wahrgenommen werden müssen:

- Die Konzeption und Entwicklung der Automatisierungssysteme inklusive der Frage, welche Funktionen automatisiert werden sollen, bzw. welche Fähigkeiten ein autonomes System haben soll.
- Die Inbetriebnahme des automatisierten Systems, seine spezielle Einstellung und Abstimmung auf die Gegebenheiten des technischen Prozesses.
- Die Bedienung und Überwachung des automatisierten Systems, die insbesondere auch die Verantwortung für das Ein- und Ausschalten sowie die Übernahme der Handlungsführung betreffen.
- Die Wartung und Instandhaltung, bei der der Mensch für eine lange Lebensdauer sowie eine Minimierung von Ausfallzeiten sorgt.

Die Entwicklung einer geeigneten Mensch-Maschine-Interaktion stellt eine Herausforderung dar. Je nach Nutzung der Automatisierungssysteme, die auf die spezifischen Anwendungsfälle abgestimmt werden müssen, gibt es zahlreiche Aufgaben, die im Rahmen der Mensch-Maschine-Interaktion ausgeführt werden müssen.

Bei der Bedienung bzw. Nutzung von Automatisierungssystemen bestehen unterschiedliche Anforderungen. In Abb. 2.10 sind mit der Mensch-Maschine-Schnittstelle einer Leitwarte und eines Servomotors zwei Beispiele einander gegenüber gestellt.

Es wird deutlich, dass die Leitwarte hohe Anforderungen an die Überwachung und Beobachtung, die Präsentation von Informationen sowie an eine Unterstützung bei Steuereingriffen stellt. Demgegenüber sollte die Mensch-Maschine-Schnittstelle eines Servomotors die Konfiguration bei der Inbetriebnahme und der Diagnose unterstützen. Anhand dieses Beispiels wird deutlich, wie unterschiedlich die jeweiligen Anforderungen je nach Anwendungsfall sein können.

Auch die Anforderungen, die der Mensch (der Benutzer) an die Mensch-Maschine-Kommunikation stellt, sind vielschichtig. Die Bedienung kann direkt am Gerät erfolgen, z. B. bei stationären Anlagen, oder auch aus der Distanz, z. B. in Form einer Fernwartung. Menschen, die mit dem Automatisierungssystem arbeiten, werden über unterschiedliches Fachwissen und intellektuelles Niveau verfügen. So müssen beispielsweise angelernte Bediener in der Lage sein, das Automatisierungssystem zu aktivieren oder zu stoppen. Bei umfassenden Inbetriebnahmen oder Wartungstätigkeiten ist hingegen von geschultem Fach-

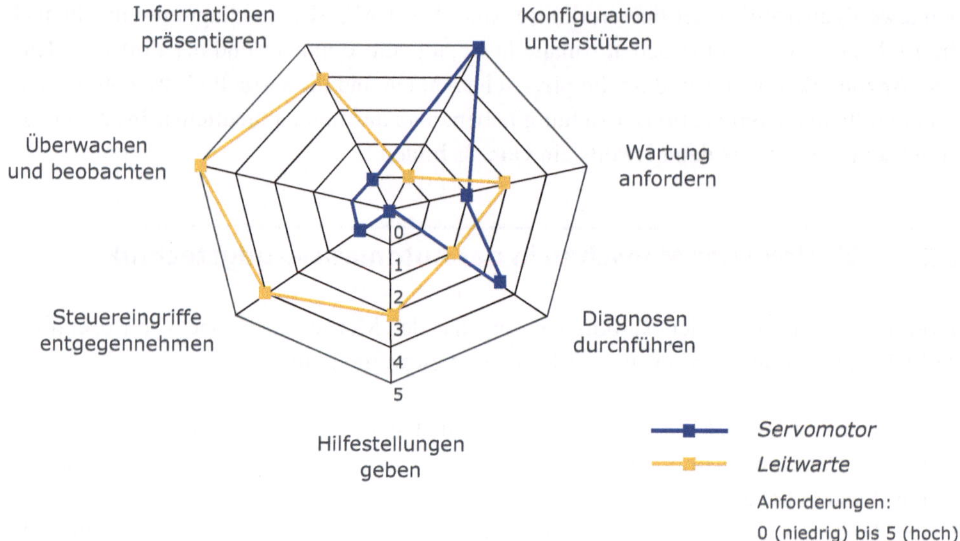

Abb. 2.10 Vergleich von Aspekten bei der Bedienung von unterschiedlichen Automatisierungssystemen

personal auszugehen. Menschen kommen zudem aus unterschiedlichen Kulturkreisen, sprechen verschiedene Sprachen und ordnen Symbolen verschiedene Bedeutungen zu. Auch hierauf muss die Mensch-Maschine-Kommunikation eingerichtet sein.

Zudem sollte das Automatisierungssystem einen Schutz vor Fehlbedienung bieten. Insbesondere Automatisierungssysteme der Anlagenautomatisierung sind sicherheitskritisch und müssen so ausgelegt werden, dass eine versehentliche Interaktion nicht zu einem Unglück führt. Allerdings sind noch viele Prozesse nicht vollständig automatisierbar. Für komplexe Aufgaben kommt es daher zu einer Automatisierung von Teilaufgaben, die zwar vom System automatisch durchgeführt werden, allerdings erst, nachdem sie vom Menschen ausgewählt wurden. Ein Beispiel ist das automatisierte Fahren, bei dem der Mensch die Unterstützung des Automatisierungssystems als eine nützliche Assistenz wahrnimmt, um sich so besser auf seine Aufgaben konzentrieren zu können.

Aus Sicht der Systementwicklung existiert heute ein großes Repertoire an Möglichkeiten zur Gestaltung der Mensch-Maschine-Schnittstelle. Abb. 2.11 zeigt eine Übersicht von Verfahren der Ein- und Ausgaben an Automatisierungssystemen beziehungsweise deren Komponenten. In der Automatisierungstechnik haben sich heute bereits zahlreiche Technologien bewährt, die den hohen Anforderungen an Zuverlässigkeit auch bei rauen Umgebungsbedingungen (z. B. Lärm, Staub, Feuchtigkeit etc.) genügen.

So sind beispielsweise robuste Eingaben über Taster, Drehgeber, Maus etc. möglich, die eine taktile Verbindung mit dem System erlauben. Ausgaben erfolgen über LED, LCD-Anzeigen, Monitore oder Projektionen. Auch der Zugriff aus der Distanz, zum Beispiel z. B. über Apps, gewinnt zunehmend an Bedeutung. Neue Technologien, wie z. B. die Spracherkennung, die Eingabe von Handschriften oder der Einsatz spezieller Projektionsbrillen, sind noch in der Forschung und nur für spezielle Anwendungsfälle sinnvoll.

	Elektrische/ elektronische Komponenten	PC-basierte Systeme	Mobile Systeme (Smart Pads)	weitere Technologien
Ausgabe	• LCD-Anzeigen, LED	• Monitore, Projektionen, Wide Screens • Grafische Benutzeroberfläche von Betriebssystemen		• Spezielle Brillen
		• Web-Interface	• Multitouch zum Navigieren und Zoomen • Apps	• Sprache
Eingabe	• Tasten, Drehgeber, Gyrosensoren	• Maus, Touchscreen, Tablets		• Objektverfolgung • Handschriften-erkennung

Abb. 2.11 Repertoire der Ein-/Ausgaben für die Realisierung der Mensch-Maschine-Schnittstelle

Die Mensch-Maschine-Kommunikation stellt außerdem Anforderungen an die Entwicklungsumgebungen für Software. Benötigt werden bei der Erstellung von Softwaresystemen zur Automatisierung durchgängige Entwicklungsplattformen zur Systemgestaltung, mit denen Informationen auch zwischen Implementierungen ausgetauscht oder wiederverwendet werden können.

Mit der Weiterentwicklung der Automatisierungstechnik kommt der Mensch-Maschine-Schnittstelle eine immer größere Bedeutung zu. Beim Austausch über Bedienelemente steht dabei die Art der Ausführung im Vordergrund. Dabei reicht das Spektrum von sehr einfachen Ansätzen bis hin zu mobilen Eingabegeräten oder ausgefeilten Spezialsystemen wie Datenbrillen.

Zukünftig werden Automatisierungssysteme durch ihre Vernetzung und die autonome Übernahme von Funktionen tiefer in die Lebenswelten der Anwender eindringen, sodass auch der Mensch-Maschine-Kommunikation eine immer größere Bedeutung zukommen wird. Der sozio-technische Charakter, d. h. die Wechselbeziehung zwischen dem sozialen Umfeld und dem technischen System, verändert sich. Die Integration von Automatisierungssystemen in unser soziales System nimmt zu. In diesem Sinne gewinnt die Verfügbarkeit von fortgeschrittenen, menschenähnlichen Kommunikationsfähigkeiten wie Sprache, semantischen Definitionen, Symbolerkennung oder Lernfähigkeit an Bedeutung.

Insbesondere beim Austausch von Informationen oder der Verhandlung mit anderen Systemen oder Systembenutzern, die in einem bestimmten Umgebungskontext agieren, kommt es zunehmend zu sozialen Interaktionen. Es geht somit zukünftig nicht nur um Entscheidungen eines einzelnen Benutzers in Bezug auf direkte Vorgaben für das Automatisierungssystem, sondern um viele Faktoren, die das Automatisierungssystem in einer geeigneten Weise verarbeiten kann. Die Frage nach der Integration von Automatisierungssystemen z. B. bei Pflegerobotern oder autonom fahrenden Fahrzeugen wird damit zukünftig wichtig. Doch wie und auf welchen Ebenen findet eine Mensch-Maschine-Kommunikation statt und wie tiefgreifend ist die Vernetzung mit unseren sozialen Systemen?

Es ist abzusehen, dass Automatisierungssysteme mit Fähigkeiten ausgestattet werden müssen, die es ihnen erlauben, empathisch im sozio-technischen Kontext reagieren zu können. Dies erfordert eine umfassende Interpretation der Interaktionen in den sozialen Systemen sowie von Emotionen wie Freude, Überschwang, Zorn, Ärger oder Panik, die richtig gedeutet werden müssen.

2.6 Autonome Systeme

Autonome Systeme sollen komplexe Aufgaben selbstständig lösen können, um so auf unvorhersehbare Ereignisse zu reagieren. Bei autonomen Systemen handelt es sich nicht um klassische automatisierte Systeme, sondern um solche, die selbstständig mit Bedienern interagieren können und die Handlung führen.

Diese Systeme können Aufgaben ausführen, die normalerweise von Menschen erledigt werden. Dazu können sie in der Luft, zu Wasser und zu Lande eingesetzt werden.

Sifakis und Harel (2022) beschreiben Autonomie wie folgt:

> „Autonomie ist die Fähigkeit [eines Systems bzw. Agenten], eine Reihe von koordinierten Zielen aus eigener Kraft, d. h. ohne menschliches Eingreifen, zu erreichen. Dabei kann sich [das System bzw. der Agent] an Veränderungen in der Umwelt anpassen."

Nach Müller et al. (2021) ergibt sich für ein autonomes System folgende Definition:

> „Ein autonomes System ist ein abgegrenztes technisches System, das trotz unsicherer Umweltbedingungen systematisch und ohne Eingriffe von außen seine gesetzten Ziele erreicht [...] zur Unterscheidung zwischen intelligenten industriellen Automatisierungssystemen und autonomen industriellen Systemen werden zwei Merkmale herangezogen: Selbstverwaltung und Eigenständigkeit."

Es ist abzusehen, dass zukünftige autonome Systeme situationsabhängig und innerhalb eines Handlungsspielraums, also quasi durch Leitplanken begrenzt, notwendige Schritte selbstständig planen können.

Das autonome System löst Aufgaben, erkennt Zusammenhänge und übernimmt die Handlungsführung. Dazu können aus Daten Erkenntnisse generiert und Handlungen geplant werden.

Zukünftig geht es somit bei autonomen Systemen um komplexe Wahrnehmungsprozesse auf Basis einer umfassenden Informationsgewinnung und -verarbeitung, die weitreichende Handlungen auslöst. Dabei werden Teilinformationen gewonnen und zu Gesamteindrücken verarbeitet, die zu Aktionen führen. Solche komplexen Formen der Informationsverarbeitung basieren auf einer Wahrnehmung und Erkennung der Umgebung (Kognition) im Verbund mit der Deduktion geeigneter Handlungen.

Die typischen Hauptkomponenten eines autonomen Systems sind in Abb. 2.12 skizziert.

Ein autonomes System bzw. der autonome Agent hat im Vergleich zu einem Automaten (etwa nach Abb. 2.4) andere Hauptkomponenten.

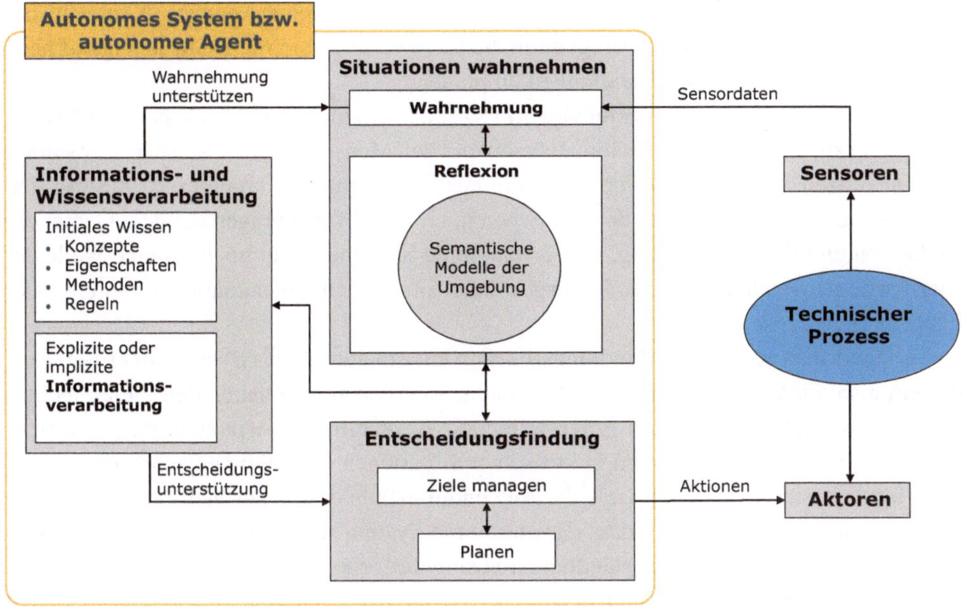

Abb. 2.12 Systemarchitektur autonomer Systeme und Hauptkomponenten. (Adaptiert nach Sifakis und Harel 2022; mit freundlicher Genehmigung von © ACM – Association for Computing Machinery 2023. All Rights Reserved)

Auch bei einem autonomen System werden die Prozesseingriffe mittels Aktoren ausgeführt und die Prozessdaten mit Sensoren erhoben. Allerdings werden die Aktionen des Systems durch eine Komponente zur „Entscheidungsfindung" erzeugt, die auf Zielen beruht und sowohl eine „Informations- und Wissensverarbeitung" als auch eine „Wahrnehmung" und „Reflexion" zum „Zielmanagement" und dem „Planen" von Aktionen heranzieht.

Die Hauptkomponenten haben dabei die folgenden Aufgaben:

- Die „Wahrnehmung" ist für die Interpretation von Sensordaten zuständig. Sie beseitigt Mehrdeutigkeiten und konkretisiert aus den komplexen Sensordaten relevante Informationen.
- Die „Reflexion" ist für den Aufbau und die Aktualisierung eines realitätsgetreuen Laufzeitmodells der Umgebung zuständig.
- Das „Zielmanagement" führt die Auswahl der am besten geeigneten Ziele für eine bestimmte Konfiguration des Umweltmodells durch.
- Die „Planung" entscheidet, was zur Erreichung der ausgewählten Ziele notwendig ist, sodass Aktionen über die Aktoren ausgeführt werden, die die Umwelt beeinflussen.
- Die „Informations- und Wissensverarbeitung" ist die Fähigkeit, initiales Wissen durch Lernen von neuen Zusammenhängen zu ergänzen. Durch Reflexion kann die Zielverwaltung und der Planungsprozess dynamisch mit Informationen zur Entscheidungsunterstützung versorgt werden.

Auf diese Weise werden automatisierte Systeme bzw. autonome Agenten in einer bisher nur vom Menschen bekannten Fähigkeit in die Lage versetzt, sich selbst in Bezug auf neue Situationen anzupassen und Handlungen zu planen.

Dabei kommt der künstlichen Intelligenz (KI) und dem maschinellen Lernen (ML) große Bedeutung zu, um Prozesse zu automatisieren und den Menschen schrittweise immer stärker zu unterstützen. Zwar gibt es Fortschritte in der Erkennung von komplexen Mustern und dem Ableiten von Handlungen, doch bestehen noch viele offene Fragen auf dem Gebiet der Deduktion und Schlussfolgerung, sodass autonome Systeme sicher noch für eine Weile auf spezifische Anwendungsfälle, z. B. ausgewählte Situationen des autonomen Fahrens oder Fliegens begrenzt sein werden.

Verlagert man jedoch die Handlungsführung auf ein autonomes System, überträgt man diesem also die Verantwortung für Aktivitäten, so ergeben sich neben den vielen technischen Herausforderungen auch Fragestellungen zu rechtlichen Aspekten, da nicht mehr der Mensch, sondern das System in kritischen Situationen selbsttätig entscheidet.

Allerdings sind heute noch viele der Anwendungsfälle durch den Menschen fein abgestimmt. Nur so ist es möglich, dass das autonome System seine Grenzen erkennt und den Menschen zur Übernahme der Handlungsführung auffordert.

Erste Umsetzungen entstehen derzeit im Bereich des autonomen Fahrens, bei dem Fahrzeuge vollautomatisiert von A nach B fahren können. Selbst bei Störungen oder unvorhergesehenen Einflüssen können diese autonom Handlungsalternativen identifizieren und umsetzen. Auch im Bereich der Anlagenautomatisierung sind weitere Schritte in Richtung einer Autonomie, d. h. einer Bewältigung von komplexen Situationen auch beim Eintreten von Unvorhergesehenem, wichtig.

In Abb. 2.13 werden die fünf Stufen hin zu einem autonomen Systemverhalten vorgestellt. Diese fünf Stufen haben sich im Bereich Automotive etabliert und wurden von der SAE Inter-

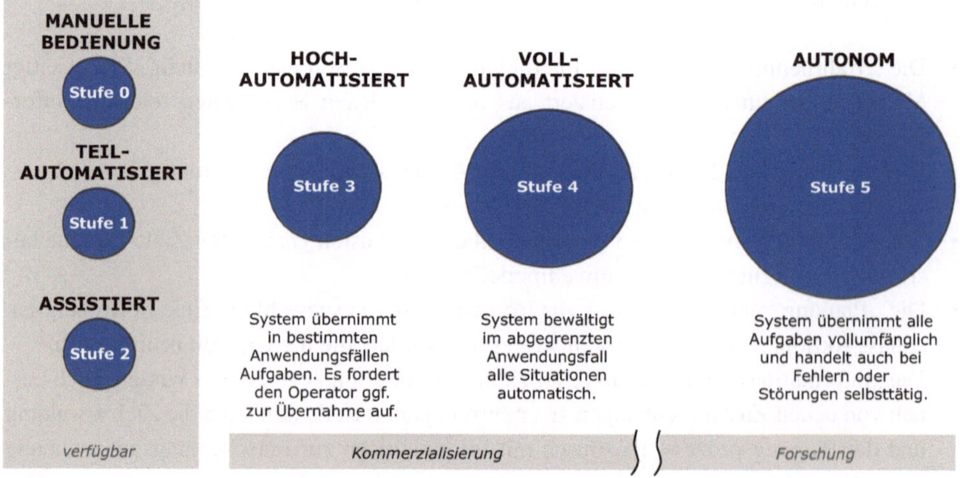

Abb. 2.13 In fünf Stufen zum autonomen System. (Stufendefinition nach SAE 2021)

national (ehemals *Society of Automotive Engineers*) für das automatisierte und autonome Fahren definiert. Die Stufen lassen sich auf die unterschiedlichsten technischen Systeme anwenden.

Im Bereich des autonomen Fahrens sind bereits Systeme der Stufe 3 „Hochautomatisiert" am Markt erhältlich. Offen ist heute jedoch, wie weitere Sprünge auf die Stufe 4 „Vollautomatisiert" oder die Stufe 5 „Autonom" erfolgen sollen. Zwar gibt es bereits Forschungsprototypen, die vollautomatisiertes Fahren der Stufe 4 erlauben, doch müssen für außergewöhnliche Situationen noch Menschen z. B. per Teleoperation eingreifen, um Probleme aufzulösen. Von einem breiten Einsatz autonomer Systeme der Stufe 4 oder 5 kann man heute bestenfalls in Spezialanwendungen mit abgrenzbaren Systemfähigkeiten sprechen. Beispielsweise sind vollautomatische Minenfahrzeuge oder Erntemaschinen Anwendungen, die durch ihren Kontext klarer strukturiert sind als eine Stadtfahrt mit dem Auto.

Auch im Bereich der Anlagenautomatisierung wird intensiv an autonomen Systemen gearbeitet. Schon aufgrund des Fachkräftemangels zeichnet sich der Bedarf ab, Industrieanlagen stärker zu automatisieren und autonome Fähigkeiten zu realisieren. Dabei kann es ein Ziel sein, einen „vollautomatisierten" Stufe-4-Betrieb umzusetzen, um nur bei Fehlern oder Störungen Fachkräfte per Teleoperation eingreifen zu lassen.

Die Abgabe der Handlungsführung an das autonome System ist dann jedoch eine weitere Stufe der Evolution. Dabei ist abzusehen, dass ein gesellschaftlicher Diskurs notwendig wird, um mit Systemen umzugehen, die Entscheidungen, bei denen unvorhersehbare Schäden entstehen können, tatsächlich selbsttätig treffen. Obgleich wir uns an Risiken beim Betrieb von technischen Systemen gesellschaftlich gewöhnt haben, werden weiterhin viele Fragen des Risikomanagements mit Blick auf die Herstellung und Entwicklung von autonomen Systemen auftreten, die sich bisher so nicht gestellt haben.

Es zeichnet sich ab, dass autonome Fahrzeuge eine Vorreiterrolle für die Akzeptanz in der Gesellschaft übernehmen werden. Sie sind ein Wegbereiter bei Fragen der rechtlichen Verantwortung sowie zur Ethik bei der Entscheidungsfindung.

2.7 Denkanstöße

Dieses Kapitel zeigte die grundlegenden Konzepte der Automatisierungstechnik auf. Deutlich wurde dabei auch, wie sich die Automatisierungstechnik in den letzten Dekaden von einer Ingenieurswissenschaft zur regelungstechnischen Auslegung von Maschinenbau-Systemen weiterentwickelt hat. Es wurde zunächst der Begriff des technischen Systems und dann als Abstraktion der des technischen Prozesses geprägt. Beide sind seit vielen Jahren etabliert und standardisiert.

Heute geht es um softwareintensive Systeme, die zunehmend große Mengen an Daten verarbeiten, kognitive Fähigkeiten haben und künstliche Intelligenz enthalten können. Diese Automatisierungssysteme gehen dann weit über die Programmierung von Vorausgedachtem hinaus und sind fähig, eigenständig in komplexen und unstrukturierten Umgebungen tätig werden zu können.

Trotz vieler Unterschiede verschwimmen schon jetzt die Grenzen zwischen einer Automatisierungstechnik „alter Schule", d. h. einem Systementwurf in allen Details der Funktionen durch versierte Fachkräfte, hin zu Systemen, die mit Methoden der künstlichen Intelligenz erstellt werden und dann auch als autonome Systeme agieren.

Um sich vertieft mit dem Thema zu befassen, recherchieren Sie weitere Aspekte, lesen Sie nach und machen Sie sich selbst Gedanken darüber, wie sich die Automatisierungstechnik in Zukunft entwickeln könnte.

Hier einige Anregungen, in welche Richtungen Sie dabei denken könnten:

a. Analysieren Sie, wie sich der Begriff des technischen Prozesses in den vergangenen Jahren entwickelt hat und welche Rolle die informationstechnische Abstraktion von der konkreten technischen Anlage hin zu einem technischen System bzw. einem technischen Prozess dabei gespielt hat.
b. Interessant ist in diesem Zusammenhang auch eine Abgrenzung der Begriffe „Automatisierungstechnik", „Automatisierung", „Automation" sowie zwischen „Automatisierungssystemen", „automatisierten Systemen" und „autonomen Systemen".
c. Betrachten Sie den zunehmenden Einsatz von Software in der Automatisierungstechnik. Wie verändern sich die Systemstrukturen und welchen Einfluss hat die Informations- und Kommunikationstechnik? Wie beurteilen Sie dabei den Einsatz von großen Softwaresystemen? Welche Rolle nimmt die Verfügbarkeit von Daten dabei voraussichtlich ein?
d. Entwickeln Sie eine Position zu der Frage, welche weiteren Entwicklungen sich für die Automatisierungstechnik hin zu vernetzten kognitiven Fähigkeiten für die Zukunft ableiten lassen. Wie schätzen Sie die Zukunft autonomer Systeme ein und wo werden Ihrer Ansicht nach die kommenden Herausforderungen bei der Entwicklung und im Betrieb liegen?

Es gibt noch viele weitere spannende Fragen, die die grundlegenden Konzepte und die Weiterführung der Automatisierungstechnik betreffen – eine Diskussion, für die Sie jetzt das passende Rüstzeug haben.

Weiterführende Literatur

BMWK: **Plattform Industrie 4.0 Glossar**, Berlin 2023
Deloitte: **Der deutsche Technologiesektor. Vom Hardware- zum Service-Standard.** Firmenschrift, Mai 2019
Drews, P.; Starke, G.: **Mechatronics and robotics in Europe.** Proceedings of IECON '93 – 19th Annual Conference of IEEE Industrial Electronics, 1993 https://doi.org/10.1109/IECON.1993.339115
Ebert, Ch.: **Systematisches Requirements Engineering, Anforderungen ermitteln, dokumentieren, analysieren und verwalten.** 7. Auflage, dpunkt.verlag, 2022

Ehrlenspiel, K.; Meerkamm, H.: **Integrierte Produktentwicklung – Denkabläufe, Methodeneinsatz, Zusammenarbeit.** 5. Auflage, Hanser Verlag, 2013 https://www.hanser-elibrary.com/doi/10.3139/9783446449084.fm

Fachforum Autonome Systeme im Hightech-Forum der acatech: **Autonome Systeme – Chancen und Risiken für Wirtschaft, Wissenschaft und Gesellschaft.** Abschlussbericht, Berlin, April 2017

Gamer, Th.: **Autonomous systems, autonomous collaboration.** ABB Review, 2018

Gräßler, I.; Oleff, Ch.: **Systems Engineering, Verstehen und industriell umsetzen.** Springer Verlag, 2022 https://doi.org/10.1007/978-3-662-64517-8

Kagermann, H.; Wahlster, W.; Helbig, J. (Hrsg.): **Umsetzungsempfehlung für das Zukunftsprojekt INDUSTRIE 4.0.** Acatech und Forschungsunion, Promotorengruppe Kommunikation der Forschungsunion Wirtschaft – Wissenschaft, 2013

Sifakis, J.: **Autonomous systems. An architectural characterization.** In: Boreale, M.; Corradini, F.; Loreti, M.; Pugliese, R. (eds) Models, Languages, and Tools for Concurrent and Distributed Programming. Lecture Notes in Computer Science, Vol. 11665. Springer, 2019 https://doi.org/10.1007/978-3-030-21485-2_21

Referenzen

Ashtari B. T.; Jung T.; Lindemann, B.; Sahlab, N.; Jazdi, N.; Schloegl, W. und Weyrich, M.: **An architecture of an intelligent digital twin in a cyber-physical production system.** Journal at – Automatisierungstechnik, 2019 https://doi.org/10.1515/auto-2020-0003

Carrez, F. (Hrg.): **Final architectural reference model for the IoT,** V3.0, IoT A Deliverable D1.5, EU G 257521, 2013

DIN IEC 60050-351:2014-09. **Internationales Elektrotechnisches Wörterbuch – Teil 351: Leittechnik** (IEC 60050-351), Beuth-Verlag, 2014 https://doi.org/10.31030/2159569

Holdren, J.P.; Lamder, E.; Varmus, H. (Ed.): **Designing a digital future: Federally funded research and development in networking and information technology.** Report to the President and Congress. Executive Office of the President, 2010

Lauber, R.; Göhner, P.: **Prozessautomatisierung 1.** 3. Auflage, Springer-Verlag, 1999 https://doi.org/10.1007/978-3-642-58446-6

Lee, Ed.: **Cyber-physical systems virtual organization – Fostering collaboration among CPS professionals in academia, government, and industry.** NSF Workshop on Cyber-Physical Systems October 16–17, Austin, 2006

Müller, M.; Müller, T.; Ashtari, B.; Marks, Ph.; Jazdi, N. and Weyrich, M.: **Industrial autonomous systems: a survey on definitions, characteristics and abilities.** at – Automatisierungstechnik, vol. 69, no. 1, 2021 https://doi.org/10.1515/auto-2020-0131

SAE: **Taxonomy and definitions for terms related to driving automation systems for on-road motor vehicles.** ISO/SAE PAS 22736:2021, ISO/SAE, 2021

Sifakis, J.; Harel, D.: **Trustworthy autonomous system development.** ACM Transactions on Embedded Computing Systems, 2022 https://doi.org/10.1145/3545178

VDI: **Industrie 4.0 – Begriffe.** Arbeitsgruppe „Begriffe" des VDI/VDE-GMA FA 7.21. Düsseldorf, 2019

Weiser, M.: **The computer for the 21st century.** ACM SIGMOBILE Mobile Computing and Communications Review, Volume 3 Issue 3, 1999 https://doi.org/10.1145/329124.329126

Wo wird Automatisierungstechnik eingesetzt und wie sehen Systemtopologien und IT-Architekturen aus?

Zusammenfassung

Dieses Kapitel befasst sich mit dem Einsatz von Automatisierungstechnik in verschiedenen Branchen und systematisiert die typischen Systemtopologien und IT-Architekturen, die sich in der Praxis durchgesetzt haben.

Der Einsatz von Automatisierungstechnik ist stark von branchenspezifischen Anforderungen abhängig, wie in diesem Kapitel ausgeführt wird.

Schließlich werden die typischen Systemtopologien und IT-Architekturen der Anlagenautomatisierung, der Produktautomatisierung und der Automatisierung hochvernetzter Systeme untersucht und anhand von Beispielen verdeutlicht.

Es werden Fragen erörtert, die die Rahmenbedingungen aus den Anwendungsfeldern darstellen und damit ein Verständnis für die Strukturen von Automatisierungstechnik schaffen, z. B.:

- In welchen Branchen wird die Automatisierungstechnik heute angewendet und welche Anforderungen bestehen mit Blick auf die Gegebenheiten in der Praxis?
- Wie sind die Systemtopologien beschaffen, die in der Anlagen- und Produktautomatisierung sowie in der Automatisierung hochvernetzter Systeme zum Einsatz kommen?
- Welche Rahmenbedingungen aus den Anwendungen sind verantwortlich für IT-Architekturen der Praxis und welche Beispiele können angeführt werden?

In diesem Zusammenhang werden gängige Erklärungsmodelle vorgestellt, die die Denkwelten der jeweiligen Anwendungsbereiche in den einsetzenden Branchen charakterisieren.

© Springer-Verlag GmbH Deutschland, ein Teil von Springer Nature 2023
M. Weyrich, *Industrielle Automatisierungs- und Informationstechnik*,
https://doi.org/10.1007/978-3-662-56355-7_3

3.1   Anwendung der Automatisierungstechnik in den Branchen

Der Bedarf und der Nutzen sind wesentliche Triebfedern, um die Automatisierungstechnik voranzubringen. Dabei arbeiten internationale Konzerne Seite an Seite mit dem Mittelstand, mit Kleinunternehmen und Start-ups. Sie werden durch eine Forschung begleitet, die die Praxis beobachtet und auf die Problemstellungen eingeht.

Doch wodurch wird die Vielschichtigkeit der Automatisierungstechnik bestimmt und wodurch die jeweilige Funktionalität und Relevanz definiert?

Zunächst ist festzustellen, dass die Automatisierungstechnik gekennzeichnet ist durch den Bedarf und die Anwendung in den produzierenden Branchen, d. h. durch die Anforderungen von Industrieunternehmen, die jeweils ähnliche Produkte herstellen oder Dienstleistungen ausführen.

Außerdem entstehen zahlreiche industrienahe Dienstleistungen im Umfeld von Unternehmen, die Automatisierungstechnik einsetzen bzw. betreiben.

Weiterhin stellt die Automatisierungstechnik ein wichtiges Geschäftsfeld für die Hersteller von Software- und Hardwarekomponenten, Maschinensystemen und für Systemintegratoren dar, die automatisierungstechnische Produkte am Markt platzieren.

Es gibt also zwei Perspektiven auf die Automatisierungstechnik: die der Anwender und die der Automatisierungstechnikhersteller, die den Anwendern entsprechende Problemlösungen anbieten.

Um zu verstehen, wie Funktionalitäten von Automatisierungssystemen genutzt und eingesetzt werden, ist ein Verständnis der Praxis und der dort ablaufenden Anwendungsprozesse erforderlich. Dadurch lassen sich Muster in Bezug auf Interaktionen, Schnittstellen, funktionale Komponenten und Systemtopologien erkennen.

Dabei spielt aus Sicht der Informationstechnik die Systemtopologie eine wichtige Rolle, um Automatisierungssysteme typisieren zu können.

Neben der grundlegenden Systemtopologie ist die informationstechnische Umsetzung mithilfe von IT-Architekturen von großer Bedeutung. Unter einer IT-Architektur versteht man die innere Struktur der einzelnen Komponenten eines informationstechnischen Systems, die die Beziehungen zwischen den Softwarekomponenten und deren Kommunikation festlegt. Die Systemtopologie gibt dabei wichtige Rahmenbedingungen vor, die IT-Architektur definiert jedoch die informationstechnische Umsetzung für den Einsatz in der Praxis.

Im weiteren Verlauf dieses Kapitels werden daher verschiedene Systemtopologien und in der Praxis bewährte IT-Architekturen herausgearbeitet und vor dem Hintergrund der Anwendung in den Branchen erörtert.

3.1.1   Automatisierungstechnik in den Branchen

In der Automatisierungstechnik gibt es eine Vielzahl von Systemen, die in unterschiedlichen Branchen eingesetzt werden. So finden sich Automatisierungssysteme in allen Bereichen der Industrie und unserer Lebenswelt.

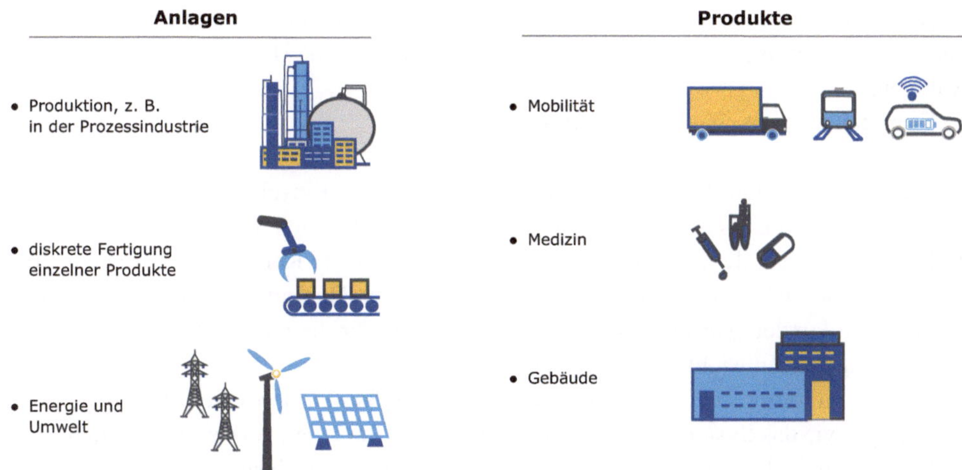

Abb. 3.1 Beispiele für anwendende Branchen in der Industrie

Um die Anforderungen an die Funktionen und Fähigkeiten von Automatisierungssystemen in den Branchen zu verdeutlichen, sollen zunächst ihre Einsatzgebiete betrachtet werden.

Die Abb. 3.1 zeigt exemplarisch Branchen, in denen die Automatisierungstechnik angewendet wird.

Ein großes Anwendungsfeld ist die Produktions- und Fertigungstechnik zur Herstellung von Industriegütern. Sie ist für Deutschland als Hochlohn-Industriestandort von besonderer Relevanz. Die Produktionstechnik hat viele Facetten und man unterscheidet nach den hergestellten Produkten, Gütern oder den Fertigungsverfahren. Es liegt auf der Hand, dass entzündliche Chemikalien als ein Produkt der Prozessindustrie eine andere Form der Produktionsautomatisierung benötigen als die Fertigung von diskreten Teilen, z. B. Fahrzeugbatterien.

Im Bereich der Mobilität spricht man von neuen Formen, bei denen die verantwortlichen Personen, z. B. Fahrerinnen oder Piloten, durch Automatisierungstechnik zunehmend entlastet und in der Zukunft durch einen Autopiloten ersetzt werden können.

Die Medizintechnik ist ein Feld, in dem große Veränderungen durch die Automatisierungstechnik vonstattengehen, sei es bei der Datenerfassung, der automatisierten Auswertung von Befunden im Labor oder bei der Unterstützung bei Operationen durch Roboter.

Automatisierungstechnik findet sich auch in Gebäuden. So bieten die Heizungs- und Klimatechnik, der Sonnenschutz und die Beleuchtung vielfältige Einsatzmöglichkeiten von automatisierten Funktionen.

Als weiteres Feld kann die Energieversorgung, also Kraftwerke, Windkraftanlagen oder Wasserstoffsysteme, angeführt werden. Diese müssen automatisiert sein, um die vielen verteilten Energiequellen und -senken optimal koordinieren zu können.

Auch im Bereich *Green Tech*, also der Umwelttechnik, kommt der Automatisierungstechnik zum Schutz und der Wiederherstellung der Umwelt eine Bedeutung zu. Ein Beispiel ist die automatische Informationsverarbeitung zur Erfassung von CO_2-Emissionen von Industriegütern.

Je nachdem wie, wo und zu welchem Zweck Automatisierungstechnik eingesetzt wird, haben Anwender und Systementwickler ganz unterschiedliche Herausforderungen zu bewältigen.

Es bestehen unterschiedliche Anforderungen:

- Menge und Kosten der Systeme, die von aufwendigen Einzelsystemen für einen bestimmten Zweck bis hin zu Produkten mit hohen Stückzahlen reichen können.
- Die Lebensdauer der Systeme, die von wenigen Jahren bei Konsumentenprodukten bis hin zu vielen Jahrzehnten bei Investitionsgütern reicht. Hier gibt es große Unterschiede zwischen kurzlebigen Produkten und Großanlagen, für die die langfristige Ersatzteilverfügbarkeit ein wichtiger Aspekt sein kann.
- Das Qualifikationsniveau der Menschen, die das System einsetzen. Es entscheidet darüber, wie das System zu bedienen ist und ob die Personen vorher auszubilden sind.
- Der Energiebedarf, der insbesondere bei nicht stationären Systemen hinsichtlich der Batteriewechselzyklen relevant ist.
- Der Grad der erforderlichen Sicherheitsmaßnahmen in Verbindung mit Risiken von kritischen Prozessen oder autonomen Systementscheidungen.

Es gibt zwischen den Branchen zwar Parallelen und Übertragungsmöglichkeiten, jedoch sind die Unterschiede in den technischen Prozessen oft so markant, dass sie signifikante Auswirkungen auf die Art und Weise der Entwicklung, auf die Ausführung der technischen Systeme und die Wahl der IT-Architektur haben.

3.1.2 Einteilung von automatisierten Systemen

Automatisierte Systeme lassen sich aufgrund typischer Eigenschaften wie räumliche Ausdehnung, Anzahl der hergestellten Anlagen und Produkte, ihre informationstechnische Vernetzung oder Formen der Hierarchie in drei Kategorien unterteilen: Systeme der Anlagenautomatisierung, der Produktautomatisierung sowie hochvernetzte Automatisierungssysteme. Abb. 3.2 stellt Beispiele der jeweiligen Kategorien dar.

I. Die Anlagenautomatisierung

Eine automatisierte Anlage stellt eine Komposition aus vielen Geräten und Maschinen dar. Nach Lauber und Göhner (1999) ist sie wie folgt definiert:

> „Die Anlagenautomatisierung bezeichnet technische Systeme, bei denen der technische Prozess räumlich stark verteilt ist. Systeme der Anlagenautomatisierung zeichnen sich durch das Zusammenspiel verschiedener Komponenten in einer hierarchischen Struktur aus. Systeme der Anlagenautomatisierung werden in kleinen Stückzahlen oder als Einzelstücke hergestellt.“

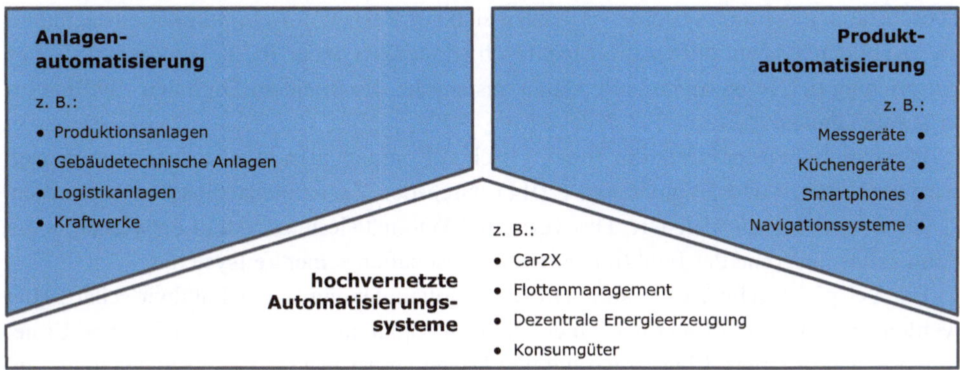

Abb. 3.2 Drei Kategorien von automatisierten Systemen mit Anwendungsbeispielen

So kommen Systeme der Anlagenautomatisierung z. B. in der Produktions- und Fertigungstechnik, aber auch bei der Energieerzeugung, bei Bahnsystemen oder in gebäudetechnischen Anlagen zum Einsatz. Alle Systeme dieser Gruppe sind in der Fläche stark ausgedehnt und müssen daher weitläufig informationstechnisch vernetzt werden.

II. Die Produktautomatisierung

Ganz anders sind die Systeme der Produktautomatisierung beschaffen. Lauber und Göhner (1999) definieren wie folgt:

> „Bei den Systemen der Produktautomatisierung läuft der technische Prozess in einer Einheit, zum Beispiel einem Gerät oder einer Maschine ab. Systeme der Produktautomatisierung sind durch ihre kompakte Strukturierung beziehungsweise Bauform gekennzeichnet. Automatisierte Produkte zeichnen sich durch hohe Stückzahlen aus."

Beispiele kommen aus allen Lebensbereichen und reichen vom Haushalts- und Küchengerät über Bau- und Arbeitsmaschinen bis hin zu Fahrzeugen.

Reichten diese beiden Kategorien zunächst zur vollständigen Einteilung von automatisierten Systemen aus, ist mittlerweile eine dritte Kategorie hinzugekommen, die zunehmend an Bedeutung gewinnt.

III. Hochvernetzte Automatisierungssysteme

Vernetzte Automatisierungssysteme stehen im Geiste der cyber-physischen Systeme. Sie lassen sich wie folgt definieren:

> „Hochvernetzte Automatisierungssysteme sind informationstechnische Zusammenschlüsse, die aufgrund ihrer digitalen Vernetztheit und automatischen Informationsverarbeitung neue Fähigkeiten entwickeln."

Diese Automatisierungssysteme vernetzten sich auf Basis von Kommunikationstechnologie, sie bilden also ein informationstechnisch verteiltes System, das neben der physischen Ausprägung der Teilsysteme viele Daten austauscht, die in einem Digitalen Zwilling erfasst sein können.

Diese digitale Repräsentation von physischen Komponenten in einer Informationswelt wird nach Porter und Heppelmann (2014) durch den Zusammenschluss von verteilten, „smarten" Produkten realisiert. Das vernetzte Automatisierungssystem entwickelt somit Fähigkeiten aufgrund der Funktionen und Eigenschaften seiner Teilsysteme.

Ein Beispiel hierfür ist die automatisierte Flottenplanung in der Landwirtschaft: Hier werden der Einsatz der Landmaschinen, die Routenplanung, Wettervorhersage und Ernteprognosen koordiniert. Eine Steuerung und Regelung der technischen (Teil-)Systeme findet aufgrund der vernetzten Daten und der daraus resultierenden Informationen statt.

Es gibt durchaus auch Automatisierungssysteme, bei denen eine Kategorisierung nicht sofort auf der Hand liegt. Ausschlaggebend ist dann jeweils der Charakter des technischen Gesamtsystems.

Ein Beispiel für einen solchen fließenden Übergang zwischen den oben genannten Arten ist die Automatisierung im Bereich der Herstellung von Lebensmitteln. Ein handelsüblicher Brotbackautomat ist ein System der Produktautomatisierung. Er hat eine kompakte Bauform, wird in hohen Stückzahlen hergestellt und führt eine dedizierte Funktion aus. Betrachtet man jedoch eine automatisierte Brotbackfabrik, in der der Prozess „Backen" vollautomatisch unter Einsatz von mehreren Geräten und Transportmitteln abläuft, dann spricht man von einer Anlagenautomatisierung, da hier die einzelnen Funktionen wie „Zutaten abmessen", „Teig anrühren", „Brote formen" und „Backen" jeweils in Automaten ablaufen, die untereinander verkettet und räumlich ausgedehnt sind.

3.1.3   Anforderungen an die Automatisierungssysteme

In den anwendenden Branchen werden Anforderungen (*Requirements*) an die Automatisierungssysteme gestellt, die ihre Eigenschaften bzw. ihren Leistungsumfang bestimmen.

Die sogenannten funktionalen Anforderungen legen dabei fest, was das Produkt oder die Anlage wie tun soll. Beispielsweise ist eine funktionale Anforderung an ein Heizungsventil, dass es eine Auto-Kalibrierungsfunktion aufzuweisen und ein Regler bestimmte Temperaturgänge zu realisieren hat.

Typische Anforderungen der Branchen an Automatisierungssysteme sind in Tab. 3.1 zusammengefasst. Es wird deutlich, dass es je nach Anwendungsbranche sehr spezifische Anforderungen sind.

Aufgrund dieser Vorgaben und Rahmenbedingungen unterscheidet sich die jeweils zum Einsatz kommende Automatisierungstechnik deutlich. So steht beispielsweise im Bereich der Haushalts- und Gebrauchsgegenstände, also bei Massengütern, eine kostengünstige Herstellung in großen Stückzahlen im Vordergrund. Andere Segmente, z. B. die Messtechnik in Laboren, benötigen hoch konfigurierbare, möglichst universelle Entwicklungsum-

Tab. 3.1 Anforderungen und Rahmenbedingungen an Automatisierungssysteme in den unterschiedlichen Branchen

Branche	Funktionale Anforderungen	Rahmenbedingungen
Industrieanlagen, z. B. Chemiewesen	Integration unterschiedlicher zertifizierter Teilsysteme zu individuellen Gesamtsystemen	Einzelsysteme benötigen Fachpersonal zur Anpassung
Produktionstechnische Industrieanlagen	Integration von unterschiedlichen Maschinen und Komponenten zu individuellen Gesamtsystemen	Einzelsysteme benötigen Fachpersonal zur Anpassung
Haushaltsgeräte und Gebrauchsgegenstände	„Wegwerfsysteme" in großer Stückzahl mit Anspruch an Kosteneffizienz; evtl. Austausch von Modulen	Reparatur durch Austausch von Modulen durch Fachpersonal
Laborausstattungen mit Messtechnik, z. B. zur Qualitätssicherung	Einmalsysteme, die speziell angepasst sind und flexibel eingesetzt werden sollen	Flexibilität beim Einsatz durch fachkundige Nutzer benötigt
Fahrzeuge (Autos und Schiene)	Modulare Struktur definiert durch den Fahrzeughersteller und ausgewählte Zulieferer	Reparatur durch Austausch von Modulen durch Fachpersonal, Weiterentwicklung bestehender Systeme durch Experten nur nach aufwendiger Freigabe
Flugzeuge	Aufwendige Systemabsicherung aufgrund sicherheitskritischer Anwendung	Aufwendige Zertifizierung beeinträchtigt die Weiterentwicklung
Gebäudeautomatisierung	Kostendruck, modulare Strukturen und lange Lebenszyklen	Reparatur durch Fachpersonal, ggf. Erweiterungen bei Umbauten erforderlich

gebungen, um schnell Aufbauten herstellen und flexibel auf wechselnde Anforderungen eingehen zu können. Systeme für Fahrzeuge hingegen sind gekennzeichnet durch die Anforderungen an Komfort, Robustheit und Modularität. In der Luftfahrt müssen Systeme zertifiziert und sehr zuverlässig sein, hingegen fordert die Gebäudeautomatisierung einfache, dafür aber langlebige Komponenten.

Darüber hinaus gibt es eine Vielzahl von Anforderungen an die Hard- und Software, die technisch, betriebswirtschaftlich oder organisatorisch von Bedeutung sind.

3.1.4   Weitere Anforderungen an Automatisierungssysteme

Je nach Branche und Einsatzkontext kommen weitere Aspekte zum Tragen, die zunächst eventuell gar nicht im Blickfeld der Entwicklung lagen.

Abb. 3.3 Weitere Anforderungen an technische Systeme

So liegt es bei einem Heizungsventil auf der Hand, dass ein kostengünstiges Konsumentenprodukt zur Steuerung und Regelung mit entsprechender Automatisierungstechnik ausgeführt sein soll. Aber auch Aspekte wie Baugröße und Energiebedarf sind Anforderungen, die ihren Ursprung in den unterschiedlichen Anwendungsbereichen finden.

Eine Übersicht zu solchen weiterführenden Anforderungen und damit verknüpften Aspekten findet sich in Abb. 3.3.

Als Beispiel lässt sich der Bereich von technischen Anlagen in der Chemie oder dem produzierenden Gewerbe nennen. Hier spielt die Wartbarkeit von Hard- und Software sowie die schnelle Verfügbarkeit von Ersatzteilen eine wesentliche Rolle. Werden Anlagen exportiert, so kommt der weltweiten Lieferbarkeit von Ersatzteilen eine große Bedeutung zu, um Stillstandszeiten und die damit verbundenen hohen Kosten zu vermeiden. Hier muss ein möglichst schneller Austausch am Einsatzort gewährleistet werden können.

Bei sicherheitstechnischen Anlagen ist eine Zertifizierung offenkundig wesentlich. Oft wird eine solche Steuerung dann über viele Jahre ohne Änderung betrieben, da eine Neuzertifizierung sehr aufwendig und teuer wäre. Darüber hinaus überwiegt das Risiko von Fehlfunktionen bei der Implementierung neuer Funktionen im Vergleich zu einem stabilen Betrieb des Systems. Dies bedeutet aber auch, dass solche Systeme häufig nicht vernetzt werden können, da kontinuierliche Anpassungen per Update die Zertifizierung unterlaufen würden. Eine regelmäßige Neuzertifizierung zöge enorme Kosten nach sich, die durch den Funktionsgewinn des Gesamtsystems nicht zu rechtfertigen wären. Aber auch vonseiten der Entwicklung kann beispielsweise die Verfügbarkeit von speziellen Entwicklungsumgebungen, sogenannten *Toolchains*, zu Festlegungen bei der Hardware und Software führen.

Obwohl es inzwischen zwar grundsätzlich möglich ist, viele Prozesse zu automatisieren, muss doch geprüft werden, ob der Entwicklungsaufwand bzw. der Nutzen, den man mittels Automatisierungstechnik generiert, überwiegt. Wenn es gelingt, den Entwicklungsprozess effektiver zu gestalten, also die Automatisierung zu automatisieren, so erschließt man sich zahlreiche neue Einsatzfelder aufgrund der verbesserten Aufwand/Nutzen-Relation.

Demgegenüber verlieren automatisierte Entwicklungsprozesse jedoch an Flexibilität. Sind elektronische Bauelemente nicht mehr lieferbar oder werden die Weiterentwicklungen und Pflege beispielsweise von Betriebssystemen, Compilern oder sonstigen Entwicklungsumgebungen eingestellt, so kann das Lieferengpässe mit gravierenden Einschränkungen zur Folge haben, da ganze Entwicklungsprozesse neu aufgesetzt werden müssen, um kostspielige Investitionsgüter weiter pflegen zu können.

Im Gegensatz zu den rasanten Entwicklungen im Bereich von Konsumentenprodukten wie Smartphones oder Ähnlichem verlangsamt sich die Umsetzung von Neuerungen in industriellen Automatisierungssystemen durch die dargestellten Anforderungen. So ist es beispielsweise bei einem Smartphone oder Laptop üblich, dass Systemfunktionen nach einigen Jahren nicht mehr unterstützt werden. Bei Fahrzeugen, Maschinen oder Fabrikanlagen sind jedoch viel längere Betriebszeiten erforderlich, um den Schutz der Investition sicherzustellen.

3.2   Systemtopologien und IT-Architekturen der Anlagenautomatisierung

3.2.1   Eigenschaften von Systemen der Anlagenautomatisierung

Eine Anlage ist durch einen automatisierten Gesamtprozess gekennzeichnet, bei dem der technische Prozess aus einer ganzen Reihe von räumlich verteilten Teilprozessen besteht.

Ein typisches Beispiel ist ein Chemiewerk, in dem aus Rohmaterialien über verschiedene Stufen Wertstoffe produziert werden. Die Eigenschaften, die für eine Anlagenautomatisierung kennzeichnend sind, lassen sich wie folgt beschreiben:

- Die Systeme weisen komplexe Prozesse und Abläufe mit vielschichtigen Automatisierungsfunktionen auf. Die Anlagenautomatisierung ist gekennzeichnet durch viele Sensoren und Aktoren, Steuerungen und Regelungen (die meist dezentral in den einzelnen Teilprozessen platziert sind) sowie übergeordnete Leitsysteme.
- Solche Systeme haben lange Laufzeiten. Im Bereich der diskreten Fertigung, z. B. von Automobilkomponenten, ist eine Anlagenbetriebsdauer von fünf bis zehn Jahren durchaus typisch. Danach werden die Produktionsanlagen umgebaut und weiter genutzt. Bei Chemieanlagen ist die Einsatzdauer mit bis zu 30 Jahren sogar noch deutlich länger.
- Systeme der Anlagenautomatisierung sind sogenannte Einmalsysteme, sie werden in ihrer speziellen Konfiguration nur einmal oder in sehr kleiner Anzahl aufgebaut. Es kommt vor, dass Anlagen zur Produktion an einigen Standorten dupliziert werden.

Aufgrund dieser Konstellation liegt es auf der Hand, dass die Gesamtkosten der Automatisierungstechnik einer Anlage durch ihre Entwicklung bestimmt werden. Es macht also kaum einen Unterschied, ob eine etwas teurere Systemkomponente verbaut wird, da die Kosten für die Ingenieurleistung überwiegen. Ein weiterer wichtiger Aspekt der Anlagenautomatisierung ist die Sicherheit, da von einer Anlage erhebliche Gefährdungen ausgehen können.

3.2.2   Die Automatisierungspyramide

Die Systeme der Anlagenautomatisierung sind durch eine hierarchische Struktur gekennzeichnet, die sich durch das komplexe Zusammenspiel in der Fertigung bzw. Produktion ergibt.

Es bestehen Normen und Standards, die diese hierarchischen Systemtopologien für die unterschiedlichen Einsatzfelder definieren. Zusätzlich haben Systemhersteller und große Anwender eigene Unternehmensstandards entwickelt, die allgemeingültige Vorgaben z. B. für die Automobil- oder Chemieproduktion erweitern. Die internationalen Normen IEC DIN 62264, 61512 und EN 81346 prägen die Struktur der Anlagenautomatisierung mit der Definition der Automatisierungspyramide. Aufgrund der historischen Entwicklung werden solche Systeme der Anlagenautomatisierung auch nach den frühen amerikanischen Standards als ISA-95- bzw. ISA-88-Systeme bezeichnet.

In diesem Zusammenhang entstand bereits in den 1980er-Jahren das Bild einer Pyramide, die die Systeme und Technologien der Anlagenautomatisierung in Ebenen einteilt. Anhand der Automatisierungspyramide lassen sich die einzelnen Komponenten und deren Zusammenspiel in der Anlagenautomatisierung sehr gut differenzieren und erklären. Die Automatisierungspyramide ist in Abb. 3.4 dargestellt und wie folgt definiert:

„Die Automatisierungspyramide bezeichnet ein Strukturierungsmodell, das sich über mehrere Ebenen vom Geschehen in der technischen Anlage über die Erfassung von Prozesssignalen und die Steuerung hin zu den koordinierenden Ebenen von Prozess-, Betriebs- und Unternehmensführung erstreckt."

Abb. 3.4 Die Automatisierungspyramide: hierarchische Topologie mit Zuordnung der Systemebenen

Anhand der Automatisierungspyramide wird die hierarchische Topologie der Anlagenautomatisierung definiert. Es lassen sich fünf Ebenen mit unterschiedlichen Aufgaben unterscheiden:

1. Im untersten Teil, der Basis der Pyramide, befindet sich die Feldebene. Hier sind Sensoren, Aktoren und alle weiteren Bestandteile des technischen Prozesses implementiert, in dem die Ein- und Ausgaben erfolgen und die Prozesssignale vorliegen. Informationen werden mittels Sensoren gesammelt und über Aktoren auf den technischen Prozess appliziert. Die Feldebene bzw. der Feldbereich ist der Teil, der in räumlicher Nähe oder direkter Verbindung zum technischen Prozess steht.
2. Darüber ist die Steuerungsebene angeordnet, die die Erfassung und Anpassung der Daten aus den einzelnen Prozessen übernimmt. Dieser Bereich dient zur funktionalen Realisierung der Steuerung und Regelung. Die Komponenten dieses Teilsystems unterliegen zeitlichen Restriktionen und sollen in Echtzeit funktionieren, da sie direkt mit dem technischen Prozess in Interaktion treten.
3. Die Prozessebene ist der Steuerung übergeordnet. Sie führt Informationen aus mehreren, zum Teil verteilten Steuerungsprozessen zur Überwachung und Führung des Gesamtprozesses zusammen. Die SCADA-Systeme dieser Ebene bieten Fähigkeiten zum Sammeln und Auswerten von Daten aus verschiedenen Bereichen, vor allem aus der Steuerungsdomäne zur Umwandlung, Speicherung, Modellierung oder Analyse.
4. Die Organisation von Arbeitsabläufen erfolgt auf der Ebene des Betriebes. Die Systeme dieser Ebene organisieren übergeordnete Betriebsabläufe und stellen die Verbindung zu den Systemen der Warenwirtschaft her. Somit unterstützt diese Ebene die Automatisierungs- und Analysefunktionen einschließlich der automatisierten Datenerfassung, -verarbeitung und -validierung. So liefert diese Ebene z. B. Daten zu Ausfallzeiten und Verzögerungen und erlaubt die Identifikation ihrer Ursachen. Neben dieser Optimierung kommt dieser Ebene auch die Prognose und Diagnose zu.
5. An der Spitze der Pyramide befindet sich schließlich die Unternehmensschicht, auf der eine Grobplanung von Produktion und Absatz organisiert wird. Hier werden Rohstoffe und Vorprodukte angefordert, deren Logistik langfristig geplant sein muss. Diese Ebene dient zur Implementierung der Geschäftslogik. Sie repräsentiert eine Sammlung von Fähigkeiten zur übergeordneten Optimierung.

Die Ebenen der Automatisierungspyramide lassen sich am Beispiel einer automatisierten Saftabfüllanlage darstellen:

Die Teilsysteme im Feld, d. h. die Sensoren und Aktoren zur Mischung und Abfüllung des Saftes in Flaschen sind alle der Feldebene zuzuordnen. Jede Maschinenstation ist mit einer SPS auf der Steuerungsebene versehen, die ihrerseits durch ein übergeordnetes SCADA-System auf der Prozessebene geführt werden. Auf der Ebene des Betriebes wird mittels MIS und MES festgelegt, wann genau welcher Saft abgefüllt werden soll. Dabei erfolgt die operative Führung unmittelbar und nach einem angepassten Fahrplan für die nächsten Stunden.

Auf der Unternehmensebene werden schließlich langfristige Planungen getroffen. Es werden beispielsweise Marktprognosen erhoben, um die Vorprodukte, also Saftkonzentrate oder spezielle Flaschen, in den richtigen Mengen einzukaufen und den Transport und die Lagerung, unterstützt durch ERP-Systeme, sicherzustellen.

Die Automatisierungspyramide impliziert, dass man von konkreten, maschinennahen Funktionen wie der Verarbeitung von Messwerten am unteren Ende der Pyramide zu eher abstrakten und übergreifenden Funktionen wie der Planung der Produktion an der Spitze der Pyramide gehen kann.

Durch die Automatisierungspyramide ist eine standardisierte Verteilung der Rollen, der Aufgaben und Kompetenzen in einer Anlage möglich. Die hierarchische Struktur ordnet einzelne Aufgabenfelder und Funktionen zu und erlaubt so eine einheitliche Einteilung.

3.2.3   Zuordnung von IT-Systemen zu den Ebenen

Gemäß den Aufgaben auf den Ebenen der Automatisierungspyramide und den korrespondierenden Funktionen haben sich in der Praxis Segmente herausgebildet, für die kommerzielle Systeme angeboten werden.

Für diese Systemwelten gibt es typische Realisierungsbeispiele. Abb. 3.5 zeigt die Umsetzung der IT-Architektur der Anlagenautomatisierung.

1. Der Feldebene sind Ein- und Ausgabe sowie Prozesssignale zugeordnet. Entsprechend finden sich hier die Sensoren und Aktoren, die mit dem technischen Prozess vernetzt sind. Dies können Schalter oder Aufnehmer für Druck, Temperatur oder Ähnliches sein. Anzumerken ist, dass Sensoren heute ihrerseits komplexe Produktautomatisierungssysteme sind, die – ausgestattet mit zahlreichen Messfühlern und Steuergeräten – physikalische Größen im Prozess erfassen und weiterverarbeiten. Bussysteme verbinden einzelne Komponenten der Feldebene untereinander oder mit der Steuerungsebene.
2. Auf der Steuerungsebene finden sich sogenannte speicherprogrammierbare Steuerungen, kurz SPS oder PLC (*Programmable Logic Control*). Hier werden die einzelnen Signale ausgewertet. Logische Verknüpfungen wie „Endschalter erreicht, Motor halt" oder die Regelung von Stellgrößen wie die Temperatur über ein Stellventil sind typische Beispiele.
3. Systeme der Prozessebene werden als SCADA bezeichnet (*Supervisor Control and Data Acquisition*). Sie bilden die überwachende Ebene oberhalb der Steuerung. Die SCADA-Ebene organisiert die Überwachung von Alarmen und ihre Handhabung, den Datenzugriff und -abruf sowie die Datenauswertung, um beispielsweise Trends im Prozessverlauf aufzuzeigen. Somit steht die SCADA-Ebene für eine Vernetzung von Daten aus dem Feld, ihre Aufarbeitung und Anzeige. Hier findet die Interaktion mit dem Menschen in

Form von übergeordneter Steuerung und Überwachung von Prozessen statt. SCADA ermöglicht Funktionen wie Lebensdauerprognosen von eingesetzten Geräten, sie unterstützt die Fehlersuche bzw. Wartung der Anlage oder leistet die Prozessdokumentation in Form automatisierter Berichterstattung, um gesetzlichen Auflagen zu entsprechen.

4. Auf der Betriebsebene finden sich das *Manufacturing Execution System* (MES) und das *Manufacturing Information System* (MIS), also Softwaresysteme, die die Koordination des Betriebes unterstützen.

   Bei MES-Systemen geht es um Fragen der Produktionsplanung und Optimierung der Abläufe, beispielsweise um das sogenannte *Scheduling*, d. h. die Frage, wann die Fertigungsschritte ausgeführt werden sollen und wie das Personal einzusetzen ist. Die Aufgabe eines MIS-Systems ist hingegen die Sammlung und Auswertung von Daten, die aus SCADA- oder ERP-Systemen stammen. MIS-Systeme sammeln und präsentieren Informationen über die Produktion, um Entscheidungsprozesse zu unterstützen. So sind beispielsweise die Überwachung der Qualität im Sinne einer „Fertigungsakte" zur Nachverfolgung oder das frühzeitige Erkennen von Ausschuss Aufgaben eines MIS-Systems.

5. Auf der Unternehmensebene hat sich das sogenannte *Enterprise-Resource-Planning*-System (ERP) etabliert. Ein ERP-System ermöglicht beispielsweise eine einheitliche Warenwirtschaft und kaufmännische Abwicklung im Unternehmen.

Je nach Anwendungsfeld und Branche sind die Grenzen zwischen den einzelnen Ebenen und Systemwelten fließend und unterschiedlich stark ausgeprägt.

So sind beispielsweise Werkzeugmaschinen und Industrieroboter durch eine leistungsstarke Steuerungsebene mit komplexen Bewegungs- und Ablaufsteuerungen und einer ebensolchen Betriebsebene z. B. für die Bereitstellung geeigneter Werkzeuge gekennzeichnet.

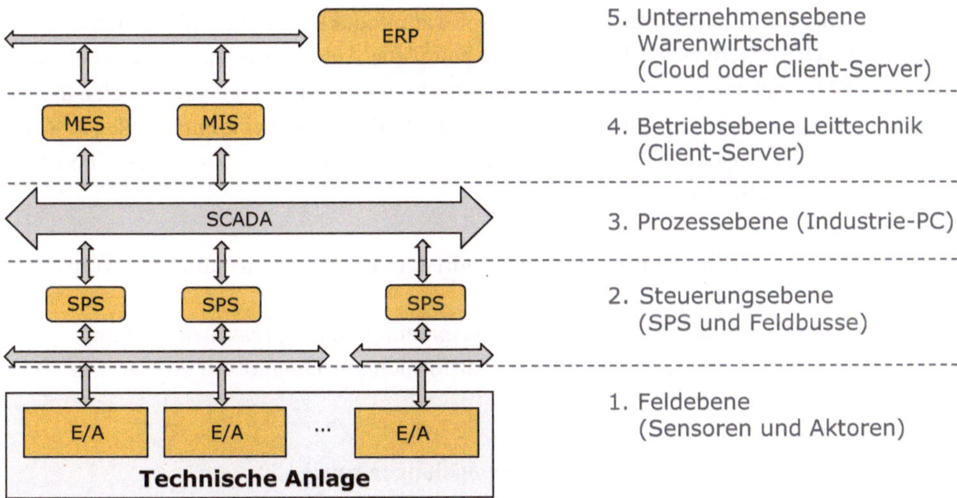

Abb. 3.5 Umsetzung einer Systemtopologie entlang der Ebenen der Automatisierungspyramide

Die Ebene der SCADA (Prozessleitung) ist hier aufgrund ihrer Struktur mit wenigen monolithischen Einheiten kaum bis gar nicht ausgeprägt. Im Bereich von Chemiewerken oder Großkraftwerken hingegen ist die SCADA-Ebene aufgrund der räumlich verteilten Automatisierungskomponenten sehr wichtig, da viele Informationen aus dem Prozess zusammengestellt und überwacht werden müssen. Je nach Anwendungsfeld erfolgt also eine unterschiedlich starke Betonung der einen oder anderen Ebene.

Die Denkwelt der Systemtopologie im Sinne der Automatisierungspyramide geht mit einer klaren Ordnung nach Ebenen einher. Daten und Informationen werden im Feld gesammelt und dann in der Hierarchie nach oben zu einer übergeordneten Planung aggregiert. Es versteht sich von selbst, dass sowohl die Struktur der Daten als auch die Zeiträume zu ihrer Verarbeitung unterschiedlich sind. So werden im Bereich des Feldes Daten in Echtzeit verarbeitet, um den Gegebenheiten, sprich den physischen Prozessen, schnell folgen zu können. Prozessgrößen auf der Feldebene zum unmittelbaren Eingriff beispielsweise in der Bewegungssteuerung eines Industrieroboters erfolgen im Bereich von Mikro- oder Millisekunden.

Hingegen werden Aufgaben im Bereich der Produktionsplanung und Warenwirtschaft, also in den oberen Ebenen, etwas langsamer ablaufen; sie liegen im Bereich von Minuten bis Stunden.

Diese hierarchische Systemtopologie der Automatisierungspyramide wird durch die fortschreitende Digitalisierung weiterentwickelt. Insbesondere etablieren sich vernetzte und verteilte IT-Architekturen, bei denen der Ausführungsort von Software nachrangig ist. Software kann in einem Steuergerät direkt in die Anlage integriert oder entfernt in der Cloud ausgeführt werden.

3.2.4   IT-Systembausteine der Anlagenautomatisierung

Es besteht ein breites Angebot an Hard- und Softwareprodukten für die Anlagenautomatisierung. Zahlreiche Unternehmen bieten sowohl komplette Automatisierungssysteme als auch einzelne IT-Systembausteine als kommerzielle Produkte am Markt an. Dabei spielen die zuverlässige Funktionserfüllung, die Sicherheit und die Bedienbarkeit eine entscheidende Rolle.

Es lassen sich verschiedene IT-Systembausteine unterscheiden, für die es eine große Anzahl kommerzieller Lösungen gibt:

- ERP-Software zur Verwaltung der Warenwirtschaft und Organisation der Wertschöpfungskette
- MES und MIS-Software für die Produktionsplanung und Prozessvisualisierung
- SCADA-Systeme und Apps mit Cloud-Plattformen zur Diagnose, Fernwartung, Teleoperation etc.
- Steuerungen (SPS) und Regelungen
- Sensoren und Aktoren, z. B. zur Antriebsregelungen sowie
- unterschiedliche Kommunikationssysteme zur Verbindung von Komponenten und Teilsystemen.

Je nachdem, welches Branchensegment betrachtet wird, stößt man auf ein vielfältiges Angebot an Produkten inklusive Speziallösungen für Anwendungsfelder. Dabei spielt die zuverlässige Funktionserfüllung, die Sicherheit und die Bedienbarkeit eine Rolle.

Die langen Laufzeiten von Anlagen führen jedoch dazu, dass die Technologiezyklen im Allgemeinen langsam verlaufen, d. h. Ersatzteile und Systeme für ältere Anlagen noch am Markt verfügbar sind, obwohl die Technologie grundsätzlich überholt ist. So kommt es vor, dass bei neuen Anlagen Vorgaben bezüglich des Einsatzes von älteren Technologie-Generationen bestehen, die bereits seit Jahren am Markt erhältlich sind und eigentlich durch verbesserte IT-Systembausteine ersetzt wurden. Trotzdem können aus Gründen des Investitionsschutzes diese neuen Anlagen in einer älteren Technologie aufgebaut werden, um beispielsweise unternehmensweit einheitliche Systembausteine einzusetzen und so die Ersatzteilversorgung zu erleichtern.

3.2.5   Die Virtualisierung der Hierarchien

Die in 3.2.2 dargestellte Automatisierungspyramide ist von den Gegebenheiten in der Prozessleittechnik inspiriert. Diese Normen stammen jedoch aus einer Zeit, als sich die Systementwicklung daran orientierte, wie die Hardware von Automatisierungssystemen realisiert werden kann. Damals waren technische Systeme geprägt durch einen Aufbau, in dem die jeweiligen Lokationen des technischen Prozesses, z. B. die Verbauorte von Messaufnehmern und Steuerungen in Schaltschränken, einen wesentlichen Einfluss auf die Systemtopologie und IT-Architektur hatten. Die räumliche Zuordnung zu Maschinen war zu diesem Zeitpunkt von Kabellängen oder Schaltschrankpositionen bestimmt.

In den Anfängen der Automatisierungs- und Informationstechnik waren Sensor-, Automaten- und Büronetzwerke technologisch unterschiedlich ausgeführt und konnten sich gegenseitig nicht ersetzen. Daher bildete sich eine Hierarchie, in der die einzelnen Funktionsblöcke mit den angrenzenden interagieren konnten.

Aufgrund des Fortschritts bei der Informations- und Kommunikationstechnik zeichnet sich eine Flexibilisierung bei der Systemtopologie ab, die Realisierungskonzepte zulässt, die über die bisher in der Automatisierungspyramide festgelegte räumliche Verortung hinausgehen.

Abb. 3.6 skizziert eine IT-Architektur im Sinne einer hierarchischen, verteilten und dezentralen Topologie.

Dabei wird davon ausgegangen, dass die Systeme und Komponenten zunehmend informationstechnisch vernetzt werden. Die Teilsysteme und ihre Komponenten bilden dabei ein IT-Gesamtsystem, das digital als IT-Infrastruktur z. B. über eine Cloud vernetzt ist und so die physischen Komponenten verbindet. Anders als in der Vergangenheit ist dann der Grund für eine hierarchische Gliederung nicht der Ort, sondern die logische Gruppierung der Funktionalität, die ein System ausführen soll.

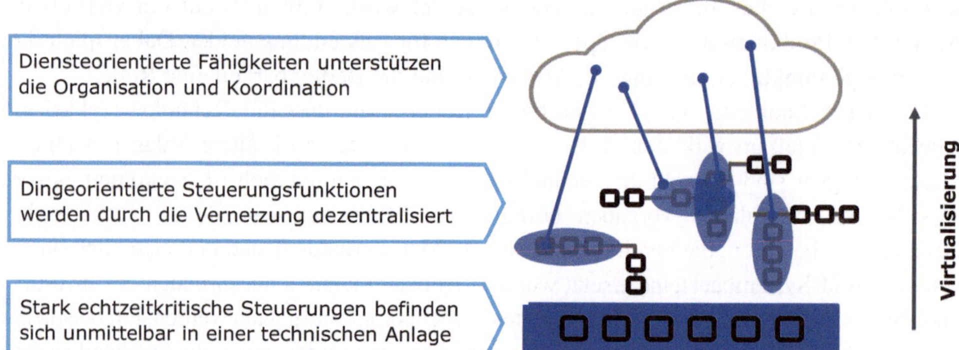

Abb. 3.6 Skizze einer virtualisierten IT-Architektur

Die Virtualisierung betrifft Funktionen, die mittels Software und Kommunikationstechnik in Verbindung mit maschinenbaulichen Systemkomponenten realisiert werden. Es entsteht eine IT-Architektur, in der sogenannte „Dienste" einzelne Softwarefunktionen abstrahieren. Diese Softwaredienste können dann auch von einem anderen Teilsystem erbracht werden. Man spricht in diesem Fall von einer Virtualisierung, da der Ausführungsort der Software unwesentlich ist, solange die entsprechende Funktion rechtzeitig und zuverlässig erbracht wird. Teilsysteme im technischen Prozess können unmittelbar mit Steuerungstechnik ausgestattet sein oder vernetzt auf andere Teilsysteme zugreifen, die die Berechnungen dann dort durchführen.

Somit entfallen technische Barrieren, die heute noch eine Strukturierung in Systemgruppen mit einer örtlichen Nähe erfordern.

Aufgrund des Entfalls dieser technischen Einschränkungen ist die Analogie zu den hierarchischen Stufen der Automatisierungspyramide dann nicht mehr erforderlich, sodass eine informationstechnische Flexibilisierung dieser zuvor starren Organisationsformen möglich wird.

Dennoch wird für viele Anwendungen der Anlagenautomatisierung eine klare Organisation im Sinne einer Hierarchie notwendig bleiben, um die Komplexität der technischen Anlagen zu beherrschen. Diese sind dann allerdings durch logische Aspekte und nicht mehr durch die Örtlichkeit einer Systeminstallation begründet.

Allerdings ist der Betrieb von Systemen der Anlagenautomatisierung sehr häufig sicherheitskritisch und geprägt von Anforderungen an die Zuverlässigkeit, insbesondere mit Blick auf die Kommunikationszeiten und die IT-Sicherheit der Kommunikationsverbindung. So liegen die Zeitanforderungen bei Bewegungssteuerungen im Bereich von Mikro- und Millisekunden. Solche Bedingungen sind aufgrund der Verzögerungen in heutigen IT-Netzwerken in der Industrie häufig nicht wirtschaftlich virtualisierbar. Daher ist aus heutiger Sicht nicht davon auszugehen, dass eine Virtualisierung von zeit- und sicherheitskritischen Steuerungsfunktionen alsbald im großen Stil erfolgen kann. Die Steuerungen müssen dann also doch noch in der Nähe des technischen Systems umgesetzt werden.

3.2.6   Das Referenzarchitekturmodell Industrie 4.0 (RAMI 4.0)

Im Zuge der Standardisierungsaktivitäten der Plattform Industrie 4.0 wurden das Hierarchie- und Vorgehensmodell überdacht und im Zuge der DIN SPEC 91345:2016-04 das Referenzarchitekturmodell Industrie 4.0 (RAMI 4.0) definiert.

Das RAMI-Modell bietet eine Möglichkeit zur Einordnung von Standards und Normen, die den unterschiedlichen Ebenen zugeordnet werden können. Auf diese Weise fungiert es als Referenz zur Verortung der vielen unterschiedlichen Aktivitäten im Bereich der Standardisierung und damit als ein Instrument der Meta-Modellierung.

Abb. 3.7 zeigt das RAMI-4.0-Modell mit einer Dimension „Lebenszyklus & Wertstrom" (*Life Cycle & Value Stream*), mit einer Dimension („Hierarchie") im Geiste der Ebenen der Automatisierungspyramide (*Hierarchy Levels*) sowie einer dritten Dimension in Form von Schichten (*Layers*). Im Ergebnis entsteht ein geschichteter Würfel, der auch als RAMI-4.0-Würfel bekannt ist.

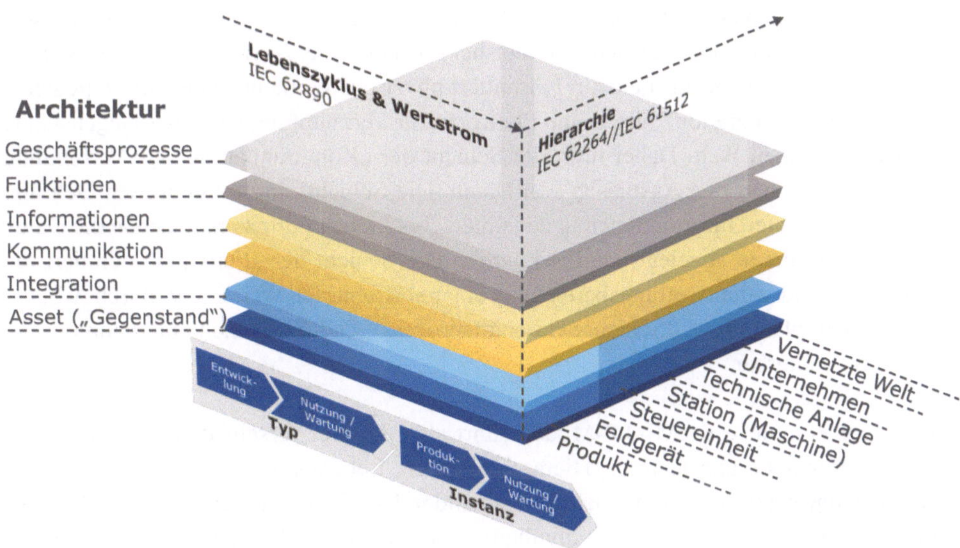

Abb. 3.7 Das Referenzarchitekturmodell Industrie 4.0 (RAMI 4.0) nach DIN SPEC 91345 (2016) mit freundlicher Genehmigung der Plattform Industrie 4.0 und ZVEI, 2023. All Rights Reserved

Das RAMI-4.0-Modell greift bestehende internationale Standards auf, die für die Anlagenautomatisierung besonders prägend sind, erweitert diese in Teilen und setzt sie dann in eine neue Relation:

- Die Achse „Lebenszyklus & Wertstrom" integriert den internationalen Standard IEC 62890 (2020) „Lebenszyklus-Management von Systemen und Komponenten". Dabei werden die Phasen des Lebenszyklus (Entwicklung, Abnahme, Betrieb, Instandhaltung und Verschrottung) betrachtet. Es wird so möglich, die Kommunikation eines Feldgerätes in der Phase „Entwicklung" von der in der Phase „Betrieb" zu unterscheiden. Diese Achse dient also dazu, Unterscheidungen ausgehend von der Produkterstellung, der Inbetriebnahme über verschiedene Nutzungsgenerationen im Betrieb bis hin zur Außerbetriebsetzung darzustellen. Sie qualifiziert die Angaben, die durch die beiden anderen Achsen getroffen werden.
- Die Achse „Hierarchie" betrifft die bereits erörterte Automatisierungspyramide in einer etwas modifizierten Fassung. Dabei geht diese Achse über die Normenreihe DIN EN 62264 bzw. IEC 62264 hinaus und definiert zusätzlich „Produkte" und „vernetzte Welt". Zudem betrifft die Normenreihe DIN EN 61512 (2017) bzw. IEC61512 die chargenorientierte Fahrweise (die sogenannte *Batch Control*), die im Bereich der Verfahrenstechnik zur Anwendung kommt. Dabei beschreibt diese Norm Prozess- und Regelungsmodelle und definiert Prozeduren, die auch im Umfeld des RAMI-4.0-Modells relevant sind.
- Die sechs Schichten (*Layers*), die horizontal übereinander liegen, reichen von „Asset" bis zum „Geschäftsprozess" und waren bisher noch in keiner Norm definiert. Die Schicht der „Assets", also Gegenstände, repräsentiert physische Elemente. Die darüberliegende Schicht der „Integration" bietet eine Plattform zur Verknüpfung einzelner Gegenstände mit der digitalen Welt. Dabei führt die Schicht der „Kommunikation" die Verbindung weiter und sichert den Austausch von Daten. Die Schicht „Information" sammelt alle prozessrelevanten Informationen in den unterschiedlichen Formaten, in denen die Daten der Komponenten abgelegt werden können. Die Schicht der „Funktion" definiert die Aufgaben und Verantwortungsbereiche in einer abstrahierten Weise, z. B. durch Arbeits- oder Ablaufpläne. In der Schicht „Geschäftsprozess" sind schließlich unternehmerische Ziele modellierbar.

Dieses sehr komplexe RAMI-4.0-Modell führt also die drei verschiedenen Perspektiven auf die Automatisierungstechnik (Hierarchieebenen, Lebenszyklus und Wertentstehung) zusammen und setzt sie in ein Verhältnis zueinander. Die einzelnen Achsen des RAMI-4.0-Würfels können dabei einerseits individuell, z. B. im Sinne der Automatisierungspyramide, aber auch in Kombination benutzt werden, um eine mehrdimensionale Zuordnung zu ermöglichen.

Betrachtet man das Beispiel des Heizungsventils und ordnet dieses in den RAMI-Würfel ein, so kann es auf der Achse „Hierarchie" entweder als „Feldgerät" oder als „Produkt" klassifiziert werden. Eventuell hat es auch Teile der „Steuerung" bereits integriert.

Nun können Überlegungen angestellt werden, ob das Heizungsventil klar einer Ebene zugeordnet sein soll oder ob Anteile auch anderen Ebenen zugeschrieben werden.

Die zweite Achse betrifft den „Lebenszyklus & Wertstrom". Hier kann nun überlegt werden, welche Phase im Lebenszyklus betrachtet werden soll. Spricht man über die Entwicklungsumgebungen für Heizungsventile oder über deren Inbetriebnahme im Feld? Geht es womöglich um die Fernwartung während des Betriebes oder um Instandsetzungen? Diese Achse hilft, die Betrachtungen über den gesamten Lebenszyklus durchzuführen oder sich bewusst auf Ausschnitte zu konzentrieren.

Schließlich kann auch die Betrachtung der Schichten erfolgen. Das Heizungsventil kann zunächst als „Asset" betrachtet werden. Doch wie müsste eine Elektronik beschaffen sein, die die Integration in eine IT-Architektur unterstützt? Wie wird die „Kommunikation" realisiert und wie werden die „Informationen" zu den Stellwerten und dem Einsatzzustand weitergegeben? Welche „Funktionen" soll das Heizungsventil konkret realisieren? Wie soll mit Zusatzfunktionen wie Zustandsüberwachung oder Sicherheitsmechanismen umgegangen werden? Und schließlich stellt sich auf der Ebene „Geschäftsprozesse" die Frage, wie Erlöse erzielt werden können und nach welchem Geschäftsmodell. Dabei sind unterschiedliche Konzepte denkbar, die vom klassischen Verkauf der Hardwarekomponenten über das Angebot einer Zustandsüberwachung hin zu sogenannten *Pay-per-Use*-Modellen reichen können, die die Wartung und Instandhaltung miteinbeziehen.

Das Beispiel macht deutlich, wie vielschichtig die Struktur heutiger Automatisierungssysteme geworden ist, und es zeigt die Motivation, diese aus unterschiedlichen Perspektiven zu betrachten.

Der RAMI-4.0-Würfel erlaubt die qualifizierte und standardisierte Betrachtung von automatisierten technischen Systemen im Lebenszyklus. Durch das Zusammenführen der verschiedenen Dimensionen in einem geschichteten Würfel werden neue Beziehungen sichtbar, die nun nicht mehr getrennt, sondern zusammen betrachtet werden können.

3.3   IT-Architekturen der Produktautomatisierung

Die Produktautomatisierung ist durch Systeme charakterisiert, bei denen der automatisierte technische Prozess in einer räumlich abgegrenzten Einheit, z. B. in einem Gerät oder einer Maschine abläuft. Die Systeme der Produktautomatisierung sind vielfältig und rangieren von Haushaltsgeräten wie Waschmaschinen, Kaffeemaschinen und Backautomaten über Produkte des Alltagsgebrauchs wie Armbanduhren bis hin zu Transportmitteln wie dem Auto.

Es gibt bei der Produktautomatisierung eine Reihe von kennzeichnenden Faktoren:

- Die Automatisierung erfolgt meist mittels Mikrocontroller oder speziell entwickelter Elektronik.
- In den Systemen der Produktautomatisierung gibt es eine kleine Anzahl von Sensoren und Aktoren, die mittels einer Gerätesteuerung die Automatisierung realisieren.

- Die Produktautomatisierung ist durch dezidierte Automatisierungsfunktionen mit definierten Systemgrenzen gekennzeichnet, sodass ein hoher Automatisierungsgrad erreicht wird.
- Systeme der Produktautomatisierung zeichnen sich durch hohe Stückzahlen aus und werden in einer Serien- oder sogar Massenfertigung produziert.

Dies bedeutet, dass die Entwicklungskosten im Gegensatz zu den Produktionskosten eine untergeordnete Rolle spielen, da aufgrund der Stückzahlen die Entwicklungskosten auf viele Einheiten umgelegt werden können, die ihrerseits keine sehr hohen Stückkosten verursachen. So kann es beispielsweise sinnvoll sein, einen Mikrocontroller zu benutzen, der in der Geräteproduktion günstig ist, dafür jedoch längere Entwicklungszeiten beansprucht, da aus Performance-Gründen Teile der Programmierung in Assembler erfolgen müssen. Trotz dieser höheren Entwicklungskosten kann durch die geplante hohe Stückzahl ein Kostenvorteil erwirtschaftet werden.

3.3.1   IT-Architektur von Systemen der Produktautomatisierung

Die Struktur von Systemen der Produktautomatisierung ist in Abb. 3.8 visualisiert. Bei einfachen Systemen sind die Systemkomponenten mit einem einzelnen Steuergerät verbunden.

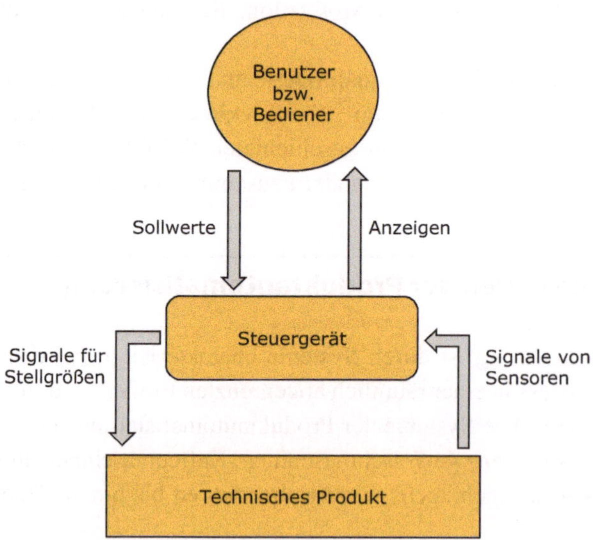

Abb. 3.8 IT-Architektur eines einfachen Produktautomatisierungssystems. (Nach Lauber und Göhner 1999; mit freundlicher Genehmigung von © Springer-Verlag GmbH Deutschland 2023. All Rights Reserved)

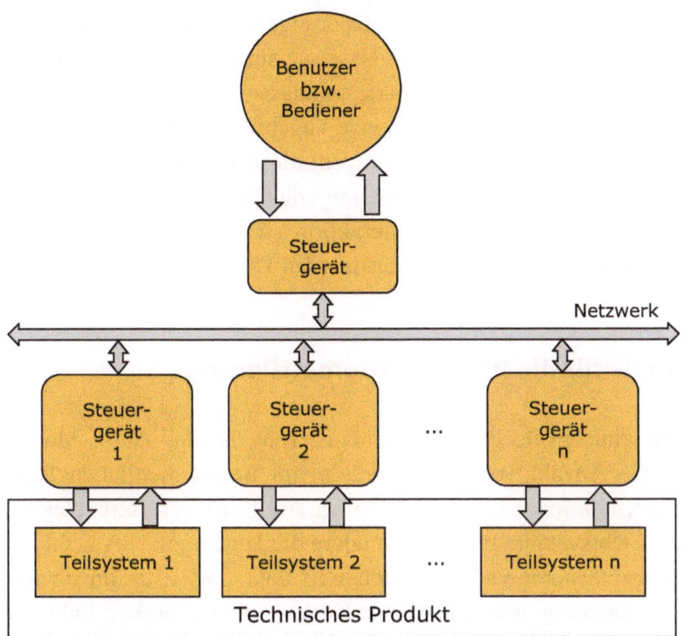

Abb. 3.9 IT-Architektur von großen Produktautomatisierungssystemen. (Nach Lauber und Göhner 1999; mit freundlicher Genehmigung von © Springer-Verlag GmbH Deutschland 2023. All Rights Reserved)

In der Produktautomatisierung bezeichnet man als Steuergerät eine zentrale Einheit, üblicherweise eine Hardware mit Mikroprozessor und Bausteinen zur Ein- und Ausgabe, die dann als Mikrocontroller bezeichnet werden und auf denen die Steuerungs- und Regelungsalgorithmen ablaufen. Im Englischen werden Steuergeräte häufig auch als sogenannte ECU bezeichnet, *Electronic Control Unit*. Dabei kann ein Steuergerät aus speziell konfigurierten Logikschaltungen bestehen, also aus einer Hardware, die die Steuerung direkt übernimmt. Heute kommt jedoch fast immer eine Kombination von Mikrocontroller und Software zum Einsatz, die eine Programmierung und Konfiguration erlaubt.

Ein Steuergerät empfängt Signale von Sensoren und übermittelt im Gegenzug Stellgrößen an die Aktoren. Das Steuergerät kommuniziert mit dem Benutzer über Anzeigen wie Bildschirme und erhält Informationen über Eingabesysteme wie Touchscreens oder Tasten.

Der Benutzer erteilt Vorgaben, gibt Sollwerte vor, löst automatisierte Funktionen aus und erhält Informationen z. B. zum Systemstatus.

Systeme der Produktautomatisierung können aber auch größer sein und zahlreiche Teilsysteme in sich tragen, die jeweils eigene Einheiten bilden, die untereinander Informationen austauschen. Die Daten werden dabei zwischen mehreren Steuergeräten über ein Netzwerk ausgetauscht.

Die Struktur vernetzter Produktautomatisierungssysteme ist in Abb. 3.9 dargestellt.

Die Gründe für eine Aufteilung in Teilsysteme sind mannigfaltig. Häufig folgen diese der funktionalen Modularität des Produktes, sodass einzelne Funktionseinheiten gleichzeitig auch Teilsysteme mit Steuerung sowie zugehörigen Sensoren und Aktoren bilden. Oft wird die Struktur so gewählt, dass ein zentrales Steuergerät die Interaktion mit dem Benutzer übernimmt und die anderen Steuergeräte koordiniert. Allerdings gibt es auch viele andere Möglichkeiten, wie die Interaktion zwischen den Steuergeräten, Sensoren und Aktoren sowie dem Nutzer organisiert werden kann.

3.3.2   Beispiele für die Produktautomatisierung

Ein Beispiel für eine große Produktautomatisierung ist das Auto. Moderne Fahrzeuge weisen eine große Anzahl von Steuergeräten mit unterschiedlichen Bussystemen auf. Zahlreiche Systemfunktionen der Fahrzeuge wie Antiblockiersystem, elektronisches Stabilitätsprogramm, Lichtsysteme und insbesondere die zunehmende Anzahl von Fahrerassistenzsystemen automatisieren viele Funktionen im Fahrzeug. Es ist davon auszugehen, dass aufgrund der Entwicklung zum teilautomatisierten und autonomen Fahren die Anzahl an Signalen und Sensoren zur Erfassung des Umfeldes noch deutlich steigen wird.

Abb. 3.10 zeigt die Erhöhung der Anzahl der Steuergeräte und Bussysteme in einem Fahrzeug im Lauf der vergangenen Jahre.

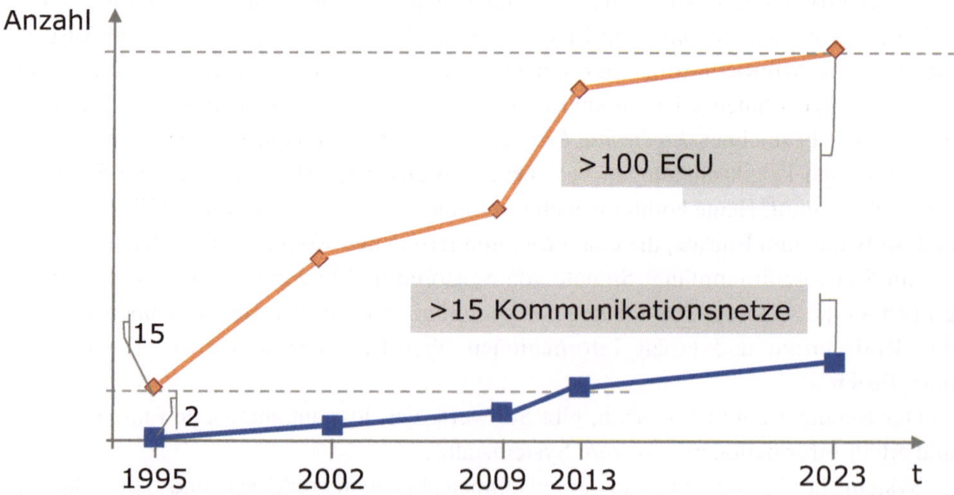

Abb. 3.10   Zunahme der Steuergeräte und Bussysteme im Fahrzeug als Maß für die Systemkomplexität

In den letzten Dekaden hat der Einsatz von Steuergeräten im Fahrzeug also stetig zugenommen. Er stand in der Vergangenheit oft mit der Entwicklung spezieller Fahrzeugfunktionen in Verbindung. Beschränkungen des Bauraums im Fahrzeug, Kostenüberlegungen sowie die Zunahme der Signalanzahl führen inzwischen zu einer Bündelung von Steuerungsfunktionalitäten und einer Optimierung der Anzahl von Steuergeräten bzw. dem Einsatz von leistungsfähigen, hochperformanten Rechnersystemen.

Auch die Anzahl der Kommunikationsnetzwerke ist in den letzten Jahren deutlich angewachsen. Einerseits geht dies auf den Bedarf an sicherheitskritischen Kommunikationssystemen zurück, andererseits werden einfache und kostengünstige Systeme benötigt. Diese Anforderungen können nach dem Stand der Technik nicht vereinheitlicht werden, sodass mehrere unterschiedliche Systeme zum Einsatz kommen müssen.

Bei Systemen mit vielen Komponenten zeichnen sich besondere Entwicklungsaspekte ab. So ist die Integration einer großen Anzahl von unterschiedlichen Teilsystemen nicht einfach zu koordinieren. Es muss davon ausgegangen werden, dass viele Entwicklerteams über Unternehmensgrenzen hinweg mit der Systementwicklung betraut sind. So werden Vorgaben zur Auslegung der einzelnen Komponenten und zur informationstechnischen Integration benötigt.

In den letzten Jahren kommt daher Entwicklungspartnerschaften im Bereich der Modularisierung von Produkten und der Erstellung von entsprechenden Industriestandards und Entwicklungskonventionen eine immer größere Bedeutung zu, in die sich die betroffenen Industrieunternehmen einbringen.

3.4 IT-Architekturen von hochvernetzten Automatisierungssystemen

Eine kontinuierliche Kommunikationsverbindung zwischen technischen Systemen im Betrieb und zu einem *Back End* schafft Informationsaustausch und damit neue Möglichkeiten zur Koordination. Die Automatisierung ganzer Systemverbünde wird durch die vernetzte Kommunikation zunehmend möglich. Man spricht in diesem Zusammenhang auch von *Systems of Systems*, die ihre Fähigkeiten und Ressourcen zusammen verwalten und einsetzen. Sind solche Systeme räumlich stark verteilt und verwenden sie das Internet als Basistechnologie, werden sie auch als Internet-der-Dinge (IoT)-Systeme bezeichnet.

Die Möglichkeiten von verteilten und hochvernetzten Systemen gewinnen zunehmend an Bedeutung. Die Liste von Einsatzgebieten ist umfassend und betrifft die Koordination von Fahr- und Flugzeugflotten, die Anwendungen in der Erzeugung oder Verteilung von Energie, die Koordination von Maschinenparks und vieles andere mehr.

So kann auch in der Landwirtschaft eine erhebliche Ertragsverbesserung erreicht werden, wenn Landmaschinen, Saat, Pflege, Düngung und Ernte übergreifend abgestimmt werden. Lässt sich der Einsatz von Erntemaschinen und Verarbeitungssystemen unter Abgleich mit dem Wetterbericht besser planen, kann die Ernte schneller und mit höheren Erträgen erfolgen. Die Produktion von landwirtschaftlichen Gütern und ihre Weiterverarbeitung wird aufgrund einer übergreifenden Koordination wirtschaftlicher und effektiver.

Es lassen sich drei Stufen der Vernetzung unterscheiden:

1. **Stufe: Einfach vernetzte Systeme:** Vernetzte Produkte lassen sich über eine Cloud und per App abfragen.
2. **Stufe: Koordination zwischen vernetzten Systemen:** Einzelne Systeme tauschen Informationen aus und es erfolgt eine einfache Koordination.
3. **Stufe:** *Systems-of-Systems* **verknüpfen unterschiedliche Systemwelten:** Die Koordination erfolgt im Netzwerk zwischen vielen Beteiligten, ist komplex und automatisiert.

Die erste Stufe, bei der einzelne Objekte mit einer zentralen Leitstelle kommunizieren, ist bereits in vielen Lebensbereichen und der produzierenden Industrie Realität. Beispielsweise ist die Nachverfolgung von Paketen in der Logistik heute Stand der Technik. Auch die Überwachung von Systemzuständen von Fertigungsmaschinen und -anlagen im Feld ist in der Praxis angekommen. Auf diese Weise sind Analysen möglich, die ein unmittelbares Eingreifen oder sogar Voraussagen über zukünftige Systemzustände erlauben.

In der zweiten Stufe der koordinierten Systeme können die gewonnenen Informationen zur Einschätzung der Verfügbarkeit z. B. von Erntemaschinen und Transportgeräten genutzt werden, um eine Gesamtoptimierung durchzuführen.

In der dritten Stufe, dem *Systems-of-Systems*, können eine Vielzahl von Einzelproduktsystemen und Zusatzinformationen untereinander koordiniert werden. Für die Erntemaschinen bedeutet das die Verwertung von Informationen zur Verfügbarkeit des Maschinenparks, die Einbeziehung von Prognosen zur Wetterentwicklung, die Auswahl des Saatgutes und die systematische Bewässerung und Düngung. Unter Einbeziehung all dieser einzelnen Systeme kann so ein optimales Gesamtergebnis erreicht werden.

Als kennzeichnende Kriterien für die Vernetzung lassen sich die folgenden Aspekte umreißen:

- Die örtliche Verteiltheit der Objekte oder Teilsysteme,
- die Anzahl der Systeme, die nebenläufig oder parallel betrieben werden sowie
- die informationstechnische Topologie der Verknüpfung zwischen Knotenpunkten und den Teilsystemen.

Die Art und Weise dieses Zusammenspiels ist während der Entwicklungszeit oft nicht im Detail abzusehen. Die sich ergebende Komplexität und die unvorhersehbaren Teilsystem-Kombinationen stellen daher neue Anforderungen an die Entwicklung von Systemen.

3.4.1   IT-Architekturen für hochvernetzte Automatisierungssysteme

Es werden IT-Architekturen benötigt, die offen und flexibel sind, um die Vielfalt der Objekte, Komponenten und Systeme zu integrieren, auch wenn diese von unterschiedlichen Herstellern stammen. Es ist davon auszugehen, dass sich zwischen einer veränderlichen

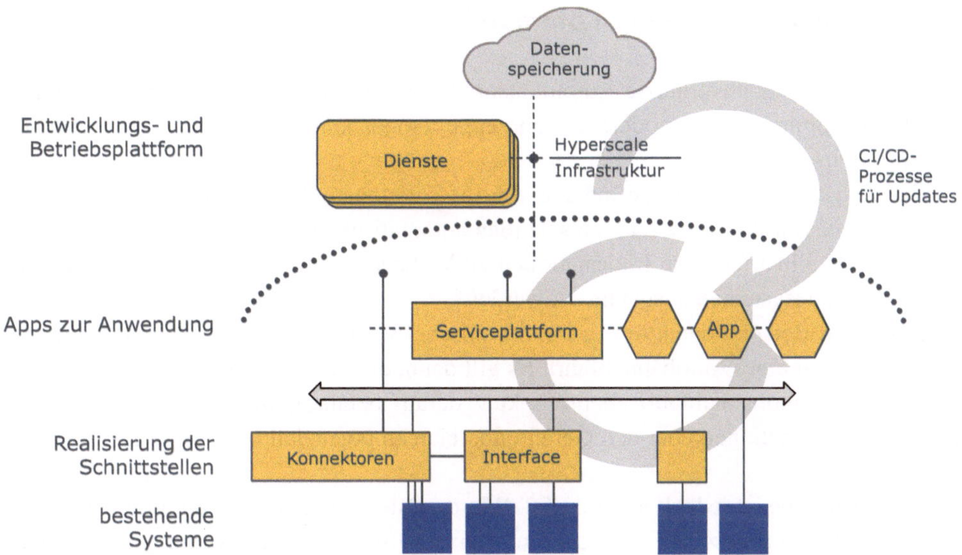

Abb. 3.11 Schematische Darstellung der IT-Architektur von hochvernetzten Systemen

Zahl von Systemen Verbindungen einstellen, die dann Ad-hoc-Netzwerke bilden, um Informationen auszutauschen. Daraus ergibt sich die Anforderung nach einer „Elastizität", d. h. die Betriebsplattform muss in der Lage sein, mit sich verändernden Anforderungen an die Auslastung der Rechen- und Speicherressourcen umgehen zu können.

Zudem liegt es auf der Hand, dass sich die Systeme im Laufe ihres Einsatzes verändern werden. Auch hier sollten entsprechende Leistungsreserven vorgesehen werden, sodass Erweiterungen möglich bleiben.

Abb. 3.11 zeigt eine schematische IT-Architektur von hochvernetzten Automatisierungssystemen.

Auch hier lassen sich Abstraktionsebenen mit unterschiedlichen Realisierungen unterscheiden.

Bestehende Systeme, d. h. ihre Hard- und Softwarerealisierung, werden über sogenannte Konnektoren angebunden. Die Konnektoren sind im Wesentlichen Softwarekomponenten, die die Schnittstellen organisieren und eine Anbindung erlauben. Der Nutzer kann dann auf der nächsten Ebene mithilfe von Apps, die auf einer Service-Plattform laufen, Funktionen des hochvernetzten Automatisierungssystems nutzen. Hierzu sind die Dienste und die Datenspeicherung einer Betriebsplattform vorgesehen, die in der Regel von einem sehr großen IT-Anbieter (oft auch als *Hyperscaler* bezeichnet) zur Verfügung gestellt werden.

Über die Betriebsplattform werden gleichzeitig auch Entwicklungen und Verbesserungen an der bestehenden Software organisiert. Das erlaubt die kontinuierliche Integration von neuen Softwareständen, die im Betrieb aufgrund einer Datenverbindung zum Automatisierungssystem umgesetzt werden können.

3.4.2   Beispiel: Car-to-Car-Kommunikation

Ein Beispiel für hochvernetzte Automatisierungssysteme mit wechselnden Teilnehmern ist die Kommunikation moderner Fahrzeuge (sogenannte *Car-to-Car* bzw. *Car-to-Infrastructure*).

Fahrzeuge geben auf der Grundlage von Informationen, die sie von anderen Fahrzeugen erhalten, Warnhinweise oder entscheiden automatisch über Fahrmanöver.

Abb. 3.12 illustriert, wie Informationen zu Verkehrsbeeinträchtigungen zwischen den Fahrerassistenzsystemen ausgetauscht werden.

In diesem Beispiel detektiert das elektronische Stabilitätsprogramm eines Fahrzeugs eine Ölspur auf einer Autobahnabfahrt. Es gilt dann, die Fahrzeuge und Personen zu warnen, die die Autobahnabfahrt ebenfalls kurz darauf befahren werden. Dazu sendet das Fahrzeug Informationen über den Gefahrenbereich an potenziell betroffene nachfolgende Fahrzeuge.

Diese Aufgabe ist jedoch nicht trivial. Wie das Bild zeigt, sind im unmittelbaren Umfeld der Gefahrenzone zahlreiche Fahrzeuge anzutreffen, für die die Warnung nicht gilt, da sie die Abfahrt mit dem Gefahrenbereich nicht befahren werden. Würde man Fahrzeuge des Gegenverkehrs oder vorbeifahrende Fahrzeuge im Umkreis auch warnen, käme es zu zahlreichen Fehlalarmen. Durch solche ungerechtfertigten Warnungen würde das Ver-

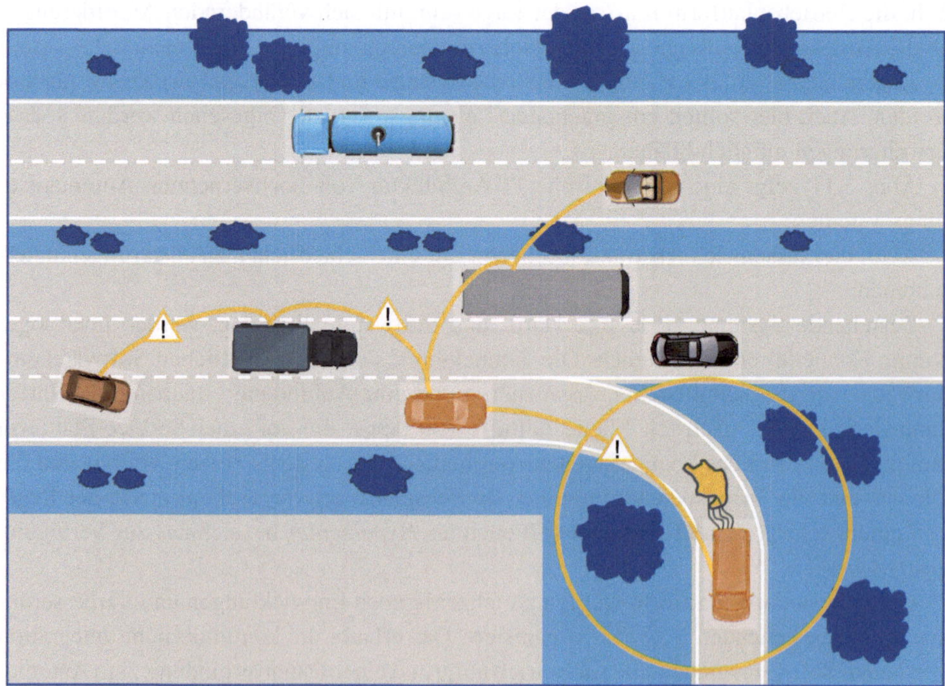

Abb. 3.12 Vernetztes Fahren als Beispiel für ein hochvernetztes Automatisierungssystem

trauen in die Warnfunktionalität stark beeinträchtigt. Um eine zielgerichtete Kommunikation durchzuführen, sind folglich nicht nur die Geopositionen der Fahrzeuge, sondern auch deren Navigationsplanung einzubeziehen.

Die Struktur hochvernetzter Automatisierungssysteme ist geprägt von der individuellen Verarbeitung von Sensorinformationen in der jeweiligen Steuerung und dem zielgerichteten Austausch mit den Teilnehmern. Dies führt zu einer IT-Architektur, bei der eine gesteuerte Kommunikation an ausgewählte Teilnehmer nach dem Auftreten eines Ereignisses notwendig wird. Erst wenn eine Verkehrsbeeinträchtigung auftritt, informiert das entsprechende Fahrzeug die anderen, die betroffen sein könnten.

Wie können nun die benötigten Funktionalitäten bei sehr vielen Fahrzeugen in der Fläche umgesetzt werden? Dazu stellen sich in der Praxis eine Reihe von Fragen. Eine zyklische Abfrage aller Fahrzeuge mit einer kontinuierlichen Auswertung sämtlicher Fahrdaten nach festen Regeln ist aufgrund der Anforderung an Echtzeit kaum möglich. Zudem kommt einer sicheren Verwaltung der Geräte, der Identitäts- und Zugangskontrolle eine große Bedeutung zu, damit Aspekte der Informationssicherheit eingehalten werden können. Auch die Frage der Kommunikation, die in den Segmenten ablaufen soll, ist von Bedeutung. Es ist kaum denkbar, dass in Deutschland oder gar europaweit eine zentrale Steuerung alle Informationen zentral verarbeiten kann. Vielmehr muss diese Verarbeitung in den jeweiligen lokalen Segmenten erfolgen. Diese werden jedoch ständig auch von anderen Fahrzeugen durchfahren, die sich quasi dynamisch und relativ schwer vorhersagbar in den Segmenten einfinden. Eine rein lokale Funkkommunikation zwischen den Fahrzeugen ist aufgrund der Reichweitenproblematik ebenfalls schwierig.

Auch Fragestellungen zum Datenschutz sind zu berücksichtigen, da Fahrzeugdaten wie die Navigationsplanung Rückschlüsse auf vertrauliche Informationen über die Fahrerinnen und Fahrer und das gesamte Umfeld zulassen.

Obgleich diese Systemfunktionalitäten zunächst einfach umsetzbar erscheinen und für eine kleine Menge von Fahrzeugen prototypisch relativ schnell realisierbar ist, macht dieses Beispiel die Problematik der Skalierbarkeit deutlich. Insbesondere, wenn die Einbeziehung sehr vieler Fahrzeuge auch unterschiedlicher Marken in ganz Europa möglich sein soll, ergeben sich erhebliche Herausforderungen.

3.4.3 Beispiel: Wertschöpfungsnetzwerke auf Basis von hochvernetzten Automatisierungssystemen

Die Bewirtschaftung eines Datenraumes im Wertschöpfungssystem der industriellen Produktion ist ein wichtiger Schritt, um Lieferketten nachvollziehen zu können, damit beispielsweise der CO_2-Fußabdruck für ein Produkt angegeben werden kann.

Dazu ist ein skalierbarer Datenraum erforderlich, der alle Partner des Wertschöpfungsnetzwerkes vernetzt, Informationen über die jeweiligen Vorprodukte dokumentiert und damit nachvollziehbar macht.

Abb. 3.13 skizziert exemplarisch die Partner einer Zuliefererkette der industriellen Produktion. Solche Wertschöpfungssysteme werden mit dem Begriff „Ökosystem" beschrieben,

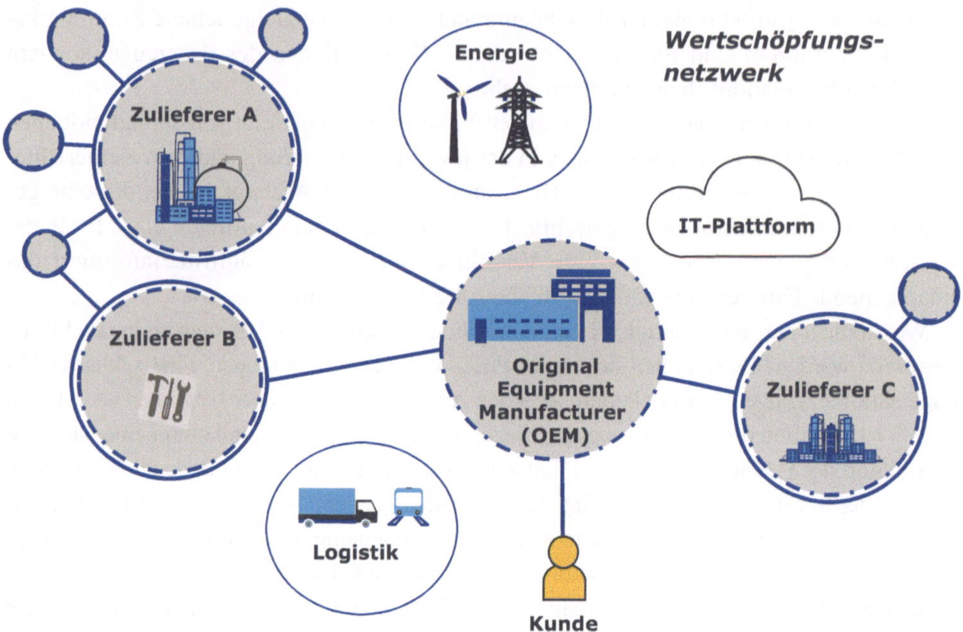

Abb. 3.13 Partner einer Zuliefererkette zur automatischen Vernetzung

der die gegenseitigen Abhängigkeiten der verschiedenen Unternehmen betont. So gibt es diverse Zuliefererprodukte, eine umfassende Logistik, Energieversorgung, verschiedene Produktionsstandorte etc. Benötigt wird eine IT-Umgebung, die den Aufbau, den Betrieb und die kollaborative und automatisierte Nutzung aller Daten und Informationen entlang des Gesamtsystems ermöglicht.

Heute sind die Zuliefererketten oft noch relativ starr organisiert und nur wenig überwacht. Das liegt daran, dass die Möglichkeiten einer kommunikationstechnischen Vernetzung der vielen Teilsysteme und Komponenten untereinander sowohl technisch als auch organisatorisch begrenzt sind. Eine umfassende Erhebung und Auswertung von Daten stößt an organisatorische Barrieren, da die Speicherung sensibler Informationen in einem zentralen Datenbanksystem zu viele Geschäftsinteressen betreffen würde. Zudem verwenden die einzelnen Partner oft unterschiedliche IT-Systeme, die nur mit großem Aufwand informationstechnisch vernetzt werden könnten.

Der Übergang von einer starren Zuliefererkette zu einem agilen und transparenten Wertschöpfungsnetzwerk auf Basis eines gemeinsamen Datenraumes bedarf technischer und organisatorischer Lösungen:

- Verbundene System- und Datenwelten mit interoperablen Diensten und einer Integration der heterogenen und mobilen Hardware- und Softwaretechnologien
- Sichere und vertrauenswürdige Dateninfrastruktur zur Informationsintegration für die Echtzeitsteuerung zwischen den einzelnen Domänen

- Möglichkeit einer wissensgesteuerten Entscheidungsfindung des Managements basierend auf einer vernetzten Intelligenz, sodass die wirtschaftlichen Interessen der Teilnehmenden gewahrt werden
- Klärung organisatorischer Aspekte, die den Informationsaustausch und die Verantwortlichkeiten zwischen den Teilnehmenden regeln.

Ein Management des Datenraums der Wertschöpfungskette bedarf eines Informationsaustausches über Unternehmensgrenzen hinweg. Dabei müssen die Interessen aller Partner gewahrt und als wirtschaftlich zweckdienlich akzeptiert werden.

Zwei Beispiele, die in Teilen bereits Realität sind:

- Der CO_2-Fußabdruck eines technischen Produktes kann bestimmt werden, wenn die gesamte Erzeugerkette die jeweiligen Herstellungs- und Transportbedingungen offenlegt. Beispielsweise könnte zu dem im Produkt eingesetzten Stahl angegeben werden, unter welchen Bedingungen das Erz gefördert, transportiert und zu Stahl verarbeitet wurde. Nur durch ein *Track and Trace* in einem Datenraum kann sichergestellt werden, dass ein CO_2-Qualitätssiegel nicht durch Verschleierung unterlaufen wird. Allerdings entsteht durch diese Offenlegung aller Details der Produktion gegebenenfalls eine Transparenz, die auch legitimen Geschäftsinteressen der Zulieferunternehmen zuwiderlaufen könnte.
- Lkw-Flotten können selbstständig eine verkehrsabhängige und bedarfsorientierte Route wählen. Eine vernetzte Intelligenz entsteht, wenn viele Lkw miteinander in Verbindung stehen, um Informationen über den Verkehrszustand zu liefern und Prognosen zur Zukunft in eine Routenplanung einfließen zu lassen. So können sich abzeichnende Verkehrssituationen und Informationen aus der Vergangenheit genutzt werden, um Staus oder Instandhaltungsmaßnahmen zu erkennen und alternative Routen und Zeitpläne vorzuschlagen. Der Informationsaustausch kann so weit gehen, dass Produktionsstätten automatisch über Verzögerungen informiert werden, sodass Umplanungen möglich sind.

Es ist offenkundig, dass diese Form der massiven Informationsverarbeitung im Datenraum große Potenziale für neue Systemfunktionalitäten bieten kann.

Aus der Perspektive einer technischen Realisierung ist die Frage jedoch, auf Basis welcher einheitlichen Standards eine Verarbeitung von Daten stattfinden kann. Der Aufwand zur Erzeugung einer entsprechenden Infrastruktur, d. h. eine IT-Plattform und die Integration der Teilnehmer über standardisierte Schnittstellen, ist erheblich. Auch die Entwicklung von Algorithmen zur Auswertung dieser vernetzten Information wirft viele Fragen auf. Zwar ist der Nutzen oft grundsätzlich einleuchtend, jedoch im Vorfeld schwer quantifizierbar.

Dem Mehrwert eines Datenraums kommt somit eine entscheidende Bedeutung zu. So gibt es bereits zahlreiche Beispiele von interessanten Funktionalitäten, die dann aber aufgrund des Fehlens eines überzeugenden Werteversprechens in Verbindung mit einem überhohen Aufwand doch nicht zum Einsatz kommen.

Dennoch wird die Schwelle zu einer umfassenden Nutzung von Daten und ihrer Vernetzung kontinuierlich niedriger und es steht zu erwarten, dass eine Vielzahl von Applikationen umsetzbar ist, wenngleich der technische Aufwand erheblich sein kann. Zudem werden in diesem Zusammenhang sehr viele gesellschaftliche Fragen zur Sammlung und Verarbeitung von Daten aufgeworfen.

Die Risiken, die sich durch massive Datenerhebungen und ihren Austausch ergeben, werden nur schrittweise deutlich. Es zeichnet sich ab, dass vor dem Hintergrund unterschiedlicher kultureller Normen und Standards auf den Kontinenten durchaus sehr unterschiedliche Vorgaben entstehen werden.

3.5   Denkanstöße

Dieses Kapitel zeigte die unterschiedlichen Denkwelten der Branchen auf, die Automatisierungstechnik anwenden. Es ist deutlich geworden, dass sich die Standards und Normen trotz vieler Gemeinsamkeiten deutlich unterscheiden. Dennoch lassen sich typische Systemtopologien der technischen Systeme differenzieren, die sich in drei Kategorien, die Anlagenautomatisierung, die Produktautomatisierung und die hochvernetzten Systeme einteilen lassen. Das Kapitel vermittelte entsprechendes Basiswissen zu den jeweiligen Systemtopologien und deren typischen IT-Architekturen.

Ausgestattet mit diesen Informationen und Erklärungsmodellen können Leserinnen und Leser den Einsatz von Automatisierungstechnik in den Branchen erörtern. Dies umfasst auch ein Verständnis um die Einsatzmöglichkeiten von IT-Architekturen.

Nach der Lektüre ist es nun möglich, eine Typisierung von Automatisierungssystemen vorzunehmen und sich auf Basis der vorgestellten Grundstrukturen Gedanken über Einordnungen und Entwicklungsansätze zu machen.

Mit den folgenden Fragestellungen kann das erworbene Wissen aus diesem Kapitel vertieft werden:

Überlegen Sie, mit welcher Begründung Sie folgende Systeme der Anlagenautomatisierung, der Produktautomatisierung oder den hochvernetzten Automatisierungssystemen zuordnen können.

a. Chemischer Reaktor, elektronisches Stabilitäts-Programm (ESP), Anti-Blockier-System (ABS), Smart Home System, digitale Spiegelreflexkamera, Waschmaschine, Gepäckförderbandsystem, Hochregallager, Ampelanlage, Parkleitsystem, smarter Sensor, Flottenmanagement in der Logistik
b. Welche Systemtopologie und entsprechende IT-Architektur empfehlen Sie jeweils für die Umsetzung?

Welche Möglichkeiten ergeben sich für die Flexibilisierung in der Anlagenautomatisierung durch neuartige Systemtopologien und IT-Architekturen?
Stellen Sie sich eine modulare Komponente zur Durchflusssteuerung in einem Chemiewerk vor. Gegeben ist ein Modul bestehend aus einem Ventil, das über einen Servomotor

angesprochen wird und den Durchfluss steuern kann. Ein übergeordneter Antriebsregler nutzt Schnittstellen, um den Durchfluss zu messen und dann die Sollwerte einzustellen.

a. Erörtern Sie, auf welcher Hierarchieebene das oben genannte System in der Automatisierungspyramide platziert ist.
b. Wie kann die Dimension „Schichten" des RAMI-4.0-Modells zugeordnet werden und wie gestalten sich die Übergänge zur über- bzw. untergeordneten Schicht?
c. In welcher Weise beeinflussen sich die Topologie des technischen Systems und die IT-Architektur für die Automatisierung gegenseitig?

Überlegen Sie, in welcher Form bestehende Cloud-Plattformen zur Realisierung von IT-Architekturen in der Produktautomatisierung eingesetzt werden können.
a. Wie sehen entsprechende Architekturen aus und inwieweit sind bestehende Cloud-Plattformen geeignet bzw. auf spezielle Gegebenheiten des Einsatzbeispiels anzupassen?
b. Wie beurteilen Sie den Übergang zwischen den Kategorien der vernetzten Systeme der Produktautomatisierung und hochvernetzter Automatisierungssysteme?

Konzipieren Sie eine Systemtopologie und IT-Architektur zur Nachverfolgung von kostspieligen Produkten.
Überlegen Sie sich, wie Produkte, z. B. teure Medikamente, in weltweiten Güterströmen sinnvoll verfolgt werden könnten. Konkretisieren Sie dann anhand eines Produktszenarios aus dem Bereich der hochwertigen Medikamente folgende Aspekte:

a. Wie sieht eine Systemtopologie für die Logistikanwendung aus, um den Distributionsprozess zu überwachen und sicherzustellen, dass jedes Produkt zukünftig eindeutig identifiziert und nachverfolgt werden kann?
b. Welche IT-Funktionen sind grundsätzlich erforderlich und wie sieht eine IT-Architektur aus, um Wissen über den Zustand und Ort des Produktes zu erfassen und auswerten zu können?

Weiterführende Literatur

Dotoli, M.; Fay, A.; Miśkowicz, M.; Seatzu, C.: **An overview of current technologies and emerging trends in factory automation.** International Journal of Production Research, 2019 https://doi.org/10.1080/00207543.2018.1510558

Drath, R.: **AutomationML: Das Lehrbuch für Studium und Praxis**, Berlin, Boston: De Gruyter Oldenbourg, 2022 https://doi.org/10.1515/9783110782998

El Maraghy, H.: **Flexible and reconfigurable manufacturing systems paradigms.** International Journal of Flexible Manufacturing Systems, Vol. 17, 2006 https://doi.org/10.1007/s10696-006-9028-7

Leitão, P.; Colombo, A.; Karnouskos, S.: **Industrial automation based on cyber-physical systems technologies: Prototype implementations and challenges.** Computers in Industry, Volume 81, Elsevier, Amsterdam, 2016 https://doi.org/10.1016/j.compind.2015.08.004

Murphy, B.; Durand, J.; Lin S.-W.; Martin, R.; Mellor S. J.: **Industrial Internet reference Architecture (IIRA). Industrial Internet Consortium.** 2015

Vogel-Heuser, B.; Bauernhansl, Th.; ten Hompel, M. (Hrsg.): **Handbuch Industrie 4.0, Band 4.** Springer Verlag 2017 https://doi.org/10.1007/978-3-662-53254-6

Vogel-Heuser, B.; Diedrich, Ch.; Fay, A.; Jeschke, J.; Kowalewski, S.; Wollschläger, M.: **Challenges for software engineering in automation.** Journal of Software Engineering and Applications. SCIRP, Vol. 7, Nr. 5, 2014 https://doi.org/10.4236/jsea.2014.75041

Weyrich, M.; Ebert, C.: **Reference architectures for the Internet of Things.** IEEE Software, Vol. 33–1, 2015 https://doi.org/10.1109/MS.2016.20

Referenzen

DIN EN 61512: **Chargenorientierte Fahrweise.** Beuth Verlag, 2000 https://doi.org/10.31030/8529860

IEC 62890: **Industrial-process measurement, control and automation - Life-cycle-management for systems and components.** Beuth-Verlag, 2020

DIN SPEC 91345: **Referenzarchitekturmodell Industrie 4.0 (RAMI 4.0)**, Beuth-Verlag, 2016 https://doi.org/10.31030/2436156

Lauber, R.; Göhner, P.: **Prozeßautomatisierung 1**. 3. Auflage, Springer-Verlag, 1999 https://doi.org/10.1007/978-3-642-58446-6

Porter, M. E.; Heppelmann, J. E.: **How smart, connected products are transforming competition.** Harvard Business Review, 2014

Software für industrielle Automatisierungs-systeme 4

Zusammenfassung

Dieses Kapitel gibt einen Überblick über die Entwicklung von Software für industrielle Automatisierungssysteme. Zunächst wird die Frage erörtert, wie Software für die Automatisierungstechnik erstellt wird und welche Rolle Echtzeitsoftware dabei einnimmt.

Es wird dann erörtert, wie sich Software zur Steuerung und Regelung in der Anlagen-, und der Produktautomatisierung sowie für die hochvernetzte Automatisierung umsetzen lassen und welche Methoden und Verfahren dabei zum Einsatz kommen.

Dabei spielen Lösungskonzepte für die Softwareentwicklung eine Rolle, die sich unterschiedlicher Ansätze bedienen. Diese Konzepte werden exemplarisch für ausgewählte Anwendungsfelder skizziert, um abschließend auf grundsätzliche Architekturparadigmen einzugehen.

Leser und Leserinnen dieses Kapitels lernen Methoden, Verfahren und Lösungskonzepte kennen, um die folgenden Fragen beantworten zu können:

- Wie werden Automatisierungssysteme mit Software in der Industrie realisiert? Worin bestehen die Herausforderungen bei Echtzeitsoftware?
- Mit welchen Programmiersprachen und -konzepten erfolgt die Umsetzung in der industriellen Praxis für Anlagen, Produkte und hochvernetzte Automatisierungssysteme?
- Welche grundsätzlichen Steuerungsparadigmen stehen zur Verfügung und wie werden Architekturen softwarebasierter Automatisierungssysteme damit realisiert?

© Springer-Verlag GmbH Deutschland, ein Teil von Springer Nature 2023
M. Weyrich, *Industrielle Automatisierungs- und Informationstechnik*,
https://doi.org/10.1007/978-3-662-56355-7_4

Dieses Kapitel zeigt auf, dass die Softwareentwicklung heute weit mehr ist als eine Programmierung von Abläufen. Es skizziert die Entwicklungsansätze, die hierbei zum Tragen kommen.

4.1 Software für Automatisierungssysteme

Software spielt eine immer wichtigere Rolle bei der Erstellung von Automatisierungssystemen. Dies verändert die Arbeitsmethoden in der Entwicklung, da es große Unterschiede zwischen der Erstellung von mechanischen und softwarebasierten Systemen gibt. So ist der Entwicklungsfortschritt bei der Erstellung von Software im Gegensatz zum Bau einer Maschine oder Anlage nicht sichtbar und kann zudem schwerer beurteilt werden.

Es kommt folglich zu einem Wandel im Systems Engineering, da die Erstellung von Software immateriell ist. Software erfordert erhebliche Aufwände zur Konzeption, Umsetzung und späteren Pflege während des Betriebs. Es werden Anforderungsanalysen benötigt, die Verwaltung von Modellen ist erforderlich und Source-Code muss in unterschiedlichen Konfigurationen gepflegt und getestet werden.

Vor dem Hintergrund der Automatisierungstechnik stellen sich insbesondere Fragen zur industriellen Erstellung von Software, zu den Besonderheiten und den etablierten Methoden und Verfahren.

4.1.1 Wie programmiert man Automatisierungssysteme heute?

Softwareentwicklung ist wesentlich mehr als die Programmierung eines einzelnen Steuer- oder Regelprogramms, das beispielsweise eine Ablaufsequenz einer Maschine im Sinne einer Schaltfolge koordiniert.

Daher sind die Methoden und Werkzeuge (*Tools*) zur Erstellung von Software entsprechend unterschiedlich. Sie reichen von der Programmierung von kostengünstiger und einfacher Hardware über die Erstellung sich wiederholender Konstellationen bis hin zu sehr großen Softwaresystemen. Die Ansätze umfassen maschinennahe Codierung, bei der die Logikgatter eines Chips per Software verknüpft werden, die Erstellung der Software in Hochsprachen, grafisch-interaktive Programmgeneratoren und eine simulationsbasierte Inbetriebnahme.

Entwicklungsplattformen bieten neben einer Programmierumgebung umfassende Möglichkeiten zum Softwareentwurf, zur Orchestrierung von Systemkonfigurationen sowie zum Test.

Doch wo wird welches Verfahren zur industriellen Softwareerstellung eingesetzt und warum? Die Ansätze für die Erstellung von Automatisierungssystemen werden in Tab. 4.1 zusammengefasst.

Tab. 4.1 Ansätze zur Erstellung von Software für Automatisierungssysteme

Ansatz	Vorgehen	Bemerkungen
Maschinennahe und hocheffiziente Programmierung	Manuelle Erzeugung von Assembler und Maschinencodes	Hardwarenahe Programmierung von Logikbausteinen
Erstellung von Steuerungssoftware	Anwendung von höheren Programmiersprachen und Echtzeitbetriebssystemen	Aufbau komplexer Steuerungssysteme auf Basis von Mikrocontrollern
Automatische Codegeneration mit Modell	Grafisch-interaktive Erzeugung von Software	Mithilfe von vorgefertigten Systemelementen und Modellen wird die Software grafisch-interaktiv konfiguriert
Virtuelle Inbetriebnahme	Simulation des automatisierten Gesamtsystems und seines Verhaltens	Die Software wird anhand eines Modells in der Simulation erprobt

Die maschinennahe Codierung erfolgt heute auf Gebieten, bei denen die Rechenzeit entscheidend ist, bzw. die ausgewählten Mikrocontroller sehr einfach sind und daher viele Beschränkungen aufweisen. Mit der maschinennahen Codierung können Logikgatter auf der Chipebene verknüpft und so beispielsweise Abläufe sehr effizient codiert werden, um kostengünstig Produkte zu automatisieren.

Die Softwareerstellung kann auch in höheren Programmiersprachen erfolgen, die insbesondere bei der Produktautomatisierung zum Einsatz kommen.

Für industrielle Anwendungen zur Steuerung von Abläufen gibt es inzwischen viele grafische Programmiersysteme, bei denen man interaktiv Modelle erstellt, aus denen dann der Programmcode automatisch erzeugt wird. Solche Entwicklungen nutzen dann Codegeneratoren, die zunehmend für Serienprodukte zum Einsatz kommen.

Zudem werden von den Herstellern von Entwicklungsumgebungen meist zusätzliche Tools zur Simulation der technischen Systeme und zu deren Test angeboten, sodass das automatisierte System in der Simulation mit der erstellten Automatisierungssoftware gleich ausprobiert werden kann. Einfache Tools zur virtuellen Inbetriebnahme abstrahieren beispielsweise das Verhalten des technischen Prozesses in einer logikbasierten Simulation, die das Systemverhalten anhand von Ein- und Ausgängen und ihrer logischen Verknüpfung simuliert.

Komplexe Simulatoren können das dynamische Systemverhalten zusammen mit einer 3D-Grafik und einem Physikmodell wiedergeben, wie z. B. die Simulation eines Feder-Dämpfersystems eines Fahrzeugfahrwerks, das über eine virtuelle Teststrecke gefahren und dort erprobt wird.

Anhand dieser Beispiele wird deutlich, wie unterschiedlich die Softwareerstellung durchgeführt werden kann.

4.1.2 Was ist das Besondere an Echtzeitsoftware?

Bei Automatisierungssystemen, die im Rahmen der Steuerung und Regelung von technischen Prozessen Einsatz finden, muss die Software in Echtzeit (*Realtime*) reagieren.
Unter Echtzeit versteht man nach DIN IEC 60050-351 (2014)

> „[Die] Fähigkeit, [...] [Rechenprozesse] ständig derart ablaufbereit zu halten, dass es möglich ist, innerhalb einer vorgegebenen Zeitspanne auf Ereignisse im Ablauf eines technischen Prozesses zu reagieren"

Für die Softwareentwicklung von Automatisierungssystemen in Echtzeit müssen die Programme also den realen Zeitabläufen entsprechen. Egal, ob Algorithmen simpel oder rechenintensiv sind, die Eingriffe dürfen nicht zu früh und nicht zu spät erfolgen, d. h. es darf zu keiner Zeitdehnung und keiner Zeitraffung kommen. Tritt bei einem Automatisierungssystem eine Verletzung der Rechtzeitigkeit auf, so sind Fehlfunktionen zu erwarten. Werden beispielsweise aktuelle Werte eines Sensors nicht in Echtzeit weitergegeben, so kann das Automatisierungssystem seine Funktion nicht korrekt ausführen.

Der Begriff der Rechtzeitigkeit wird dabei landläufig als eine zu spezifizierende zeitliche Korrektheit verstanden.

> „Rechtzeitigkeit ist gegeben, wenn innerhalb festgelegter Zeiten auf Ereignisse reagiert wird oder Ereignisse zu definierten Zeitpunkten ausgelöst werden, d. h. innerhalb eines Zeitintervalls."

Dies führt zu der wichtigen Definition der Latenzzeit (*Latency*), auch Reaktions- und Wartezeiten, bei Automatisierungssystemen (nach ISO 2382-12):

> „Die Latenzzeit ist ein Zeitintervall zwischen dem Zeitpunkt, an dem ein [...] Steuergerät einen Datenabruf initiiert, und dem Zeitpunkt, an dem die tatsächliche Datenübertragung beginnt."

Abb. 4.1 visualisiert das Zeitintervall begrenzt durch eine obere und eine untere Schranke, in dem sich die Latenzzeit T_L bewegen muss, damit ein Steuergerät und damit das Automatisierungssystem rechtzeitig auf die Vorgänge im technischen Prozess reagiert.

Die Folgen einer Nichteinhaltung der zeitlichen Rahmenbedingungen sind sehr unterschiedlich, sie reichen von Einbußen bei der Servicequalität bis zum Versagen des Automatisierungssystems.

Bei einem System der „weichen Echtzeit" sind längere Zeitspannen bis zur Reaktion tolerabel. Wird beispielsweise die Zieladresse in ein Navigationssystem eingegeben, so kann ein längeres Suchen toleriert werden. Zwar führt dies zu unerwünschten Wartezeiten, doch ist diese Fristverletzung nicht systemkritisch. Bei Systemen der weichen Echtzeit wird also die Wartezeit als ein mangelhaftes Qualitätsmerkmal wahrgenommen, jedoch ohne dass dies fatale Folgen hätte.

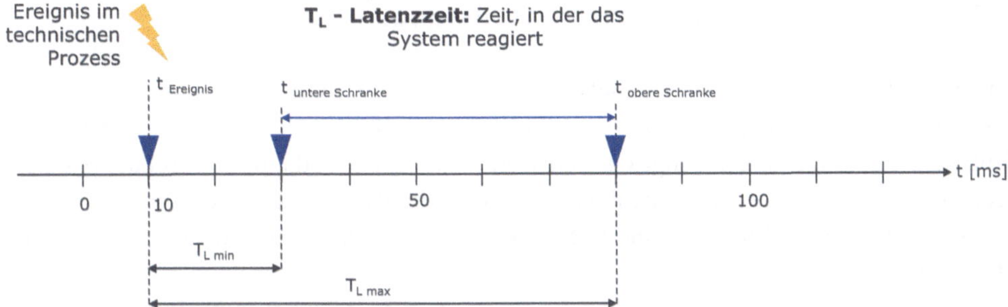

Abb. 4.1 Schranken für die Latenzzeit zum rechtzeitigen Prozesseingriff

Bei einem System mit „harten" Echtzeitanforderungen wird hingegen eine unmittelbare Aktivität im Sinne einer Aktivitätsschwelle erwartet. Würde beispielsweise eine Ampel zu spät auf Rot gesetzt, hätte dies unter Umständen Unfälle zur Folge. Man bezeichnet solche Systeme, bei denen ein Verpassen der Fristen zum Systemversagen führt, als „harte Echtzeitsysteme".

Laufen viele Vorgänge in solchen echtzeitkritischen Prozessen gleichzeitig ab, so muss ein Weg gefunden werden, diese Prozesse immer rechtzeitig zu behandeln, um den Anforderungen gerecht zu werden.

Beispielsweise müssen bei einer Ampelanlage an einer Kreuzung mehrere Ampeln gleichzeitig geschaltet werden. Das bedeutet, dass mehrere Schaltvorgänge eigentlich gleichzeitig und parallel von einer Echtzeitsoftware bearbeitet werden müssten. In diesem Fall ist es jedoch naheliegend, mehrere Schaltvorgänge schnell hintereinander durchzuführen. Obwohl also der Eindruck eines simultanen Ablaufs entsteht, erfolgt dieser tatsächlich sequenziell, also nacheinander.

Eine Quasi-Gleichzeitigkeit ergibt sich bei einem sequenziellen Programmablauf, wenn für dessen Zeitabläufe gilt:

$$T_{Umwelt} \gg T_{Programme\,im\,Rechner}$$

Wird also die Steuerung der Ampeln im Bereich von Mikro- oder wenigen Millisekunden ausgeführt, so entsteht auch bei einer sequenziellen Abarbeitung des Steuerprogramms der Eindruck der Gleichzeitigkeit.

4.2 Software für die Anlagenautomatisierung

Die Entwicklung von Software für die Anlagenautomatisierung hat in den letzten Jahrzehnten stark an Bedeutung gewonnen. In den Anwenderbranchen werden jedoch sehr unterschiedliche Methoden und Werkzeuge eingesetzt, um den vielfältigen Anforderungen an die Realisierung der Funktionen gerecht zu werden.

4.2.1   Speicherprogrammierbare Steuerungen

In der Anlagenautomatisierung sind speicherprogrammierbare Steuerungen, kurz SPS (oder PLC: *Programmable Logic Control*) im großen Stil im Einsatz. Diese können mit Entwicklungsumgebungen programmiert werden und steuern dann, z. B. robust in einem Schaltschrank verbaut, unterschiedlichste Systeme der Anlagenautomatisierung.

Nach EN 61131, Teil 1 ist eine SPS (Speicherprogrammierbare Steuerung) wie folgt definiert:

> „Eine SPS ist ein digital arbeitendes elektronisches System für den Einsatz in industriellen Umgebungen zur Implementierung spezifischer Funktionen (wie z. B. Verknüpfungssteuerung, Ablaufsteuerung, Zeit-, Zähl- und arithmetische Funktionen), um durch digitale oder analoge Eingangs- und Ausgangssignale verschiedene Arten von Maschinen und Prozessen zu steuern."

Die unterschiedlichen Arten und Weisen, wie SPS programmiert werden können, bieten Nutzern die Möglichkeit, sich schnell in die Programmierung einzufinden.

Zur Projektierung und Programmierung kommen grafische Beschreibungen sowie textorientierte Darstellungen zum Einsatz. Die IEC 61131, Teil 3 sowie die DIN ISO 60848 legen textuelle und grafische Beschreibungen zur Steuerungsprogrammierung fest. Die Programmierung der Steuerungen erfolgt entweder über die schrittweise Steuerung von Abläufen oder über die logische Verknüpfung von Zuständen.

Ein Überblick über die grafische Beschreibung von Ablaufsequenzen vs. die textuelle Beschreibung mit Programmcode ist in Abb. 4.2 präsentiert.

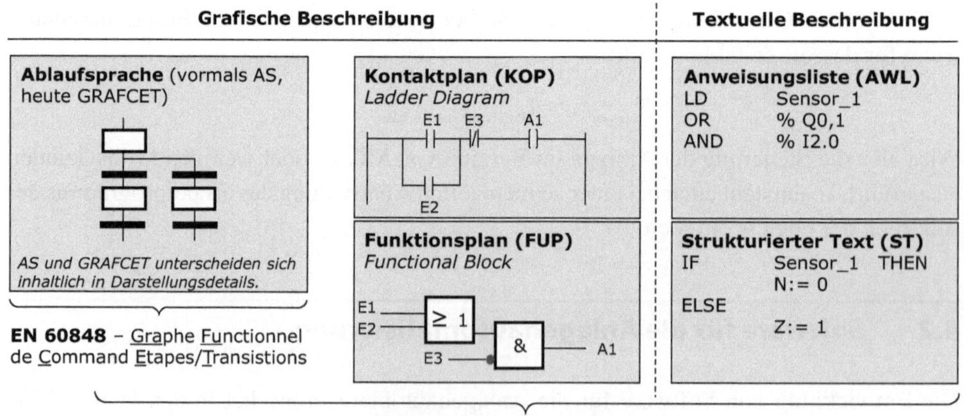

Abb. 4.2   Programmiersprachen für speicherprogrammierbare Steuerungen

Die grafischen Beschreibungen sind GRAFCET, nach DIN 60848 (2014), Kontaktpläne (KOP) und Funktionspläne (FUP) nach DIN 61131 (2004). Diesen liegen unterschiedliche Konzepte zur grafischen Darstellung zugrunde. GRAFCET ist eine einfache Ablaufsprache, die sich an Zuständen und Weiterschaltbedingungen orientiert. Die Darstellung mittels GRAFCET eignet sich vor allem für die Ausbildung. Kontaktpläne dienen eigentlich der Beschreibung von Schützschaltungen, allerdings erfreut sich die Programmierung mit Kontaktplänen aufgrund der Einfachheit nach wie vor großer Beliebtheit in der Praxis. Hingegen ist das Modellierungskonzept des Funktionsplans der elektrischen Schaltungstechnik mit Logikgattern entlehnt und weniger verbreitet.

Die Programmierung mit der Anweisungsliste (AWL) ist sehr maschinennah, was versierten Programmierern die Möglichkeit zur maschinennahen Optimierung bietet. Allerdings gilt die Anweisungsliste (*Instruction List*) als veraltet, sie wird daher aus der Norm entfernt werden. Die textuelle Beschreibung mit strukturiertem Text (ST) ist eine hochsprachliche Beschreibung, die zunehmend zentrale Bedeutung erlangt.

Die unterschiedlichen Beschreibungssprachen der grafischen Programmierung sind weitgehend ineinander überführbar. Allerdings setzen Funktionen wie Zähler, Zeitverarbeitung sowie Bit-Operationen der gegenseitigen Überführung Grenzen.

Obwohl eine weitgehende Standardisierung der Programmierung von speicherprogrammierbaren Steuerungen seit Jahren vorliegt, bieten die Hersteller von SPS Spracherweiterungen und insbesondere spezielle Entwicklungsumgebungen an, um sich von den Standards abzuheben.

Es gibt eine Reihe von Herstellern und Produkt-Allianzen, die für unterschiedliche Segmente der Automatisierungstechnik kommerzielle Lösungen anbieten:

- TwinCAT von Beckhoff erlaubt eine Integration von Microsoft-Visual-Studio
- das TIAPortal von Siemens ist eine Integrationsplattform für Steuerungen
- die CODESYS-Entwicklungsplattform wird im Zusammenschluss verschiedener Hersteller angeboten
- weitere Automatisierungshersteller platzieren zahlreiche produktspezifische Plattformen am Markt

Neben der bereits erläuterten Programmierung von Steuer- und Regelfunktionen unterstützen die kommerziellen Entwicklungsplattformen den Aufbau von Mensch-Maschine-Schnittstellen für Anwendungen der Anlagenautomatisierung. So sind zur Visualisierung von Prozessinformationen in einer Bedienoberfläche oder zur Verwaltung von Benutzern und Systemkomponenten umfassende Funktionen zur Datensammlung, zur Auswertung und zur Protokollierung notwendig, die durch die Plattformen bereitgestellt werden und die weit über die Standards hinausgehen.

Die Abb. 4.3 zeigt die Bedienoberfläche einer kommerziellen Entwicklungsumgebung, mit der sowohl die Systemkonfiguration, die Programmierung als auch Bedienelemente einer Statusanzeige einer Produktionsanlage gestaltet werden können.

Abb. 4.3 Ausschnitte aus einer kommerziellen Programmierumgebung (Siemens TIA Portal)

4.2.2 Übergeordnete Koordination von Prozessen

Die übergeordnete Koordination der technischen Prozesse in der Anlagenautomatisierung erfordert das Zusammenspiel von vielen Automatisierungssystemen und -komponenten.

Ein Prozessleitsystem sichert die Koordination einzelner oder ganzer Verbünde automatisierter Anlagen. Der Begriff des „Leitens" ist dabei durch die IEC 60050-351 definiert als

> „[…] eine zweckmäßige Maßnahme an oder in einem Prozess, um vorgegebene Ziele zu erreichen."

Das Leiten von komplexen, kaskadierten Automatisierungssystemen bedarf einer Koordination, die weit über die Steuerung und Überwachung der einzelnen Prozesse hinausgeht. Man denke an den Betrieb von Großanlagen der Prozessindustrie (wie Chemiewerke, Raffinerien), an die Lebensmittelherstellung (z. B. Molkereien, Brauereien), die Wasserversorgung oder die Koordination der Fertigung und Logistik, z. B. im Automobilbau.

Wendet man den Blick von der reinen Steuerungsprogrammierung hin zu einer Gesamtsystemerstellung, so wird deutlich, dass zahlreiche weitere Aufgaben bei der Entwicklung von Software für Anlagen gelöst werden müssen. Diese gehen dann weit über die Programmierung von Steuerungssequenzen hinaus.

Zudem gibt es gesetzliche Vorschriften zum sicheren Betrieb, beispielsweise bei der Wasseraufbereitung oder in der Lebensmittelindustrie, deren Einhaltung gewährleistet und dokumentiert werden muss.

Die Funktionen eines Leitsystems sind folgende:

- Einbeziehung der Systeme SCADA, MES und MIS zur übergeordneten Koordination des Gesamtsystems
- Realisierung der Mensch-Maschine-Schnittstelle zur übergreifenden Bedienung und Beobachtung der Anlage in Leitwarten oder mittels Teleoperation
- Diagnose zur Instandhaltung oder Fernwartung von Systemen und Komponenten beispielsweise durch die Hersteller
- Informationsverwaltung von technischen Daten des Asset Managements, d. h. der einzelnen Komponenten und der Systemdaten.

Die Hauptaufgabe des Prozessleitsystems ist die Unterstützung des Bedienpersonals. Schritte eines Prozessablaufs wie das Anfahren, der Regelbetrieb oder Wartungsaufgaben werden mithilfe des Prozessleitsystems übergreifend koordiniert. Beim Auftreten von Störungen werden die Ursachen sowie die erforderlichen Aktivitäten zur Behebung oder für einen Notbetrieb identifiziert. Insbesondere bei großen Anlagen kann das Bedienpersonal die Betriebszustände der Anlage überblicken und dokumentieren.

Mithilfe von Leitsystemen werden auch vorrausschauende Instandhaltungsaktivitäten erleichtert, da aus der Vergangenheit auf das Systemverhalten in der Zukunft geschlossen werden kann. Auf diese Weise lassen sich typische Fehlermuster frühzeitig erkennen.

Schließlich dient ein Leitsystem auch zur Informationsverwaltung mit Blick auf die vielen eingesetzten Komponenten; ihre Parametrierung kann in einer Datenbank gespeichert und den Automatisierungskomponenten zugeordnet werden.

Leitsysteme sollen aber auch Umbauten in bestehenden Anlagen unterstützen. Werden Komponenten in Anlagen ausgetauscht oder durch verbesserte ersetzt, hält das Leitsystem entsprechende Funktionalitäten für die Verwaltung der Komponenten fest. So sind Änderungsnachweise zusammen mit einem Versionsmanagement beim Einsatz der Automatisierungskomponenten wichtig für die Praxis.

Branchenspezifische Besonderheiten führen dazu, dass sich IT-Anbieter auf die Leittechnik bestimmter Branchen konzentrieren: So haben sich spezielle Leitsysteme in der Chemie, in Lebensmittelanlagen, in der Pharmaherstellung etc. etabliert, die eine Integration von Hardware und Software ermöglichen sowie eine Durchgängigkeit in Bezug auf die Informationsverarbeitung und Steuerung.

Je nachdem, wie intensiv man sich in die Richtung vernetzter Leittechniksysteme bewegt, müssen trotz der oben genannten Leittechnik-Plattformen viele Softwaresystementwicklungen eigenständig erstellt werden, um den Anforderungen gerecht zu werden.

Dies erfordert den Einsatz von höheren Programmiersprachen (z. B. C#, .NET etc.), grafischen Oberflächen und Datenbanken.

Am Markt hat sich eine Vielzahl von Lösungen etabliert, die jeweils auf die Bedürfnisse bestimmter Kundengruppen abgestimmt sind. Solche Systeme werden heute in der Regel als Client-Server-Architekturen umgesetzt. Allerdings kann bei großen Unternehmen mit vielen Werken die Anzahl der zu überwachenden Prozessvariablen, möglicher Alarme und Langzeitarchive beachtliche Größenordnungen annehmen. In diesem Fall sind dann weiterführende Analysen bzw. eine Aufarbeitung der umfassenden Daten notwendig, um den Überblick zu behalten.

Leitsysteme stellen anwendungsspezifische Softwaresysteme dar, bei denen jede Implementierung etwas anders ausgeführt ist. Die Realisierungen reichen von einfachen Verwaltungssystemen mit wenigen Prozessobjekten und Arbeitsplätzen über mittlere Systeme bis hin zu großen leittechnischen Anlagen mit vielen Hunderttausend Prozessobjekten, Servern und Arbeitsplätzen.

4.3 Software für die Produktautomatisierung

Die Steuergeräte der Produktautomatisierung bestehen aus hochintegrierten Bausteinen, die in Form von einem oder mehreren Chips aufgebaut werden. Diese Steuergeräte sind Massenprodukte, d. h. sie werden in großen Stückzahlen in Autos, Haushaltsgeräten oder anderen Produkten eingesetzt. Je nach Anwendung sind Steuergeräte für die Produktautomatisierung sehr kostengünstig, um den Preis des Gesamtprodukts niedrig zu halten. Gleichwohl bestehen durch das Einsatzumfeld hohe Anforderungen in Bezug auf die Umgebungsbedingungen, die Zuverlässigkeit und die Lebensdauer.

4.3.1 Entwicklung von *Embedded Systems*

In der Produktautomatisierung kommen Systeme zum Einsatz, die zuvor aus Hardwarebausteinen konfiguriert und mithilfe höherer Programmiersprachen programmiert wurden.

Bei Steuerungs- und Regelungssystemen der Produktautomatisierung werden Steuergeräte (*Electronic Control Unit*, ECU) direkt im Gerät oder in der Komponente verbaut. Man bezeichnet diesen Typus als „eingebettetes System" (*Embedded System*), da die Steuerungen nach außen kaum sichtbar und also eingebettet in das automatisierte Gesamtsystem sind. *Embedded Systems* bestehen aus Mikrocontrollern, d. h. Mikroprozessoren mit Ein-/Ausgabe-Elektronik sowie Echtzeitsoftware. Je nach Anwendung mit mehr oder weniger Rechenzeitbedarf kommen unterschiedliche Mikroprozessoren zum Einsatz. Die Steuergeräte der Produktautomatisierung kommunizieren über spezielle Schnittstellen, z. B. Tasten, Drehschalter oder LCD-Anzeigen, die in den Produkten fest verbaut sind.

Die Programmierung erfolgt in maschinennahen Hochsprachen mithilfe von Entwicklungssystemen oder grafischen Editoren. Programmsequenzen, die für die Ausführung kritisch sind, können auch in Assembler oder Maschinencode entwickelt werden, um echtzeitfähig zu sein. Die Softwareentwicklung in diesem Bereich ist gekennzeichnet durch die Ressourcenbeschränkung der Mikroelektronik, sodass ein tiefes Verständnis bei der Entwicklung der Echtzeitsoftware erforderlich ist, um wenig Ressourcen, d. h. Speicher und Rechenzeit in Anspruch zu nehmen. Weitere Herausforderungen bei der Entwicklung von *Embedded Systems* sind Einschränkungen beim Energiebedarf sowie bei der Kommunikation mit beschränkten Bandbreiten.

Auch in der Produktautomatisierung gibt es zahlreiche Entwicklungsumgebungen und eine ganze Reihe von Betriebssystemen, auf die zur Echtzeitprogrammierung zurückgegriffen werden kann.

4.3.2   Programmiersprachen und Entwicklungsumgebungen

Höhere Programmiersprachen bieten vielfältige Möglichkeiten zur Programmierung.

In Tab. 4.2 sind die in der Automatisierungstechnik häufig verwendeten Hochsprachen einander gegenübergestellt. Die Sprachen lassen sich durch eine Reihe von Kriterien vergleichen bzw. charakterisieren. Zu nennen sind die Performanz und Effektivität des Codes, also wie gut die Rechenressourcen eingesetzt werden. Insbesondere bei den Mechanismen zur Speicherverwaltung, ihrem Abstraktionsniveau in Bezug auf Programmierparadigmen oder der sogenannten Typsicherheit liegen große Unterschiede zwischen alten Sprachen wie „C" und neuen Sprachen wie „Rust".

Aufgrund von Anwenderbefragungen kann man Rückschlüsse auf die Nutzung der Sprachen ziehen: Heute wird C nach wie vor intensiv (ca. > 50 %) eingesetzt, gefolgt von C++ (ca. > 20 %). Java, C# und Python werden etwa zu gleichen, jedoch deutlich geringe-

Tab. 4.2 Gegenüberstellung und Bewertung von Programmiersprachen beim Einsatz in der Echtzeitprogrammierung

	Effizienz des ausführbaren Codes	Echtzeitverhalten	Speicherverwaltung	Abstraktionsniveau der Sprache
C	Hohe Effizienz	Ja	Einfache Verwaltung, Risiko von Speicherlecks	Maschinennah mit der Möglichkeit, Assembler einzubinden
C++	Bei Verwendung von Teilumfängen	Nein, z. B. Stream-Befehl und Ausnahmebehandlung	Ja, aber nicht deterministisch	Sehr hoch
Java/ Python	Keine Echtzeit, durch Laufzeitoptimierung für dynamische Aktionen effizient	Nein, z. B. Garbage Collector, Speicherverwaltung, Exception Handling	Nicht direkt, durch Laufzeitumgebung	Sehr hoch
Rust	Hohe Effizienz	Ja	Spez. Konzept	Hoch
Assembler	Sehr hoch	Ja	Schwierig	Sehr niedrig, aufwendig, nicht portabel

ren Anteilen im Bereich von ca. 2 bis 6 % eingesetzt. Auch Assembler kommt in einem ähnlichen Umfang zum Einsatz. Ein Nischendasein führt die relativ neue Sprache Rust.

Die **Programmiersprache C** gilt als eine universelle „niedrige" Programmiersprache mit einer kleinen Menge an Schlüsselwörtern und Sprachkonstrukten. Datentypen sind zwar vorhanden, aber nicht typsicher. Ein direkter Speicherzugriff über Zeiger ist möglich und bietet viel Flexibilität, aber auch Anlass zu komplexen Fehlern. Die Sprache wurde an den AT&T-Bell Labs zwischen 1971 und 1974 entwickelt, 1978 von Brian W. Kernighan bekannt gemacht und inzwischen als ANSI C standardisiert. Die Sprache ist für Anwendungen in der Automatisierungstechnik sehr geeignet, da der erzeugte Code eine hohe Ausführungsgeschwindigkeit bei einer geringen Codegröße bietet. Somit ist die Entwicklung portabler Programme möglich, aber auch der maschinennahe Einsatz mit einem sogenannten Inline Assembler umsetzbar. Die Sprache ist sehr beliebt in der Echtzeitprogrammierung. Es gibt ein breites Angebot kommerzieller Entwicklungsumgebungen und Open-Source-Lösungen (z. B. GNU-C) sowie Realisierungen von Systemprogramm-Bibliotheken für die Echtzeitprogrammierung.

C++ ist eine Erweiterung der Programmiersprache C um objektorientierte Programmieranteile. Die Sprache wurde 1986 von Bjarne Stroustrup vorgestellt. C++ kombiniert die Eigenschaften von C mit abstrakten Sprachkonzepten. In der Konsequenz bedeutet dies jedoch auch, dass zahlreiche objektorientierte Sprachkonzepte nur bedingt echtzeitfähig sind. Da C++ allerdings eine Teilmenge von C enthält, kann C++ mit Einschränkungen auch zur Echtzeitprogrammierung herangezogen werden. C++ gilt als mächtiges und gängiges Programmierwerkzeug. Allerdings sind die Compiler relativ aufwendig zu implementieren, wobei heute ein breites Angebot an kommerziellen Compilern zu Verfügung steht.

Java ist eine objektorientierte Sprache mit einer starken Typisierung. Die Sprache wurde von Sun Microsystems 1995 im Zusammenhang mit Internet-Applikationen entwickelt und ist nur bedingt echtzeitfähig. Ihr Einsatz in der Automatisierungstechnik kann daher nur durch besondere Anpassungen ermöglicht werden. Sie wird dennoch gern für übergeordnete Bedien-/Planungsprogramme verwendet und ist als Laufzeitumgebungen für verschiedene Betriebssysteme vorhanden.

Python ist multiparadigmatisch, d. h. sowohl objektorientiert als auch funktional. Als Skriptsprache verfügt sie über eine dynamische Typisierung mit wenigen Schlüsselwörtern. Python-Programme führen auf einen gut lesbaren Code. Es sind Laufzeit- und Entwicklungsumgebungen für verschiedene Betriebssysteme verfügbar.

Für die Automatisierungstechnik ist diese interpretierte Sprache allerdings nur bedingt geeignet, da sie nicht echtzeitfähig ist. Ein Ausweg ist die Übersetzung von Python-Code in C oder Assembler, wodurch eine Echtzeitfähigkeit hergestellt werden kann.

Rust ist eine neue, multiparadigmatische und vielseitig einsetzbare Programmiersprache. Sie erzeugt leistungsfähigen und typsicheren Code mit automatischer Speicherverwaltung. Obwohl die Sprache noch jung ist, wird sie immer häufiger eingesetzt. Im Bereich der Echtzeitprogrammierung sind Rust-Programme z. B. für sogenannte Bootloader (im Sinne eines Startprogramms) vorteilhaft, da der Code effizient und performant ist.

Assembler lässt sich nahezu direkt in Maschinensprache bzw. Maschinencode übersetzen, da sich die Assemblerbefehle und die Programmierung sehr an der Hardwarestruktur orientieren. Entsprechend effizient sind die sich ergebenden Programme, die höchste Geschwindigkeit und Code-Effizienz bieten. Assembler wird oft in Kombination mit C-Programmen eingesetzt, wobei nur wenige kritische Ausführungssegmente in Assembler geschrieben und alle weiteren Programmelemente in der Hochsprache C verfasst sind. Assembler ist unmittelbar auf einen Prozessortyp ausgelegt. Dies bedeutet jedoch, dass Assemblerprogramme für unterschiedliche Prozessorfamilien mit großem Aufwand und viel Sachkenntnis angepasst werden müssen.

Neben einer sachlichen Entscheidung für oder gegen eine Programmiersprache spielen auch Aspekte der Handhabbarkeit in der Praxis eine wichtige Rolle. So sind nicht alle Sprachen bzw. alle Sprachelemente einer Programmiersprache echtzeitfähig oder erzeugen einen effizient ausführbaren Code.

Folgende Herausforderungen ergeben sich in der Praxis:

- Die Effizienz des ausführbaren Codes muss überprüft werden, da Automatisierungsanwendungen oft starke Beschränkungen in Bezug auf den Speicher und die verfügbare Rechenleistung haben. Compiler fügen dem Code eine sogenannte Compiler Runtime hinzu, sodass es trotz eines kurzen Quellcodes unter Umständen zu einem großen ausführbaren Programm kommt. Man spricht dann von einem *Memory Footprint*, der für ein Programm nach dessen Kompilierung unzweckmäßig groß ausfallen kann.
- Um ein Echtzeitverhalten sicherzustellen, sollten keine Befehle, Funktionen oder Operationen verwendet werden, die ein nicht deterministisches Verhalten aufweisen. Dies betrifft beispielsweise die automatische Speicherverwaltung, die den Arbeitsspeicher zu unbekannten Zeitpunkten aufzuräumen versucht und dadurch Rechenzeit verbraucht, was wiederum das Echtzeitverhalten negativ beeinflusst. Auch sollte auf sogenannte Ausnahmebehandlungen verzichtet werden, da diese beim Überspringen von Programmsegmenten aufgrund von Fehlern ebenfalls ein unbekanntes Laufzeitverhalten zur Folge haben können. Gleiches gilt für das sogenannte dynamische Binden und die Überladung von Operatoren, ein zwar sehr nützliches Paradigma, das jedoch zu einem unbekannten Echtzeitverhalten führen kann.
- Die Speicherverwaltung ist nicht nur in Sachen Echtzeitfähigkeit ein Thema. Wenn durch ein „Speicherleck" (*Memory Leak*) kontinuierlich mehr Speicher belegt als im weiteren Verlauf wieder freigegeben wird, kann es bei Automatisierungssystemen, die oft dauerhaft über lange Zeiträume im Einsatz sind, zu Problemen kommen. Dies betrifft besonders oft C-Programme, die dann bei Dauerbetrieb aufgrund eines Speicherüberlaufs einen Systemabsturz erzeugen.

In der Regel sind leistungsfähige Entwicklungsumgebungen verfügbar und für unterschiedliche Prozessorfamilien einsetzbar.

Die Entscheidung für oder gegen eine Programmiersprache kann auf unterschiedlichen Überlegungen beruhen: die Ausführung von Entwicklungsplattformen für bestimmte Hardware, Vorgaben des Auftraggebers oder die Kompetenzen der Mitarbeitenden.

Integrierte Entwicklungsumgebungen bieten eine durchgängige Unterstützung bei der Softwareerstellung mit Hochsprachen.

Eine integrierte Entwicklungsumgebung besteht üblicherweise aus

- einem Editor, der bei der Vervollständigung von Schlüsselwörtern und der Syntaxüberprüfung unterstützt, Verweise und Definitionen überprüft und eine Versionierung vornimmt,
- Compilern/Linkern, die ein Übersetzen des Quellcodes erlauben und gegebenenfalls die Aufbereitung von Fehlermeldungen als direkten Verweis auf Quellcodestellen umsetzen,
- einem Debugger, der eine Unterbrechung der Ausführung und ein Auslesen von Variablenwerten erlaubt und
- einer Laufzeitumgebung mit Softwarebibliotheken für die Entwicklung der Anwendungen wie beispielsweise Bedienoberflächen.

Die Verfügbarkeit einer integrierten Entwicklungsumgebung kann entscheidend für die Entwicklung sein.

### 4.3.3	Betriebssysteme in der Automatisierung

Echtzeitbetriebssysteme sind ein wichtiger Lösungsbaustein bei der Softwareentwicklung in der Automatisierungstechnik, die landläufig wie folgt definiert werden können:

> „Ein (Echtzeit-)Betriebssystem hält Rechenprozesse ständig ablaufbereit, sodass es möglich ist, innerhalb einer vorgesehenen Zeitspanne auf Ereignisse im Ablauf des technischen Prozesses zu reagieren.“

Dabei erlaubt es ein Betriebssystem den Anwendungsprogrammen, geräteunabhängig abzulaufen. Dazu hat der Kernel des Betriebssystems die vollständige Kontrolle über das gesamte System.

Ein Betriebssystem organisiert die Ein- und Ausgaben, das Speichermanagement der einzelnen Rechenprozesse sowie die Interprozesskommunikation. Dabei ist es für die Automatisierungstechnik entscheidend, dass die verwendeten Betriebssysteme echtzeitfähig sind, damit die Rechenprozesse rechtzeitig ablaufen.

Echtzeitbetriebssysteme helfen dabei, Spezifika der Hardware in geeigneter Weise zu abstrahieren. Dazu kommen Konzepte der Hardware-Abstraktion über sogenannte Firmware und Treiber zum Einsatz, die eine einheitliche Schnittstelle für den Zugriff auf die Hardware bilden.

Für die Praxis stehen verschiedene Arten von Echtzeitbetriebssystemen auf Basis unterschiedlicher Ansätze zur Verfügung.

Tab. 4.3 gibt eine kurze Übersicht über gängige Echtzeitbetriebssysteme.

Es sind Echtzeitbetriebssysteme verfügbar, die einen moderaten Speicherbedarf und ein gutes Laufzeitverhalten aufweisen. Auch gibt es Erweiterungen für Standardbetriebssysteme, die einen Echtzeitbetrieb erlauben.

Die Kriterien für die Auswahl von Echtzeitbetriebssystemen sind vielfältig.

Tab. 4.3 Übersicht über Echtzeitbetriebssysteme

Produktname	Hersteller	Prozessoren/Anwendungsfeld	Lizenztyp
QNX	BlackBerry QNX	Zertifiziert für gängige Mikroprozessoren (X86, ARM, PowerPC u. a.) mit Anwendungen in der Luft- und Raumfahrt, Maschinensteuerungen	Kommerzielles System
VxWorks	WindRiver Systems	Zertifiziert für gängige Mikroprozessoren (X86, ARM, PowerPC u. a.) mit Anwendungen in der Luft- und Raumfahrt, Maschinensteuerungen	Kommerzielles System
RTA-OSEK	ETAS GmbH	PowerPC, ARM, Chipsätze weiterer Hersteller; Anwendung insb. für AUTOSAR	Kommerzielles System
FreeRTOS	Real Time Engineers Ltd.	Marktführer mit weiter Verbreitung im Bereich Embedded Systems, unterstützt viele namhafte Hersteller	Open Source
Yocto	Embedded Linux Foundation	Embedded Linux für Embedded und IoT-Software	Open Source
Ubuntu	Embedded Linux Foundation	X86, PowerPC, ARM, MIPS u. a.	Open Source

Technische Anforderungen können z. B. die Größe des Kernels, die Verarbeitungsgeschwindigkeit oder ein besonderer Funktionsumfang (wie z. B. *Scheduling*-Verfahren) sein. Aber auch die Erlernbarkeit oder die Kosten können die Auswahl begründen.

Außerdem spielen Fragen der Produkthaftung eine Rolle, die bei Open-Source-Software im Vergleich zu kommerziellen Produkten oft unklar sind.

4.3.4 Automatische Softwareentwicklungsprozesse in der Produktautomatisierung

In der Produktautomatisierung ist der Einsatz von Programmgeneratoren, höheren Programmiersprachen, Echtzeitbetriebssystemen und großen bis sehr großen Software-Frameworks mit zahlreichen Bibliotheken Stand der Technik.

Der Source-Code wird heute nicht etwa manuell programmiert, sondern automatisch auf Basis von Modellen erzeugt und zusammengeführt. Beispielsweise arbeiten in der Softwareentwicklung im Automobilbereich sehr große Teams in industriellen Prozessen mit zugeschnittenen Entwicklungswerkzeugen. Zwar gibt es ähnliche Konstellationen der Entwicklungen auch im Bereich der Anlagenautomatisierung, hingegen ist die Produktautomatisierung oft durch wesentlich komplexere Softwaresysteme gekennzeichnet.

Softwaresysteme (*Software Stacks*) können in der Produktautomatisierung sehr groß werden und viele Komponenten umfassen, die miteinander in Verbindung stehen. Landläufig werden Software-Stacks definiert als:

„Als Software-Stacks werden Softwaresysteme bezeichnet, die in einer definierten Weise geordnet interagieren, um ein bestimmtes Resultat zu erzielen. Ein Software-Stack kann Definitionen für Schnittstellen und Programme umfassen."

Durch den Einsatz von interaktiven Programmgeneratoren kommt es zu einer Verschiebung weg von einer Detailentwicklung im Sinne einer Programmierung hin zu einem Entwicklungsmanagement in einer sogenannten Werkzeugkette (*Toolchain*).

Abb. 4.4 zeigt die Bestandteile eines industriellen Softwareentwicklungsprozesses von der Spezifikation, dem modellbasierten Entwurf über die Konfigurations- und Versionsverwaltung des Source-Codes bis hin zur automatischen Integration des generierten Codes (*Flash*) in ein Steuerungssystem.

Aus der Abbildung wird deutlich, wie viele unterschiedliche Entwicklungswerkzeuge in einer Entwicklungskette zur Verfügung stehen. Ausgehend von der Spezifikation werden Modelle und Programme eingesetzt, um den Source-Code zu entwickeln. Im Zuge dieser Softwareentwicklung kommen heute unterschiedliche Vorgehensmodelle des Software Engineerings zum Einsatz, die den Rahmen zur Erstellung von industrieller Software umreißen und auf Erfahrungen beruhen.

Im Zuge der Softwareentwicklung werden heute in der Regel Betriebssysteme, Bibliotheken und andere vorgefertigte Softwarestrukturen eingesetzt. Für das Gesamtergebnis ist daher auch die Integration dieser zugelieferten Softwarekomponenten wichtig, die in einer *Make/Build*-Phase für das Einspielen (*Flashen*) in das Steuergerät relevant ist. Allerdings muss auch diese Software umfassend getestet werden, sodass der Systemtest und dessen genaue Definition ebenfalls als Teil der Entwicklung angesehen wird.

In diesem Prozess entsteht jedoch nicht ein Programm, sondern ein Konglomerat aus verschiedenen Softwarekonfigurationen, die sich aus Entwicklungsständen, zugelieferten

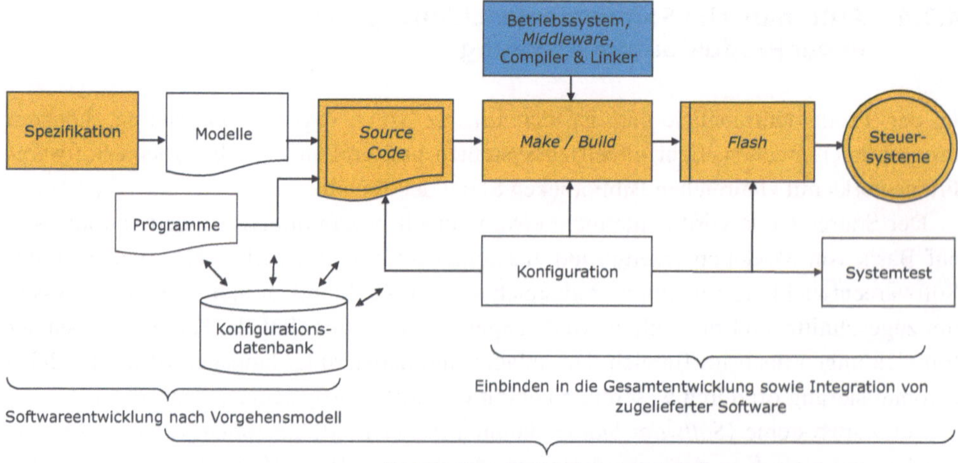

Abb. 4.4 Softwarewerkzeuge der Entwicklungskette zur automatischen Programmerzeugung

Komponenten, Anforderungen aus unterschiedlichen Einsatzumgebungen etc. ergeben und sorgfältig verwaltet werden müssen.

Eine industrielle Werkzeugkette zur Softwareerstellung besteht aus den folgenden Hauptkomponenten:

- Werkzeuge zum Software Engineering, also dem systematischen Erstellen von Anforderungen,
- Modelle der Systeme oder Teilsysteme, die zur Simulation des technischen Prozesses und zur Modellierung von Steuerungen oder Regelungen eingesetzt werden können.
- Der Source-Code, der heute oft mittels grafischer Entwicklungsoberflächen konzipiert oder mittels Code-Generatoren aus Modellen erzeugt wird.
- Die Administration und Konfiguration der Software. Ihr kommt große Bedeutung zu, da in der Automatisierungstechnik viele Versionen und Varianten von Software gleichzeitig im Einsatz sein können.
- Der Test der Software. Er wird in der Automatisierungstechnik immer bedeutender, da durch einen Probebetrieb in der Simulation und im realen Einsatz das korrekte Systemverhalten validiert und verifiziert werden kann.

Die Verwendung von automatischen Softwareentwicklungsketten mit vielen Lösungsbausteinen bietet Vorteile, da der resultierende Quellcode keine bzw. wenig Fehler aufweist und stabiler funktioniert.

Um Werkzeugketten für die Entwicklung umzusetzen, müssen eine Reihe von Vorbedingungen erfüllt sein:

- Die Modelle von Steuerungsabläufen oder Reglern sollten definiert sein, damit sich die individuelle Entwicklung im Wesentlichen auf deren Konfigurationen und Koordination konzentriert.
- Das Betriebssystem und die Frameworks sollten in Modulbibliotheken feststehen, um sie wiederverwenden zu können. Das bedeutet, dass sich Entwicklungspartner, Zulieferer von Softwarekomponenten etc. in den Prozess integrieren lassen.
- Auch die mikroelektronische Hardware-Plattform sollte feststehen, da es sehr aufwendig werden kann, wenn die Software-Produktions-Pipeline mit Compilern, Spezialbibliotheken etc. umgestellt werden muss.

Werkzeugketten mit den unterschiedlichen Tools der Entwicklungssystemhersteller aktuell und lauffähig zu halten, kann mit großem Aufwand verbunden sein, da in der Praxis viele Zuliefererprodukte und Werkzeuge (*Tools*) zum Einsatz kommen. Durch deren Weiterentwicklung können sich ständig Veränderungen ergeben, selbst wenn das eigentliche Steuerprogramm gar nicht verändert wird.

Auch ansonsten bietet der Einsatz von automatisierten Softwareentwicklungsketten nicht nur Vorteile: Die mühsam aufgebauten Prozessketten sind monolithisch und in ihrer Gesamtkonfiguration nur schwer veränderbar. Dadurch geht Agilität in der Entwicklung verloren. Muss eine Entwicklungsprozesskette ad hoc geändert werden, kann durch den Einsatz anderer IT-Tools ein intransparenter Einfluss auf die Softwarequalität entstehen. Schon die Sorge um solche Schwierigkeiten kann dazu führen, dass Änderungen erst gar nicht durchgeführt werden.

4.4   Software für die hochvernetzte Automatisierung

Die Realisierung von hochvernetzten Automatisierungssystemen ist deutlich vorangekommen. Es bestehen heute eine ganze Reihe von Realisierungsmöglichkeiten, um Apps auf Basis von Web-Service-Plattformen aufzubauen und sehr große Datenmengen in der Cloud auf Servern zu verarbeiten.

Zur Realisierung sind Fragen zur IT-Systemarchitektur zu klären:

- Wie erfahren die einzelnen Steuergeräte voneinander, um sich auszutauschen?
- Für welche Aufgaben ist eine zentrale Stelle vorgesehen, bzw. wo wird gezielt dezentralisiert?
- Wo werden die Daten gehalten und wie werden sie ausgetauscht?
- Wie lässt sich eine kontinuierliche Integration und Lieferung (*Continuous Integration/ Continuous Delivery*, CI/CD) umsetzen?

Die Realisierungen sind aufgrund der Systemmerkmale oft sehr aufwendig, sodass die Grundfunktionalitäten praktisch immer in Verbindung mit einer oder mehrerer IT-Plattformen realisiert werden.

Die Tab. 4.4 listet notwendige Funktionalitäten auf, um vernetzte Automatisierungssysteme verwalten und betreiben zu können.

Die Tabelle zeigt, wie vielschichtig der Aufbau sein kann. Dabei sind nicht zwingend alle Funktionen erforderlich; bei Bedarf kann die Aufmerksamkeit auf die Realisierung einiger weniger Funktionalitäten fallen.

Für die Aktivierung und die Kontrolle von Geräten, insbesondere in großen vernetzten Systemen, ist die Verwaltung der einzelnen Teilnehmer anspruchsvoll. Bei der Verwaltung von Geräten im Feld ist davon auszugehen, dass in IoT-Systemen ständig neue Geräte hinzukommen oder das System wieder verlassen. Die Administration der Teilnehmer soll trotzdem zuverlässig und sicher funktionieren.

In diesem Zusammenhang spielt das Identitätsmanagement eine wichtige Rolle. Sowohl einzelne Geräte als auch deren Nutzer müssen authentifizierbar sein, d. h. ihre „Echtheit" durch ein Zertifikat oder andere Maßnahmen nachweisen können, bevor sie Zugriff erhalten.

Die IT-Sicherheit mit sicheren Identifikationsprozessen mittels Zugangskontrolle ist eine Herausforderung, insbesondere wenn die Systeme über den öffentlichen Raum zu-

Tab. 4.4 Funktionalitäten von Software zur Realisierung vernetzter Automatisierungssysteme

Funktionalität	Beschreibung
Geräteverwaltung (*Device Management*)	Zur Aktivierung und Kontrolle der einzelnen verteilten Komponenten
Identitäts- und Zugangskontrolle	Eine Entität im System muss definiert und erkennbar sein, um über ihre Integration, ihre Rechte, Rollen und Relationen zu befinden.
Prozessmanagement	Legt fest, in welcher Form Daten und Informationen zwischen den einzelnen Entitäten ausgetauscht werden sollen.
Digitaler Zwilling/virtuelle Entitäten	Modelle und Datenbestände der Systeme werden gegebenenfalls verteilt verwaltet.
Auswertung (auch *Analytics*)	Die Daten werden mittels unterschiedlicher Verfahren ausgewertet, um Informationen zu generieren.
Applikationen (Apps)	Es werden entsprechende Schnittstellen benötigt, um beispielsweise mobile Apps anbieten zu können.
IT-Service Organisation	Die Ausführung einzelner Services auf einer Plattform bedarf einer aufwendigen Realisierung.
CI/CD-Funktionalitäten	Automatische Updates und ihr Rollout durch zentrale Softwareadministration

gänglich sind und von dort angegriffen werden können. Es sind Mechanismen vorzusehen, die das System vor Angriffen schützen oder die Angriffe zumindest möglichst frühzeitig erkennen, da es eine Vielzahl möglicher Angriffsvektoren gibt.

Werden Daten in Form von virtuellen Entitäten oder einem Digitalen Zwilling zentral gespeichert, muss trotz aller Sicherheitsmaßnahmen immer mit Datenlecks gerechnet werden. Daher spielt sowohl die Frage der Datenspeicherung eine wichtige Rolle als auch die Frage, ob eine zentrale oder eine dezentrale Speicherung sinnvoll ist: Je nach Konzept können Daten ganz unterschiedlich ausgewertet werden.

Zum Abruf von IT-Services bedarf es Apps, die auf Basis einer App-Plattform realisiert sind. Diese fußt auf einer IT-Infrastruktur, um die IT-Dienste auszuführen und gegebenenfalls weitere Dienste zur Verarbeitung und Auswertung heranzuziehen.

Es können auch Verfahren des CI/CD genutzt werden, um Softwareupdates im gesamten System automatisch auszurollen, sodass die Software immer auf dem neuesten Stand ist.

Nach wie vor gibt es nur wenige Anbieter, die sich teilweise zu Allianzen zusammengeschlossen haben, um eine umfassende IT-Infrastruktur für hochvernetzte Automatisierungssysteme anzubieten. Diese wenigen Anbieter nehmen derzeit eine marktbeherrschende Stellung ein, da der Entwicklungsaufwand für eigenentwickelte Kernkomponenten erheblich ist.

Somit sind die Realisierungsmöglichkeiten für hochautomatisierte Systeme heute auf den Einsatz von Cloud-Software weniger sehr großer IT-Unternehmen angewiesen.

Neben den Nachteilen, die eine solche Abhängigkeit mit sich bringt, ermöglichen solche IT-Infrastrukturen aber z. B. international tätigen Konzernen eine bessere Umsetzung, da eine Zentralisierung durch hochvernetzte Automatisierungssysteme die Chance einer weltweiten Vereinheitlichung und Standardisierung bietet und damit Kostenvorteile durch Bündelung.

4.5 Steuerungsparadigmen und Service-Architekturen

Zur Steuerung von Automatisierungssystemen bieten sich unterschiedliche Paradigmen zur Realisierung an. Dazu werden die grundsätzlichen Konzepte der zyklischen und ereignisorientierten Steuerung sowie weiterführende Ansätze der Service-Architekturen in diesem Kapitel beleuchtet.

4.5.1 Grundlegende Steuerungsparadigmen der zyklischen und ereignisorientierten Steuerung

Man unterscheidet zwischen zyklischen und ereignisorientierter Steuerungen mit unterschiedlichen Charakteristika, Vor- und Nachteilen.

- Bei einer zyklischen Steuerung erfolgen die Abfragen zyklisch, sie ist zeitgesteuert, periodisch und weitgehend zentralisiert. Dabei erfolgt die Kommunikation in wiederkehrenden Intervallen und in derselben Reihenfolge, sodass die Teilnehmer regelmäßig abgefragt und dann entsprechend koordiniert werden.
- Bei einer ereignisorientierten Steuerung können die einzelnen Teilnehmer stärker dezentralisiert und verteilt sein. In diesem Fall ist die Kommunikation nicht fest vorgegeben, sondern die Teilnehmer finden sich variabel zusammen und kommunizieren nur dann, wenn Ereignisse dies erfordern.

Diese unterschiedlichen Steuerungsparadigmen lassen sich am Beispiel einer Ampelkreuzung im Straßenverkehr verdeutlichen.

Das technische System besteht dann im übertragenen Sinne aus Autos, die eine Verkehrskreuzung mit Ampelanlage passieren sollen. Die Fahrerin oder der Fahrer des Fahrzeuges orientiert sich an den Ampeln und dem sonstigen Verkehrsgeschehen.

Die zyklische Steuerung entspricht der rollierenden Ampelschaltung, die periodisch im Schalttakt der Ampeln einen „Stop-and-Go"-Verkehr entstehen lässt.

Nähert sich nun ein Einsatzfahrzeug mit Blaulicht, so tritt ein Ereignis auf. Nach den Verkehrsregeln ist diesem Einsatzfahrzeug trotz grüner Ampel Vorrang zu gewähren. Ereignisorientiert ändert sich nun der Verkehrsfluss, da alle Fahrzeuge warten.

Im Normalfall erfolgt also eine zeitorientierte zyklische Steuerung aufgrund des Wechsels der Ampelsignale. In Ausnahmesituationen, d. h. beim Eintreffen des Einsatzfahrzeugs mit Blaulicht, wird ein ereignisorientierte Paradigma herangezogen, das die Zeitsteuerung außer Kraft setzt.

Die Realisierung ist denkbar einfach: Stellen Sie sich eine Steuerung vor, die zeitgesteuert im Rhythmus die Ampelschaltung steuert und gleichzeitig auf Ereignisse wie das Eintreffen eines Blaulichtfahrzeugs reagiert. In diesem Sinne lassen sich mit einem Taktgenerator zeitliche zyklische Ereignisse erzeugen, wobei zugleich externe Ereignisse verarbeitet werden können.

An diesem Beispiel wird deutlich, dass eine Koexistenz der Paradigmen sinnvoll sein kann. In der Praxis werden daher häufig beide Paradigmen kombiniert.

Zyklische Steuerung (auch synchrone Steuerung)
Das Konzept der zyklischen Steuerung sieht eine Abfrage entsprechend einer Zeitrasterung vor, d. h. es gibt äquidistante Intervalle, zu denen eine Bearbeitung durchgeführt wird. Die zyklische Steuerung ist daher leicht vorhersehbar. Im Geiste der DIN IEC 60050-351 (2014) kann entsprechend definiert definiert werden:

> „Eine **zyklische Steuerung** ist eine mit Taktsignal arbeitende Steuerung, bei der Änderungen der Ausgabegrößen durch Änderungen der Eingabegrößen ausgelöst werden, aber nur dann, wenn das Taktsignal diese Änderung vorsieht."

Es gibt nur einen zentralen Berechnungsprozess, der logische Verknüpfungen überprüft. Die Steuerung erfolgt synchron zu einem Takt, der die Verarbeitung von Ein- und Ausgaben in einem festen Zeitraster bewirkt. Dies bedeutet, dass die Ausgangssignale auf einer logischen Kombination der Eingangssignale basieren.

Eine isochrone Taktung mit gleich langen Zeiträumen stellt bei richtiger Auslegung die Rechtzeitigkeit sicher. Die Zeitsteuerung wird durch das Fortschreiten der Zeit ausgelöst, indem beispielsweise ein Sensorwert übermittelt wird.

Die zyklische Abfrage und Bearbeitung wird auch als *Cyclic Execution* oder *Polling* bezeichnet. Ihre Berechnungszeiten sind gut abschätzbar und die logischen Verknüpfungen zwischen Ausgangs- und Eingangssignalen leicht nachzuvollziehen.

Die zyklische Steuerung wird aufgrund der Einfachheit gerne zur Steuerung von Prozessabläufen eingesetzt.

Das Grundkonzept einer zyklischen Steuerung ist in Abb. 4.5 dargestellt. Die Steuerungsprogramme werden durch die Abarbeitung der Anweisungen in festen Takten ausgeführt.

Die Steuerung arbeitet in einem festgelegten Zeitraster T_Z. Nach dem Eintritt einer Änderung in den Prozesssignalen zum Zeitpunkt $t_{Ereignis}$ dauert es gegebenenfalls eine Weile (T_E), bis dieses Ereignis in der Steuerung bekannt wird, da erst der nächste Takt erfolgen muss. Die Bearbeitung mithilfe des Steuerungsprogramms bedarf einer Verarbeitungsdauer (T_V). Die Taktfrequenz der Mikroprozessoren in der Steuerung ist dabei in der Regel wesentlich größer als T_Z, sodass die Bearbeitung des Steuerungsprogramms quasi als kontinuierliche Berechnung angesehen werden kann. Schließlich ist die Berechnung der Ausgabewerte nach der Zeitdauer T_A abgeschlossen und die Aktorsignale werden zu einem Zeitpunkt t_a am Ausgang der Steuerung und über die Aktoren in den technischen Prozess eingebracht.

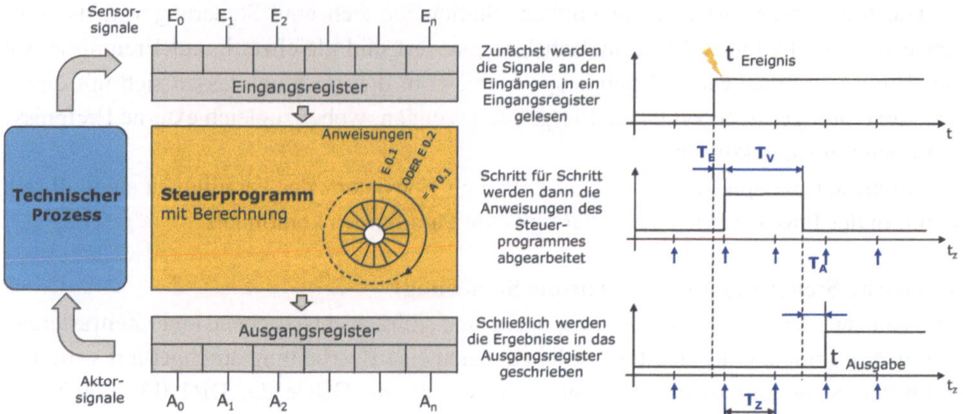

Abb. 4.5 Realisierung von zyklischen Steuerungen

Je nach Eintreffen der Ereignisse und Dauer der Berechnung aufgrund der zyklischen Verarbeitung kann die maximale Reaktionszeit das nahezu Zweifache der Zykluszeit betragen. Dies rührt daher, dass ein Ereignis zunächst festgestellt werden muss. Im ungünstigsten Fall erfolgt dies direkt nach dem Auslesen der Eingänge, sodass zunächst fast ein kompletter Zyklus verstreicht, bis die Berechnung innerhalb des nächsten Taktes T_Z erfolgt. Somit verstreichen fast zwei Takte, bis auf das Ereignis eingegangen wird. Hinzu kommen eventuell Verzögerungszeiten im Sensor, Laufzeiten bei der Informationsübermittlung zwischen Sensoren und Aktoren sowie Verzögerungen in den Aktoren.

Die zyklische Programmierung ist ein beliebtes Verfahren, um zeitlich repetitive Automatisierungsaufgaben zu realisieren. Speicherprogrammierbare Steuerungen (SPS) arbeiten nach dem Prinzip der zyklischen Programmierung und erfreuen sich in der Praxis großer Beliebtheit.

Bei der zyklischen Steuerung ergeben sich eine Reihe von Vorteilen: Die Planung und Änderung des Programms sind sehr einfach und es sind keine komplexen Organisationsprogramme erforderlich. Zudem zeigt die Steuerung ein leicht berechenbares, deterministisches Verhalten des Prozesses.

Eine zyklische Steuerung hat jedoch einen systematischen Nachteil: Für die Verarbeitung wird in jedem Zyklus eine Kommunikation mit den Sensoren und Aktoren durchgeführt, an die sich eine Berechnung anschließt. Dadurch wird kontinuierlich Kommunikationsbandbreite und Energie verbraucht. Somit sind zyklische Steuerungen für batteriebetriebene Systeme mit möglichst niedrigem Energieverbrauch eher ungeeignet.

Ereignisorientierte Steuerung

Die ereignisorientierte Steuerung reagiert auf Vorkommnisse im Prozess und wird nach DIN IEC 60050-351 (2014) definiert:

„Eine **ereignisorientierte Steuerung** ist eine ohne (äußeres) Taktsignal arbeitende Steuerung, bei der Änderungen der Ausgangsgrößen nur durch eine Änderung der Eingangsgrößen ausgelöst werden."

Die ereignisorientierte Steuerung wird auch als signalbasiert beschrieben, da das Auftreten von Ereignissen sich in einer Veränderung der Eingangsgrößen, also der Signale, äußert.

Tritt im technischen Prozess ein Ereignis auf, wird also beispielsweise ein Alarm ausgelöst, eine Notaus-Funktion betätigt oder das Ausschalten eines Motors bei Erreichen eines Endschalters angefordert, so wird im Steuerungsrechner eine entsprechende Routine gestartet, die die notwendigen Maßnahmen ergreift. Ereignisse bewirken somit einen Aufruf eines Steuerungsprogramms, das sich mit der Bearbeitung befasst.

In Abb. 4.6 ist der zeitliche Ablauf bei einer ereignisorientierten Steuerung skizziert. Die Zeit zur Reaktion, gerechnet vom Eintreten des Ereignisses $t_{Ereignis}$ bis zur Sichtbarwerdung einer möglichen Aktion am Ausgang zum Zeitpunkt $t_{Ausgabe}$, ist nur abhängig von der Verarbeitungsdauer T_V.

Ereignisse können aber auch zeitliche Bedingungen sein, d. h. der Ablauf vorher festgelegter Zeitintervalle, beispielsweise die Vorgabe, dass alle zehn Minuten eine Überprüfung bestimmter Prozessvariablen zu erfolgen hat. Somit stellen sich nach dem Paradigma der ereignisorientierten Steuerung zeitliche Abläufe erst während des Betriebs aufgrund von Ereignissen ein. Übrigens kann auch die Entgegennahme von Vorgaben des Nutzers als Ereignis interpretiert werden, auf das das Steuerungssystem zu reagieren hat. Es ist auch denkbar, dass ein Ereignis mit niedrigerer Priorität durch ein Ereignis mit höherer Priorität unterbrochen wird.

Die Vorteile der ereignisorientierten Steuerung liegen auf der Hand: Sie zeigt eine besondere Flexibilität in Bezug auf unvorhergesehene Ereignisse, da sie dynamisch auf die

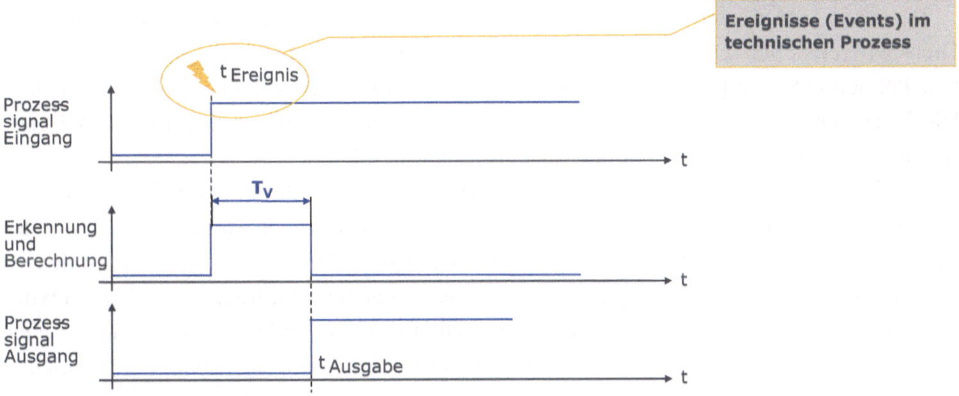

Abb. 4.6 Beispiel für einen Zeitablauf einer ereignisorientierte Steuerung

Abarbeitung von Diensten aufgrund von Ereignissen und Zeitbedingungen reagieren kann. Ereignisse werden parallel bedient, wodurch sich eine komfortable und effiziente Abarbeitung ergibt. Außerdem zeichnet sich die ereignisorientierte Steuerung durch eine Optimierung des Energiebedarfs und der Kommunikation aus, da nur berechnet und kommuniziert wird, wenn ein entsprechender Anlass besteht.

Nachteilig wirkt sich allerdings aus, dass stets offen ist, welcher Dienst zu welchem Zeitpunkt ablaufen wird, da die Bearbeitungszeit von Prozessen mit niedriger Priorität durch Ereignisse mit hoher Priorität verzögert wird. Die entstehenden Ablauffolgen können unübersichtlich bis unüberschaubar werden, was zu einem zeitweiligen Verlust der Echtzeitfähigkeit führen kann, wenn niedrig priorisierte Prozesse nicht mehr zum Zuge kommen. Eine Vielzahl von Ereignissen erschwert zudem die Nachvollziehbarkeit und es entsteht der Eindruck eines „deterministischen Chaos".

4.5.2 Service-Architekturen

Bei Service-Architekturen werden IT-Komponenten modularisiert und mit Diensten versehen, um auf Systemressourcen zuzugreifen. Anfragen zur Systemnutzung werden im Sinne eines Dienstaufrufs formuliert, der eine Systemleistung einfordert. Ein Dienst (*Service*) ist ein informationstechnischer Leistungsumfang, der aufgrund eines Aufrufes verwendet werden kann. Auf diese Weise können entsprechende Leistungsbündel zusammengefasst und orchestriert werden.

Man unterscheidet zwischen einer serviceorientierten Architektur (SOA) und einer Mikroservice-Architektur. Beide IT-Architekturen verarbeiten einzelne Dienste, die auch für die Steuerung eingesetzt werden können. Ein eintretendes Ereignis, beispielsweise ein zyklischer Aufruf oder eine Anforderung aufgrund eines Ereignisses, löst einen Dienstaufruf (*Service Call*) aus.

Bei einer SOA besteht die IT-Architektur aus einer Reihe von Softwareschichten, die Dienste bereitstellen. Diese Dienste interagieren über die verschiedenen Schichten hinweg und können eine komplexe Protokolldefinition im Sinne eines „Servicebusses" nutzen. Die Mikroservice-Architektur zeichnet sich durch einfache, klar abgegrenzte und eigenständige Dienste aus, die individuell ausgeführt werden können.

Der Unterschied zwischen der SOA und der Mikroservice-Architektur liegt in der Anzahl und Granularität der einzelnen Dienste. Bei der Mikroservice-Architektur bildet jeder Service eine spezifische Funktion ab, wohingegen die SOA auch deutlich komplexere Dienste aufweisen kann. Ein weiteres Unterscheidungsmerkmal liegt in der Komplexität der Kommunikation zwischen den einzelnen Diensten: Bei Mikroservices sind sie eher einfach strukturiert, bei der SOA können auch komplexe Protokolle Anwendung finden.

Beide IT-Architekturen fördern aufgrund ihrer Struktur die Modularität, Skalierbarkeit und Wartbarkeit.

Serviceorientierte Architekturen erfreuen sich in vielen Bereichen großer Beliebtheit und werden sowohl in der Automatisierungstechnik als auch in anderen Feldern intensiv genutzt.

Die Realisierungsmöglichkeiten der SOA und Mikroservice-Architekturen unterscheiden sich je nach Einsatzgebiet und können in mächtigen Softwaresystemen resultieren. Dabei spielen die Anzahl und die Komplexität der Dienste, die Spezifikation der Protokolle zur Interaktion zwischen den Diensten und der Aufbau der Architekturschichten eine maßgebliche Rolle.

Eine sehr grundlegende Struktur einer SOA ist in Abb. 4.7 skizziert.

- Ein zentrales Element ist die Verwaltung der Dienste in einem Register, um ihren Ursprung, ihre Rechte und sonstige Rahmenbedingungen zu kennen und die Dienste auffindbar zu realisieren.
- Damit die Struktur der serviceorientierten Architektur nachträglich erweiterbar ist, sollten alle Schnittstellen der Dienste möglichst einheitlich definiert sein.
- Zur Realisierung des quasi gleichzeitigen Ablaufs der aufgerufenen Dienste kommen *Scheduler* zum Einsatz. Beim *Scheduling* (Zeitablaufsteuerung oder Zeitplanerstellung) geht es um die Erzeugung einer zeitlichen Belegungsplanung.

Einzelne IT-Dienste bzw. deren Ressourcen sollen einfach aufgefunden und optimal zugeteilt werden. Sollen beispielsweise mehrere Regelungsalgorithmen quasi gleichzeitig ausgeführt werden, so müssen die dazu notwendigen Dienste jeweils fristgerecht gestartet und abwechselnd ausgeführt werden. Ausführliche Beschreibungen sind bei Brown et al. (2012) zu finden.

Dabei kommt sowohl dem Serviceaufruf-Verfahren als auch dem *Scheduling*-Verfahren eine wichtige Rolle zu. Um das rechtzeitige Erreichen aller Fristen sicherzustellen, können Prioritäten vergeben werden.

Es ist offenkundig, dass dem zuverlässigen Aufruf von Diensten eine zentrale Bedeutung zukommt. Werden Dienstaufrufe nicht oder nicht rechtzeitig kommuniziert, leidet die Zuverlässigkeit der auf der serviceorientierten Architektur basierenden Steuerung und es kommt zu schwer erkenn- und nachvollziehbaren Fehlfunktionen.

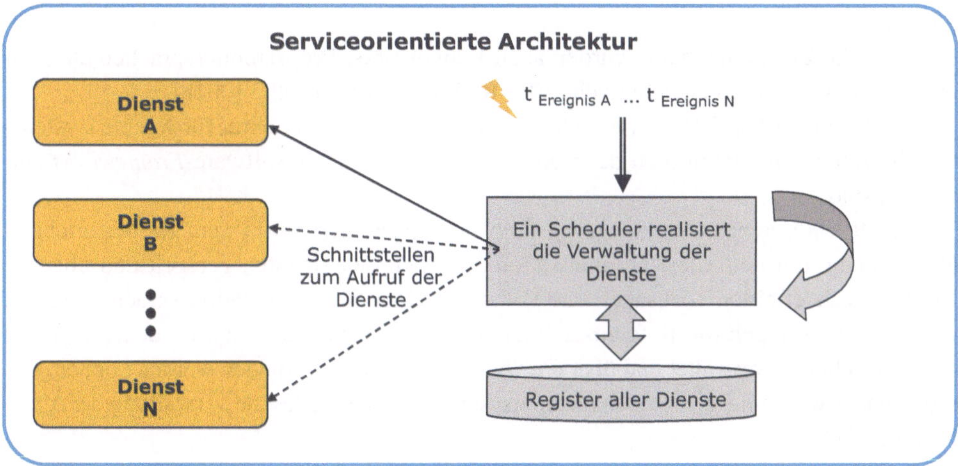

Abb. 4.7   Konzept einer serviceorientierten Architektur (SOA)

4.5.3 Agentenorientierte Architekturen

Eine weitere Architektur beruht auf sogenannten Agentensystemen. Dabei wird das zuvor vorgestellte Konzept der Dienste-Architektur hin zu einem Konzept der Agenten abstrahiert.

Nach der VDI-Richtlinie 2653-Blatt 1 (2018) gilt:

> „[Ein] Agent ist eine abgrenzbare Einheit mit definierten Zielen, die sich auf die Steuerung (gegebenenfalls eines Teils) eines technischen Systems bezieht. Ein Agent ist darauf ausgelegt, diese Ziele durch selbstständiges Verhalten zu erreichen und interagiert dabei mit seiner Umgebung und anderen Agenten."

Agenten werden somit weitreichende Eigenschaften autonomer Systeme zugeschrieben. Sie haben die Möglichkeit, eine geforderte Leistung entsprechend ihren Fähigkeiten zu erbringen. Dabei können die Agenten darüber befinden, ob diese Leistung vollständig, teilweise oder gar nicht erbracht werden soll. Somit haben Agenten die Fähigkeit, innerhalb ihrer im Entwurf festgelegten Ziele, Rollen und Handlungsspielräume selbstständig zu handeln. Das Verhalten eines Agenten ist dabei von der Wahrnehmung seiner Umgebung abhängig. Auf dieser Basis setzen Agenten ihre Fähigkeiten ein, um die Umgebung durch Handlungen zu beeinflussen. Dazu müssen Agenten Sensorinformationen verarbeiten, Entscheidungen treffen, Handlungen ausführen und in Interaktion mit anderen Agenten treten, beispielsweise um mit ihnen bezüglich der Zielerreichung zu verhandeln und gegebenenfalls arbeitsteilig tätig zu werden.

Wissenschaftliche Arbeiten zum Thema Agenten beschäftigen sich mit der Frage, wie typische Anwendungsfälle in der Automatisierungstechnik aussehen und ob und wie spezielle Muster (siehe VDI-Richtlinie 2652- Blatt 3 [2018] und Blatt 4 [2022]) herausgearbeitet werden können. Dabei wird der Einsatz in verschiedenen Systemen der Praxis, wie z. B. modulare Produktionsanlagen, Materialflusssysteme oder der Einsatz im Engineering untersucht bzw. typische Muster im Sinne von Agententopologien und Rollen von Agenten beschrieben.

In diesem Zusammenhang wurden auch Frameworks, Programmiersprachen etc. umgesetzt und verfügbar gemacht (siehe VDI-Richtlinie 2652-Blatt 3 [2018]).

Bereits mit FIPA (2004) war es gelungen, eine Referenzarchitektur für Agentensysteme und die Agenteninteraktion zu definieren, anhand derer auch Software-*Frameworks* entstanden sind.

Die FIPA-Referenzarchitektur (siehe Abb. 4.8) spezifiziert ein System zur Nachrichtenübermittlung, mit dem die Kommunikation zwischen den Agenten geregelt und über die JADE-Sprachdefinition sozusagen das Vokabular einer Kommunikationssprache definiert wird. Weiterhin regelt die Referenzarchitektur zwei Auskunftsdienste, mit denen Agenten softwaretechnisch verwaltet und über ein Diensteverzeichnis gefunden werden können. Darüber hinaus wird ein Agentenmanagementsystem spezifiziert, das die Verwaltung der Agenten ermöglicht.

Diese Agentenarchitektur kann auch als Vorbild für die wesentlich einfacheren serviceorientierten Architekturen bzw. Mikroarchitekturen verstanden werden. Allerdings wer-

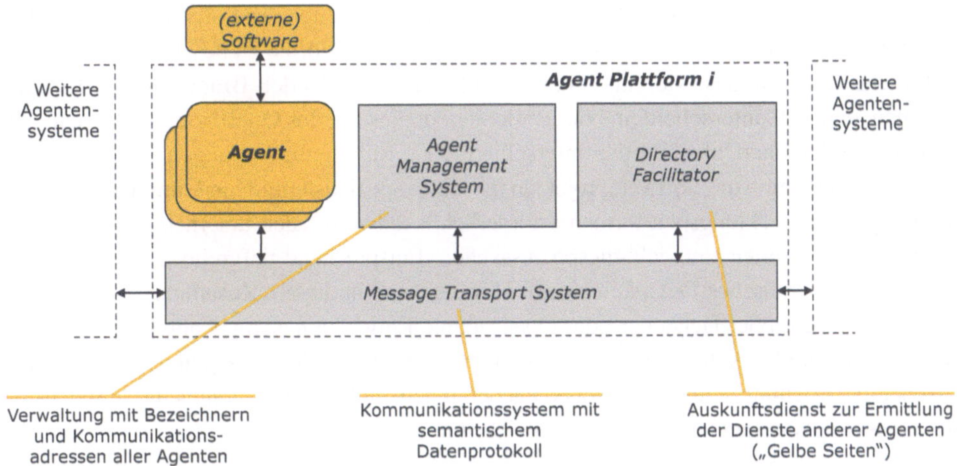

Abb. 4.8 Referenzarchitektur für Agentensysteme. (Adaptiert nach FIPA 2004)

den mit agentenorientierten Architekturen wesentlich ambitioniertere Dienste verfolgt, die den Anspruch autonomer Systeme hinsichtlich Wahrnehmung, Verstehen und Handeln verfolgen (siehe auch Kap. 2, Abb. 2.7).

Während die Definition von Agenten also weitreichende Möglichkeiten zur Gestaltung autonomer Einheiten bietet, die allein oder gemeinsam Probleme lösen, bleibt die Art und Weise, wie das Wahrnehmen, Verstehen und Handeln realisiert werden soll, den jeweiligen Entwicklern überlassen. Entsprechend vielschichtig ist die Forschung der letzten Jahre, die sich darauf konzentriert, wie Agententopologien aufgebaut sein sollten und wie die Interaktion und Kommunikation zwischen Agenten realisiert werden kann.

Bisher sind zwar die Verhandlungsmuster von Agenten auf Basis deterministischer Steuerungen gut erforscht, wie beispielsweise Fay et al. (2019) für die Umsetzung von Industrie 4.0-Konzepten zusammenfasst und anhand von Demonstratoren belegt. Allerdings ist die Frage, wie Agenten die Fähigkeiten Wahrnehmen, Verstehen und Handeln konkret umsetzen, weitgehend offen. Wie der Einsatz von künstlicher Intelligenz eine entsprechende Zielerreichung durch intelligentes Verhalten sicherstellen kann, ist noch ungeklärt und bedarf weiterer Forschung.

Dennoch zeigen sich schon jetzt interessante Aspekte der Interaktion von Agenten und Agentensystemen im Bereich der Automatisierungstechnik und es gibt bereits viele Beispiele für den erfolgreichen Einsatz solcher Agentensysteme.

4.6 Denkanstöße

Dieses Kapitel hat einen Einblick in die Welt der industriellen Software zum Einsatz in und mit Automatisierungssystemen vermittelt. Zwar konnte hier nur eine knappe Einführung in die Besonderheiten der Erstellung von Software für die Echtzeitanwendungen in der Automatisierungstechnik gegeben werden, dennoch sollten Sie nach der Lektüre in der Lage sein, die grundlegenden Konzepte zu erklären und die Besonderheiten der Software für die Automatisierungstechnik in den Branchen entsprechend der Kategorien zu beschreiben.

Es wird deutlich, dass sich auch hier die Verfahren, die in den Branchen zum Einsatz kommen, deutlich unterscheiden. Nicht zuletzt geht dies auf das Qualifizierungsniveau der handelnden Personen, also auf die unterschiedlichen Rahmenbedingungen zurück.

Zur Umsetzung von Softwareprojekten ist eine Spezialisierung und umfassende Einarbeitung in Entwicklungsplattformen erforderlich – teilweise auch unternehmensspezifisch für die dort etablierten Entwicklungsprozessketten. Entsprechend tiefgreifend sind dann die notwendigen technischen Detailkenntnisse. Hilfreich sind in diesem Zusammenhang Online-Schulungskurse großer Hersteller oder Open-Source-Entwicklungsumgebungen. Da das Gebiet der Software für Automatisierungstechnik momentan stark in Bewegung ist, ist eine umfassende Einarbeitung schwierig, dennoch geben Ihnen die folgenden Fragen die Möglichkeit zur intensiven Auseinandersetzung mit dem Thema:

Welche Software-Plattformen gibt es in der Anlagenautomatisierung?
Die Programmierung von Steuerungs- und Leitsystemen in der Anlagenautomatisierung stützt sich seit Jahren auf Programmierumgebungen etablierter Automatisierungshersteller.

Recherchieren Sie im Internet:

a. Für welche Branchen werden welche Systeme der Steuerungs- und Leittechnik angeboten?
b. Welche Plattformen zur Entwicklung von Steuerungen werden in Europa, Amerika und Asien beworben?

Wie beurteilen Sie die automatisierte Softwareerstellung mithilfe von Entwicklungsketten in der Produktautomatisierung?
In der Welt der Produktautomatisierung wird die Softwareerstellung von sogenannten *Embedded Systems* immer komplexer, da zahlreiche Programmiersprachen und Entwicklungsumgebungen zum Einsatz kommen, die in sehr komplexe Werkzeugketten integriert werden.

a. Welche Vor- und Nachteile hat die Erstellung von Software mit automatisierten Softwareentwicklungsprozessen im Vergleich zur Erstellung mit integrierten Entwicklungsumgebungen?
b. Wie beurteilen Sie die Agilität der Entwicklung per Werkzeugkette im Vergleich zur Resilienz, die durch den Einsatz von ausgereiften Softwarekomponenten entsteht?

Wie beurteilen Sie den Einfluss ganz neuer Technologien für hochvernetzte Automatisierungssysteme?
a. Welche Rolle können IT-Plattformen in der Cloud für die Weiterentwicklung der Automatisierungstechnik spielen?
b. Lassen sich branchenspezifische Plattformen für Leitsysteme zukünftig durch Ansätze hochvernetzter Automatisierungssysteme ablösen?

Wie beurteilen Sie die Herausforderungen bei der Entwicklung von Service-Architekturen?

Die Entwicklung von SOA und Mikroservice-Architekturen im Bereich der Steuerungs- und Leittechnik schreitet voran. Entsprechende Architekturen zum plattformunabhängigen Datenaustausch und als Basis für eine Systemintegration gewinnen damit an Bedeutung. Alternativ dazu könnten jedoch auch möglichst simple Eigenentwicklungen angestrebt werden.

a. Wie beurteilen Sie die Vor- und Nachteile von komplexen Service-Architekturen im Vergleich zu simplen und „flachen" Eigenentwicklungen?

Weiterführende Literatur

Burns, B.: **Designing distributed systems: Patterns and paradigms for scalable, reliable services.** O'Reilly, 2018 https://dl.acm.org/doi/book/10.5555/3235491

Elfatatry, A.: **Dealing with change: components versus services.** Communications of the ACM, 50 (8), 2007 https://doi.org/10.1145/1278201.1278203

Küfen, J.; Hudecek, J.; Eckstein, J.: **Automotive service oriented system architecture – ein neues Architekturkonzept und sein Potential für zukünftige Fahrzeugsysteme.** Automotive meets Electronics, 2014

Lee, Ed.; Seshia, S. A.: **Introduction to embedded systems – A cyber-physical systems approach.** Second Edition, MIT Press, 2017

Tanenbaum, A. S.; Bos, H.: **Modern operating systems.** Pearson, 2014

Referenzen

Brown, P.; Estefan, J. A.; Laskey, K.; McCabe, F. G.; Thornton, D. (Hrsg.): **Reference architecture foundation for Service Oriented Architecture.** Committee Specification, Version 1.0, OASIS, 2012 http://docs.oasis-open.org/soa-rm/soa-ra/v1.0/cs01/soa-ra-v1.0-cs01.pdf

DIN EN 60848: **GRAFCET, Spezifikationssprache für Funktionspläne der Ablaufsteuerung** (IEC 60848:2013), Beuth-Verlag, 2014 https://doi.org/10.31030/2248266

DIN EN 61131: **Speicherprogrammierbare Steuerungen** – Teil 1: Allgemeine Informationen, (IEC 61131-1:2003), Beuth-Verlag, 2004 https://doi.org/10.31030/9537680

DIN IEC 60050-351: **Internationales Elektrotechnisches Wörterbuch – Teil 351: Leittechnik** (IEC 60050-351), Beuth-Verlag, 2014 https://doi.org/10.31030/2159569

Fay, A.; Gehlhoff, F.; Seitz, M.; Vogel-Heuser, B.: **Agenten zur Realisierung von Industrie 4.0.** VDI-Statuspapier, Düsseldorf, 2019

FIPA: **Agent management specification** Alameda, USA, Foundation for Intelligent Physical Agents, 2004 http://www.fipa.org/specs/fipa00023/SC00023K.html

VDI/VDE 2653: **Agentensysteme in der Automatisierungstechnik.** Blatt 1: Grundlagen, Blatt 2: Entwicklung, Blatt 3: Anwendung, Blatt4: Ausgewählte Muster für die Feldebene und Energiesysteme. Beuth-Verlag, 2018, 2020, 2022

IT zur Vernetzung und Kommunikation in der Automatisierungstechnik 5

Zusammenfassung

Dieses Kapitel geht auf die Möglichkeiten der informationstechnischen Vernetzung von Automatisierungssystemen ein. Dabei wird unterschieden zwischen einer lokalen Vernetzung „im Kleinen" und einer Vernetzung „im Großen" auf Basis des Internets der Dinge (*Internet of Things*, IoT).

Nach einer Einordnung und Analyse der Anforderungen werden die Schlüsseltechnologien zur informationstechnischen Vernetzung in der Automatisierungstechnik für Systeme und Teilsysteme untersucht. Aufgrund der Vielfalt der Realisierungsmöglichkeiten stellt sich die Frage, welche Technologien hierfür von besonderer Bedeutung sind.

- Welche kabelgebundenen Kommunikationsnetzwerke werden heute in der Industrie eingesetzt?
- Wie kann kabellose Kommunikation realisiert werden und welche Möglichkeiten der Objekterkennung gibt es?
- Wie sieht ein Referenzmodell für die Vernetzung im IoT aus?
- Welche IoT-Protokolle eignen sich für eine hochvernetzte Kommunikation?

In diesem Kapitel wird somit ein Überblick über die unterschiedlichen Vernetzungs- bzw. Kommunikationsverfahren sowie über deren Einsatzfeld gegeben.

© Springer-Verlag GmbH Deutschland, ein Teil von Springer Nature 2023

M. Weyrich, *Industrielle Automatisierungs- und Informationstechnik*,

https://doi.org/10.1007/978-3-662-56355-7_5

5.1　Einführung

Heute sind die Möglichkeiten der Vernetzung (z. B. Ethernet, WLAN oder der Datenaustausch in der Mobilkommunikation) Stand der Technik und aus unserem Alltag nicht mehr wegzudenken. Bereits vor über 40 Jahren wurden erste Standards für Echtzeitanwendungen in der Automatisierungstechnik in die Breite getragen. Hier ist beispielsweise der CAN-Bus zu nennen, der Anfang der 1980er-Jahre entstanden ist und sich noch immer großer Beliebtheit erfreut.

Die Verbreitung von Ethernet oder Möglichkeiten der Softwaresystemkopplungen bieten heute zahlreiche weitere Konzepte, die in diesem Gebiet zum Einsatz kommen. Es existieren sehr viele unterschiedliche Lösungen zur Kommunikation, die die Verbindung von Komponenten und Objekten erlauben.

Auch bei Kommunikationsnetzwerken, die Softwaresysteme in Unternehmen verbinden, ergeben sich Kopplungsmöglichkeiten mit jeweils eigenen Standards.

In Systemen, in denen viele Geräte miteinander kommunizieren, verbreiten sich Internet- und Mobilfunktechnologien sehr schnell. In diesen Bereichen sind in den letzten Jahren neue Kommunikationsstandards entstanden, die auch in der Automatisierungstechnik Einzug halten. Ein Beispiel für einen Internetstandard ist das Protokoll IPv6, aber auch Telekommunikationsstandards wie 5G.

Es bleibt festzuhalten, dass sich trotz dieser Standardisierungsbemühungen derzeit kein einheitliches Bild der Vernetzungsmöglichkeiten ergibt. Vielmehr kann die derzeitige Situation mit einem „babylonischen Sprachengewirr" verglichen werden, in dem eine Vielzahl unterschiedlicher Möglichkeiten zur Realisierung von Kommunikationskanälen und Protokollen besteht.

5.1.1　Konnektivität und Interoperabilität

Den Begriff Konnektivität definiert man in der Automatisierungstechnik wie folgt:

> „Als Konnektivität wird die Fähigkeit bezeichnet, zwischen einzelnen Komponenten des technischen Prozesses, dem Automatisierungssystem und den Menschen eine informationstechnische Verbindung herzustellen."

Es lassen sich mindestens drei Stufen der Konnektivität bzw. Vernetzung von Systemen und Komponenten unterscheiden:

- Punktlösungen, bei denen einzelne Automatisierungssysteme direkt untereinander kommunizieren, ohne dass weitere Systeme eingebunden werden können. Die Vernetzungspartner sind eng aufeinander abgestimmt und nutzen spezielle Kommunikationstechniken.
- Größere Netzwerke mit vielen Kommunikationspartnern, in denen Automatisierungssysteme in einem geschlossenen System miteinander kommunizieren. Zu nennen sind hier

z. B. Produktionsanlagen, in denen viele verschiedene Teilsysteme, Maschinen und Anlagen gegebenenfalls auch standortübergreifend miteinander kommunizieren.

- Sehr große Netzwerke, z. B. Teile einer Verkehrsinfrastruktur, bei denen sehr viele Teilnehmer, beispielsweise Fahrzeuge, Ladesäulen und Parkhäuser kommunizieren und eine übergeordnete Koordination erlauben. Solche Netzwerke können auch öffentlich zugänglich sein und wechselnde Teilnehmer aufnehmen.

Schon bei der Gegenüberstellung dieser drei unterschiedlichen Typen von Kommunikationsnetzwerken wird deutlich, wie vielschichtig technische Lösungen in der Praxis sind.

Betrachtet man die Verbindung von automatisierten Systemen, die sich punktuell oder in geschlossenen Netzwerken verbinden, so lässt sich deren Vernetzung gut realisieren, solange die Systeme relativ simple Funktionen ausführen.

Für komplexere Funktionen sind in der Automatisierungstechnik trotz der Verfügbarkeit zahlreicher Standards noch viele Fragen des Daten- und Informationsaustausches offen. Die Vernetzung, um Geräte flexibel zu verknüpfen und damit eine übergreifende Auswertung und Verarbeitung von Daten zu ermöglichen, ist aufwendig und erzeugt die Forderung nach einer Vereinheitlichung, der sogenannten Interoperabilität. Nach VDI 2019 definiert man:

„Die Interoperabilität ist die Fähigkeit zur aktiven, zweckgebundenen Zusammenarbeit von verschiedenen Komponenten, Systemen, Techniken oder Organisationen."

Als Grundlage dafür bedarf es einer Standardisierung der Kommunikation. Hierbei können Technologien aus dem Bereich der verteilten IT-Systeme und der Softwaresysteme zum Einsatz kommen. Aufgrund der Anforderungen der Automatisierungstechnik an die Echtzeitfähigkeit, an die Bandbreiten und Zuverlässigkeit können Standards aus dem Internet bestehende Kommunikationssysteme, z. B. Feldbusse, nicht einfach umfassend ablösen.

Interoperabilität erfordert eine einheitliche Architektur, damit Geräte ohne manuellen Anpassungsaufwand integriert werden können. In diesem Zusammenhang ist auch das heute noch sehr entwicklungsintensive Datenmanagement, d. h. der Austausch und die Verwaltung der Prozess- oder Systemdaten zu nennen. Es liegt daher auf der Hand, dass ein allumfassender Standard für die Anwendungssegmente der Automatisierungstechnik zur Sicherung der Konnektivität und Interoperabilität ein sehr weitreichendes Feld ist, in dem noch viel Forschungs- und Entwicklungsbedarf besteht.

5.1.2 Anforderungen an die Vernetzung in der Automatisierungstechnik

In der Praxis der Automatisierungstechnik stellen die Anwendungen sehr unterschiedliche Anforderungen an die Vernetzung.

So sind die Echtzeitfähigkeit, die Robustheit bzw. Resilienz und die Übermittlungsgeschwingigkeit von zentraler Bedeutung für die Kommunikation. Auch die Art und Weise, wie Verbindungen zwischen Komponenten und Systemen aufgebaut werden, kann relevant sein und variieren, wenn Systeme zuverlässig im Sinne der Maschinensicherheit kommunizieren müssen, z. B. in explosionsgefährdeten Bereichen. Aber auch die Handhabbarkeit durch das Instandhaltungspersonal spielt in der Anlagenautomatisierung eine wichtige Rolle; man denke z. B. an einfache und robuste Anschlusstechnik, die auch mit Schutzkleidung und Handschuhen bedient werden kann.

Zunehmend rückt auch die IT-Sicherheit, d. h. der Schutz vor IT-Angriffen (Hackern) in den Vordergrund, weil Automatisierungssysteme potenziellen Angriffen ausgesetzt sind und von ihnen dann im schlimmsten Fall ein Gefährdungspotenzial ausgehen kann.

Unterschiede zwischen einzelnen Systemen bestehen heute zumeist in den folgenden Bereichen:

- Verschiedenartige Signal-, Schnittstellen- und Protokollstandards
- Erfassung, Aufzeichnung und Zusammenschluss von Informationsquellen
- Anschluss vieler heterogener Automatisierungskomponenten unterschiedlicher Hersteller

Einen Eindruck von den Auswahlkriterien für die industrielle Kommunikationstechnik vermittelt Tab. 5.1. Sie zeigt den Funktions- und Leistungsumfang, erwähnt aber auch die Kostenfaktoren, beispielsweise hinsichtlich des Verkabelungsaufwands. Die Kriterien Sicherheit und Resilienz bezeichnen das Vermögen, unterschiedlichsten Einflussgrößen gerecht zu werden und trotzdem ordnungsgemäß zu funktionieren.

Die Verfügbarkeit der Übertragungsbandbreite sowie die zeitgerechte Verarbeitung sind für Echtzeitanwendungen von großer Bedeutung. Schwerwiegende Störungen können auftreten, wenn die Verbindung z. B. durch einen Umbau beeinträchtigt wird.

Auch der Energieverbrauch kann für die Anwendung entscheidend sein: Er spielt bei der Kommunikation in stationären Industrieanlagen zwar auch eine Rolle, ist aber deutlich geringer als z. B. beim Batteriebetrieb von Funkschaltern in mobilen Systemen. Die Frage des Stromverbrauchs und damit der Batterielebensdauer rückt daher bei Funkschaltern stärker in den Vordergrund.

Tab. 5.1 Auswahlkriterien für industrielle Kommunikationstechnik

Funktion und Leistungsumfang	Kostenfaktoren	Sicherheit und Resilienz
Echtzeitanforderungen und Übertragungsraten	Anlagenausdehnung Granularität	Einfluss der Unterbrechung von Verbindungen
Garantierte Übertragungsbandbreiten	Erweiterbarkeit Komplexität der Systeme	Einfluss des Ausfalls von Zentral- oder Endgeräten
Interoperabilität mit anderen Systemen		Aufwand Fehlersuche
Energieverbrauch bzw. Energieeffizienz		IT-Sicherheit gegenüber Angriffen Funktionssicherheit von Maschinen und Geräten

5.1.3   Vernetzung von Systemen und Komponenten im Großen und im Kleinen

Es gibt sehr unterschiedliche Anwendungsfälle für die Vernetzung von Automatisierungssystemen und deren Komponenten. In der Praxis werden sowohl Anlagen- als auch Produktautomatisierungssysteme lokal vernetzt.

Häufig wird auch der Begriff der Feldkommunikation verwendet für die Verbindung zwischen den sogenannten Feldgeräten, also Automatisierungskomponenten eines technischen Systems. Feldgeräte können dabei Aktoren oder Sensoren sein, die untereinander oder mit Steuerungen verbunden sind.

Auch in Fahrzeugen gibt es viele Sensoren, Aktoren und Steuergeräte, zwischen denen eine Kommunikation erfolgt. Ein weiteres Beispiel ist die Gebäudeautomatisierung, bei der die Vernetzung einzelner Komponenten notwendig ist. Entsprechend der vielgestaltigen Anwendungen sind auch die genutzten Kommunikationsverfahren breit gefächert. Diese Auswahl an unterschiedlichen Verfahren zur informationstechnischen Vernetzung nimmt noch weiter zu, wenn man die vielen Spezialentwicklungen der letzten Jahrzehnte betrachtet, in denen unterschiedlichste Kommunikationssysteme entwickelt wurden, die zum Teil aufgrund ihrer langen Lebenszeit noch heute im Einsatz sind.

Findet eine Kommunikation zwischen Automatisierungsgeräten auf einer Ebene statt, so wird diese Form auch als **horizontale Kommunikation** bezeichnet. Es werden dabei Maschinensteuerungen, Teilsysteme von Fertigungseinrichtungen, logistische Anlagen etc. miteinander verbunden, indem Daten und Informationen über die Schnittstellen der Systeme dieser Ebene ausgetauscht werden.

Eine **vertikale Kommunikation** bedeutet vor dem Hintergrund der Automatisierungspyramide eine Verbindung der unterschiedlichen Ebenen, also z. B. der Unternehmens-IT und der Leittechnik zur SCADA-Ebene oder direkt zu den Steuerungen, den Sensoren und Aktoren. Hierzu müssen die Daten und Informationen auf der jeweiligen Ebene vor dem Hintergrund des dortigen Kontextes interpretiert und zur Verarbeitung normalisiert werden, um den unterschiedlichen Anforderungen an den Informationsgehalt der Ebenen gerecht zu werden. Beispielsweise sind für ein kaufmännisches IT-System auf der Unternehmensebene nicht die Zeitreihe der Sensordaten in einer Montagemaschine in allen Details relevant, sondern bestenfalls die Anzahl und der zeitliche Verlauf der Teile, die die Qualitätskontrolle passieren. Gleichwohl können Informationen aus dem *Proximity Network* für andere Partner außerhalb dieses Nahbereiches relevant sein. Man denke an die Versorgung mit Rohmaterial und Vorprodukten, die über ein Logistiknetzwerk erfolgt, oder an die Fernwartung von Maschinen durch Hersteller. Zur Verbindung mit beispielsweise einem Flottenmanagement in der Umgebung wird ein *Edge*-Netzwerk eingesetzt, die Verbindung mit einer entfernten Leitwarte eines Maschinenherstellers erfolgt über das Internet.

Abb. 5.1 zeigt Kommunikationspartner im lokalen Netzwerk, dem sogenannten *Proximity Network,* in dem Automatisierungssysteme und -komponenten in unmittelbarer

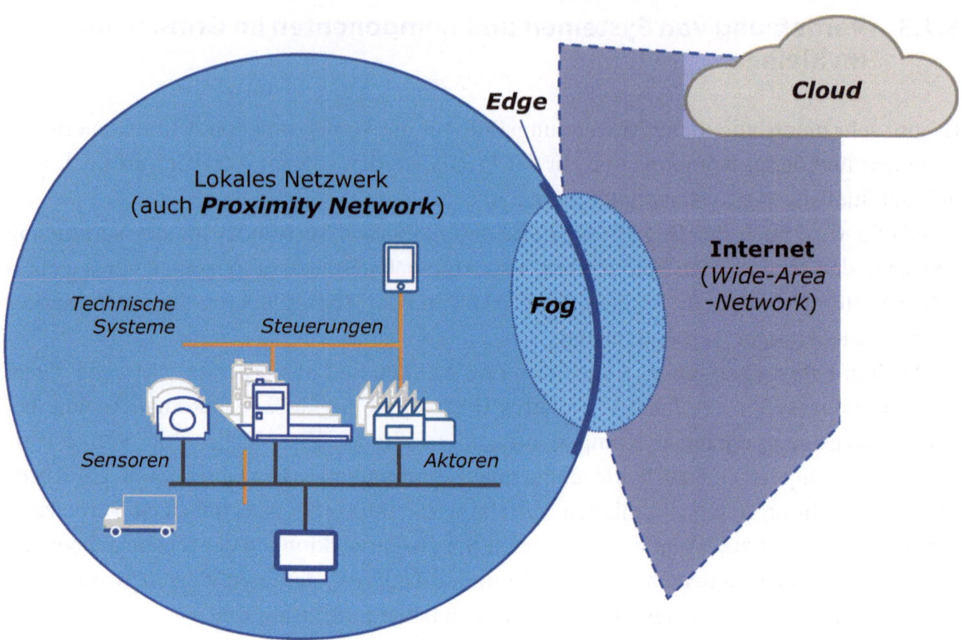

Abb. 5.1 *Proximity* und *Edge Network* mit Verbindung zum Internet und der Cloud

Nachbarschaft zueinander in einem lokalen Netzwerk im Feld verortet sind. Durch die *Edge*, also den Rand bzw. die Kante, erfolgt die Verbindung zum globalen *Wide-Area-Network*, dem Internet, in dem auch die Cloud verortet ist. In der *Edge* befinden sich lokale Server, die eine dezentrale Datenhaltung „am Rande" des Internets realisieren.

Gelegentlich wird in diesem Zusammenhang eine Begriffswelt wie folgt benutzt: Das *Proximity Network*, also ein dem technischen Prozess nahes Kommunikationsnetz, wird über eine dezentrale Datenverarbeitung in der *Edge* über das Internet mit der Cloud verbunden. Metaphorisch wird die dezentrale Datenverarbeitung in der *Edge* als „Nebel" interpretiert und dieser Bereich dann als *Fog* bzw. *Fog-Computing* bezeichnet: Die Daten der Automatisierungssysteme und -komponenten werden auf verschiedenen mehr oder weniger lokalen Servern (*Fog*) verarbeitet, bevor sie über das Internet in die Cloud gelangen.

Aus der Perspektive der Automatisierungstechnik besteht eine Reihe von Herausforderungen zur Anbindung über die *Edge* in die Cloud:

- Verschiedenartige Signal-, Schnittstellen- und Protokollstandards
- Unterschiedliche Standards zur Kommunikation in der Automatisierungstechnik
- Anschluss vieler heterogener Automatisierungskomponenten unterschiedlicher Hersteller
- Erfassung, Aufzeichnung und Zusammenschluss von Informationsquellen

Die Systeme zum Daten- und Informationsaustausch in der Automatisierungstechnik „verstehen" sich daher oft nur bedingt und sind in der Praxis meist nicht integriert bzw.

nicht interoperabel. Trotz Standardisierungsbemühungen gibt es derzeit keine einheitliche Möglichkeit der Vernetzung.

Kommunikationspartner können kabelgebunden oder drahtlos miteinander verbunden werden. In der Industrie mit oft ohnehin verkabelten Automatisierungsgeräten ist die Verkabelung vorzuziehen, da diese in rauem Einsatzfeld robuster und weniger störanfällig ist. Geht es jedoch um den Zugang zu entlegenen oder schwierig zu erreichenden Orten, bieten drahtlose Netzwerke offenkundige Vorteile, da sie einfach zu installieren, zu warten und zu erweitern sind.

5.2   Kabelgebundene Systeme für die lokale Vernetzung

Kabelgebundene Vernetzung ist heute aufgrund ihrer Robustheit und Verfügbarkeit weitverbreitet. Die zugehörige Technologie ist über die Jahre gereift und in zahlreichen standardisierten Varianten verfügbar. Daher ist sie das Mittel der Wahl in rauen Industrieumgebungen, bei denen auch Aspekte der Sicherheit oder Explosionsgefahr berücksichtigt werden müssen. Oft stellt das Verlegen von Kabeln in industriellen Einsatzumgebungen auch keinen nennenswerten Aufwand dar.

Allerdings sind kabelgebundene Systeme statisch in ihrem Aufbau, d. h. abhängig von einem Verkabelungsschema, das nur unter hohem Kostenaufwand veränderbar ist. Außerdem benötigen Verkabelungen gegebenenfalls anspruchsvolle Infrastrukturen und Topologien.

Abb. 5.2 zeigt die Marktanteile verschiedener kabelgebundener Kommunikationssysteme. Dabei wird zwischen den seit Jahrzehnten existierenden und weitverbreiteten Feldbussen und dem moderneren und expandierenden Industrial Ethernet unterschieden.

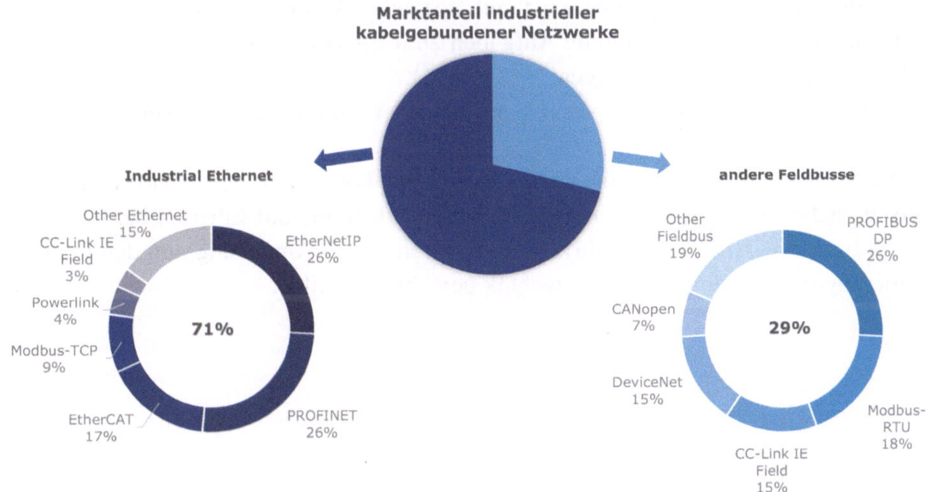

Abb. 5.2 Marktanteil industrieller kabelgebundener Netzwerke. (Nach einer Studie von HMS Industrial Networks 2022)

5.2.1   Feldkommunikation

Sogenannte Feldkommunikationssysteme sind in der Praxis weitverbreitet und gehen auf Standardisierungsbemühungen vor vielen Jahrzehnten zurück.

Die ersten Feldkommunikationssysteme in den 1980er-Jahren wurden in Ermangelung anderer Kommunikationstechnologien entwickelt und sind oft sehr anwendungsorientiert, d. h. für einen bestimmten Einsatzzweck konzipiert. DIN IEC 61159 (2020) definiert:

> „Ein Feldbussystem ist ein System der seriellen Datenkommunikation für den Datenaustausch im Feldbereich mit besonderen Anforderungen."

Übrigens wird der Begriff „Feldbus" oft verkürzt als Oberbegriff für Feldkommunikationssysteme verwendet, obwohl diese nicht notwendigerweise auf Basis einer Bustopologie verdrahtet sind, entsprechend führt DIN EN IEC 61159 (2020) weiter aus:

> „Unter einem Feldbus wird eine Funktionseinheit zur Datenübertragung zwischen mehreren Teilnehmern verstanden, wobei die Teilnehmer nicht an der Weiterleitung von Daten mitwirken, die zwischen anderen Teilnehmern übertragen werden."

Die Feldkommunikation verwendet statt einer parallelen Verdrahtung eine serielle Verdrahtung mit digitaler Übertragung und erlaubt es so, die Kabelstränge zwischen Sensoren, Aktoren und Steuerungen im Vergleich zur Direktverdrahtung deutlich zu reduzieren.

Es gibt Nutzerorganisationen, die die Standards der Feldkommunikation spezifizieren und weiterentwickeln. Feldkommunikationssysteme sind oft sehr preiswert, auf spezifische Bedürfnisse zugeschnitten und können daher leicht eingesetzt werden. Es gibt auch ein breites Angebot an mikroelektronischen Komponenten, die diese Kommunikationssysteme unterstützen, sodass der Einsatz einfach und effizient ist.

Feldkommunikationssysteme sind auf spezielle Anforderungen zugeschnitten. Sie kommen daher nur für bestimmte Aufgaben zum Einsatz, z. B. die schnelle und sichere Übertragung kleiner Datenmengen.

Tab. 5.2 gibt einen knappen Überblick über einige gängige Feldkommunikationssysteme.

Feldkommunikationssysteme gelten als einfach, kostengünstig und zuverlässig. Andererseits halten zunehmend Kommunikationstechniken, die auf Ethernet beruhen, Einzug in die Industrie. Allerdings bedürfen diese Verfahren der Anpassung, um den Echtzeitanforderungen der Automatisierungstechnik gerecht zu werden.

Tab. 5.2 Feldkommunikationssysteme im industriellen Einsatz

Name	Anwendungsbereich	Besonderheit	Verkabelung	Reaktionszeit	Ausdehnung (je Segment)	Teilnehmerzahl
Profibus	Feldebene Produktion	mehrere Varianten	Linie	mittel	10 m (bis 1200 m)	126
MODBUS	einfache Feldkommunikation	Master-Slave-Bussystem	Linie	mittel	15 m (Sonderformen bis 1200 m)	32
CANopen	Feldebene in Maschinen und Fahrzeugen	kleine Datenmengen	Linie	mittel	100 m (bis 1000 m)	127
FlexRay	fehlertolerantes System (Ausfallsicherheit)	Einsatz im Auto	Linie Stern	sehr schnell	24 m	15
Interbus	Feldebene Fabrik	segmentierbar	Ring	sehr schnell	max. 400 m	256
AS Interface	Sensor-/Aktorebene	für binäre Ein-/Ausgaben kostengünstig	Line Stern Baum	schnell	100 m	62
IO-Link	robuste Sensor-/Aktor-Kommunikation	Master-Slave	Punkt zu Punkt	schnell	20 m	128 pro Master

5.2.2   Kommunikation basierend auf Industrial Ethernet

Ethernet ist ein kabelgebundenes Datennetz, das ursprünglich für die lokale Datenkommunikation beispielsweise in Bürogebäuden konzipiert wurde. Das Ethernet spezifiziert dabei die Kabeltypen, die Stecker, die gesamte physikalische Schicht sowie das Protokoll zum Transport von Daten.

Die Ethernet-Kommunikation wurde für die Kommunikation vieler Teilnehmer über ein Übertragungsmedium entwickelt. Die Daten werden paketweise und ohne festes Zugriffsraster übertragen, wobei allerdings keine Mindestbandbreite garantiert werden kann. Das bedeutet, dass die klassische Ethernet-Kommunikation nicht für Echtzeitanwendungen geeignet ist, da bei fehlender Bandbreite Datenpakete nicht rechtzeitig bei den Ethernet-Komponenten ankommen. Dieser Effekt ist z. B. aus dem Videostreaming bekannt, wo er sich durch eine Reduzierung der Bildauflösung oder durch Aussetzer im Ton bemerkbar macht. Allerdings – und das ist ein Vorteil gegenüber Feldbussystemen – kann die Ethernet-Kommunikation auch im laufenden Betrieb umgesteckt werden.

Für den industriellen Einsatz war das Ethernet zunächst nur wenig geeignet, da die Stecker nicht über die notwendige Robustheit verfügten und die Buszugriffsverfahren und Protokolle des Ethernets nicht echtzeitfähig waren. Die sogenannten Industrial Ethernet Standards sind in diesen Punkten deutlich verbessert und nun auch für Industrieanwendungen einsetzbar. Sie gewinnen daher zunehmend an Verbreitung.

Um Ethernet in industriellen Echtzeitanwendungen verwenden zu können, ist die Unterteilung des Kommunikationskanals in einen echtzeitfähigen und einen nicht echtzeitfähigen Kanal üblich. Der echtzeitfähige Kanal ist dabei deterministisch, d. h. die zu verarbeitenden Datenpakete werden in einem definierten Kommunikationszyklus verarbeitet. Der nicht echtzeitfähige Kanal arbeitet entsprechend der klassischen Ethernet-Kommunikation.

Ethernet ist heute eine weitverbreitete Basis für die Internet-Protokoll-Familien, die durch zusätzliche Funktionsschichten für Vermittlung und Transport die Datenkommunikation in Echtzeit regeln.

Allerdings hat sich die Hoffnung auf eine einheitliche Kommunikationsinfrastruktur bisher nicht erfüllt: Eine Vereinheitlichung des Ethernet Protokolls für Echtzeitanwendungen ist nach wie vor nicht gegeben.

Allerdings wird seit Jahren an einer Anpassung des Ethernet, sogenannte TSN-Protokolle (*Time Sensitive Network (TSN)*), gearbeitet, wobei sehr viele unterschiedliche „Kniffe" genutzt werden, um eine Echtzeitfähigkeit herzustellen. Die Time-Sensitive-Networking-Task-Group (IEEE 802.1) entwickelt entsprechende zukunftsweisende Standards, die für die Automatisierungstechnik relevant sind. Ein Überblick zu den heutigen Industrial-Ethernet-Protokollen findet sich in Tab. 5.3

Tab. 5.3 Ethernet im industriellen Einsatz

Name	Anwendungsbereich	Besonderheit	Verkabelung	Reaktionszeit	Ausdehnung (je Segment)	Teilnehmerzahl
PROFINET	Antriebstechnik und Fertigungsindustrie	echtzeitfähig	Linie Baum Stern	Mittel (5–10 ms)		64
POWERLINK	Übertragung von Prozessdaten	echtzeitfähig	Stern Baum Linie Ring	Schnell (200µs)	100 m pro Verbindung	240
Ethernet/IP	Steuerungssysteme, Produktion	Eingeschränkte Echtzeitfähigkeit	Stern Ring Baum			ca. $2^{(16*4)}$
EtherCAT	Steuerung und Regulierung	kurze Taktzeiten	Linie Baum Stern Ring	Sehr schnell (1µs)	100 m	65.535
SERCOS III	Antriebstechnik und Fertigungsindustrie	Querkommunikation	Ring Linie	Schnell (31µs bis 62,5 ms)		511
MODBUS TCP	einfache Feldkommunikation (wie MODBUS, jedoch verbessert)	einfach zu implementieren, ohne Echtzeitgarantie	Baum Stern Ring		Unbegrenzt mit Glasfaser	2^{32}
CC-Link IE	Controller-zu-Controller- und I/O-Kommunikation	Unterstützung für *Time Sensitive Networks*	Linie Stern Ring		100 m	120 für Control und 254 für Field

5.3   Kabellose Kommunikationstechnologie

Die kabellose Kommunikation (*Wireless Communication*) hält zunehmend Einzug auch in die Anwendungen der Automatisierungstechnik. Drahtlose Kommunikation ist kostengünstig, einfach zu installieren und zu betreiben.

So könnten Fabriken neue organisatorische Ansätze nutzen, bei denen jedes für die Produktion relevante Gerät sowie die verwendeten Produkte und Vorprodukte mit einer individuellen, kabellosen Kommunikationseinrichtung ausgestattet sind. Diese vollständige Vernetzung brächte viele Vorteile mit sich, da Produktions- und Logistikelemente auch bei unvorhergesehenen Ereignissen nachvollziehbar koordiniert werden könnten. Eine solche flexible Koordination ist nur mit kabelloser Kommunikation realisierbar.

Allerdings gibt es viele Fragen zu klären: Welche Technologien sind verfügbar? Um welche Art von Anforderungen und Anwendungen geht es? Was sind die Kriterien für die Auswahl zwischen den verschiedenen Technologien auf dem Markt? Welche Technologien sind einfach und kostengünstig zu integrieren, zu bauen und zu betreiben?

Um die Eignung einer Funktechnologie zur kabellosen Kommunikation zu ermitteln, müssen die Eigenschaften gut verstanden sein. Heute basiert die physikalische Transport-Schicht auf den Bändern 2,4 GHz, 5 GHz und 868 MHz. Verschiedene Standards sind verfügbar, wie z. B. IEEE 802.11 für Wireless LAN, IEEE 802.15.1 für WPAN/Bluetooth oder IEEE 802.15.4 für kabellose Netzwerke. Allerdings gibt es immer noch das sehr reale Problem von Bändern mit ähnlichen Frequenzen, die sich gegenseitig überlappen, teilweise Frequenzen blockieren oder Störungen verursachen. Hier besteht offenbar noch Standardisierungsbedarf.

Es gibt heute eine Reihe von kabellosen Technologien, die sich in Abdeckung, Datenrate und Nutzung unterscheiden. Dabei basieren kabellose Produktlösungen in der Regel auf IEEE-Standards, definieren aber zusätzliche Spezifikationen, Zertifizierungen und schaffen über Unternehmenskonsortien eigene Vertriebskanäle.

Tab. 5.4 gibt einen Überblick über kabellose Technologien für die typischen Anwendungsfälle der Automatisierungstechnik.

Tab. 5.4 Übersicht zu kabellosen Netzwerken für die lokale Kommunikation

	Anwendungsfall	Sektor	Range	Infrastruktur	Effizienz	Chipgröße
WLAN	breiter Zugang	viele	100 m	Router	hoch	mittel
Bluetooth	Produkt-interface	Consumer	10–100 m	Punkt zu Punkt	niedrig	klein
ZigBee	Geräte	Consumer	100 m	Anschlussknoten	niedrig	groß
Wireless HART	Sensoren und Aktoren	Prozessindustrie	250 m	Anschlussknoten	hoch	groß
Industrial WLAN	Sensoren und Aktoren	Fertigungs-industrie	100 m	Anschlussknoten	hoch	groß
EnOcean	Smart Home	Gebäudeauto-mation	30 m	Anschlussknoten	sehr niedrig	groß
5G/LTE	Mobilfunk	Tele-kommunikation	groß-flächig	Sendemast	hoch	mittel

Es gibt eine Vielzahl von unterschiedlichen Funktionen und Merkmalen, anhand derer sich die Kabellosnetzwerke unterscheiden: Verschlüsselungsfunktionen für die Bereitstellung sicherer Kommunikation (Reichweite, Durchsatz und Infrastruktur), Effizienz, Chipgröße, Aufwand für die Integration von Geräten in Netzwerke, Kosten, Sicherheit und Skalierungspotenzial.

Auch hier sind die Anforderungen der Anwendungsgruppen vielschichtig. Soll beispielsweise eine Maschine mit einem Kabelloszugang ausgestattet werden, um rasch eine Schnittstelle zum Bediengerät des Servicetechnikers zu realisieren, bedarf es eines gängigen Verfahrens. Es bieten sich WLAN, Bluetooth oder ZigBee an. Handelt es sich jedoch um ein Gerät mit besonderen Sicherheitsanforderungen, z. B. die Fernsteuerung eines implantierten Herzschrittmachers, so sollten andere Verfahren eingesetzt werden, die den notwendigen Sicherheitsanforderungen genügen und nur in der unmittelbaren Nähe, dem Nahfeld, funktionieren.

Um rasch auf die Anforderungen im Markt reagieren zu können, haben sich Interessensgruppen gebildet, die spezifische Produktlösungen weiterentwickeln. Sowohl Bluetooth als auch die „ZigBee Alliance" nutzen ein globales Partnernetzwerk von Unternehmen, Universitäten und Regierungsbehörden, um ZigBee in der Breite des Marktes voranzubringen. Die „HART Communication Foundation" und Produkte wie Industrial-WLAN sind hingegen mehr auf die Anwendungsbereiche der industriellen Automatisierungsfelder zugeschnitten und adressieren spezielle Industrieanwendungen.

Ein kritischer Erfolgsfaktor der kabellosen Kommunikation ist ihre Energieeffizienz, die insbesondere bei kabellosen Komponenten ohne Netzanschluss und im Batteriebetrieb von Bedeutung ist.

Bluetooth und ZigBee bieten mehrere energiesparende Modi, wenn keine Kommunikation notwendig ist. Die „EnOcean Alliance" bietet Lösungen mit geringem Strombedarf und Energy-Harvesting-Funktionalität; so können EnOcean-fähige Schalter durch Batterien oder selbsterzeugte Energie versorgt werden, da die Sender einen sehr geringen Stromverbrauch haben.

Die Mobilfunkstandards LTE und 5G bieten vielschichtige Möglichkeiten für die kabellose Kommunikation in allen Bereichen und den vielen verschiedenen Applikationen der Automatisierungstechnik und Industrie, siehe Weyrich (2019). Insbesondere 5G liefert Angebote in den Frequenzbereichen 2 GHz und 3,4 bis 3,7 GHz und erlaubt die Integration individueller Spezialnetze, die zwar auf einer gemeinsamen physischen Infrastruktur betrieben werden, aber jeweils an die unterschiedlichen Anforderungen angepasst werden können.

Es lassen sich drei Zuschnitte unterscheiden, für die 5G-Netze konfiguriert werden können:

- Ultraschnelle mobile Breitbandkommunikation, bei der Datenübertragungsraten im Bereich von bis zu 10 GB/s liegen können,
- zuverlässige Kommunikation für Echtzeitanwendungen, bei der kurze Antwortzeiten im Bereich von einer Millisekunde ermöglicht werden,
- Datenkommunikation mit vielen Teilnehmern in der Breite, z. B. zwischen Maschinen oder Geräten, um im IoT Komponenten zu verbinden.

Folglich können je nach Anforderung die Datenmengen klein sein, aber viele Teilnehmer verbinden oder auch große Bandbreiten mit weniger Teilnehmern erlauben. Entsprechend lassen sich auch die Anforderungen an Übertragungsgeschwindigkeit und Zuverlässigkeit unter Verzicht auf andere Eigenschaften anpassen. Die Architektur des 5G-Netzes richtet sich somit stark nach den Anforderungen der Anwender aus.

Die 5G-Technologie setzt einen Meilenstein bei der Standardisierung mobiler Dienste und innoviert die Vorgängertechnologien.

5.4   Kommunikation mit Objekten

Die Kommunikation mit Objekten, beispielsweise um ihre Anwesenheit festzustellen oder ihre Eigenschaften zu identifizieren, ist eine häufig benötigte Fähigkeit.

In Abb. 5.3 ist schematisch aufgezeigt, wie Objekte kabellos über ein Lesegerät mit einem Kommunikationsnetzwerk verbunden werden können.

Die Informationen zu den Objekten werden in sogenannten *Tags* gespeichert, um dann in einem vernetzten System weiterverarbeitet zu werden. Somit werden die Objekte miteinander in eine Beziehung gesetzt, wodurch Anwendungen entstehen, die beispielsweise den Weg eines Objektes verfolgen oder seinen Zustand kontinuierlich überwachen. Die Objekte besitzen dafür eine eindeutige Identifizierung und können in einem Netzwerk Daten über sich austauschen und speichern.

Sind die Informationen der *Tags* eines Objektes in einem Kommunikationsnetzwerk verfügbar, so können diese in Steuereinheiten verarbeitet und koordiniert werden.

In diesem Zusammenhang kommen spezielle Beschreibungssprachen zum Einsatz, um Eigenschaften und Merkmale einheitlich darzustellen. Schon seit den 1970er-Jahren wurden verschiedene Verfahren für maschinenlesbare Etiketten entwickelt. So können Markierungen zur Identifikation einfach und kostengünstig z. B. durch Aufdruck aufgebracht werden. Solche Barcodes oder auch QR-Codes sind einfache und robuste Verfahren, die in vielen Alltagsanwendungen bestens etabliert sind. Dabei haben beispielsweise Barcodes die Fähigkeit, eine Folge von 13 Ziffern zu speichern, wohingegen Data Matrix Codes bis zu 1556 Bytes und QR-Codes bis zu 2956 Bytes abbilden können. Allerdings sind diese Codes naturgemäß durch jeden lesbar und zeigen eine nicht veränderliche Information.

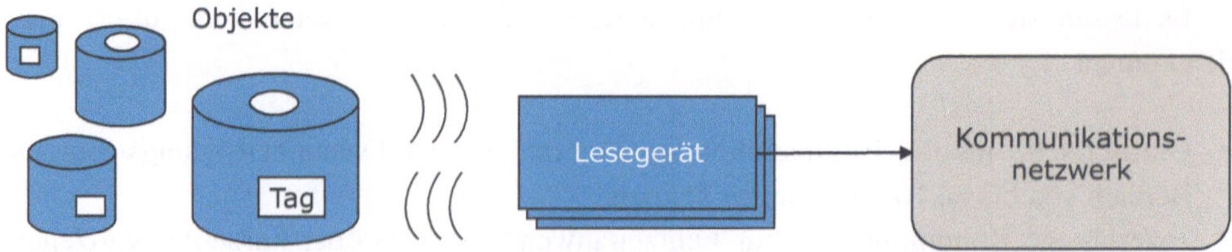

Abb. 5.3 Struktur der Informationsverarbeitung zur Objektidentifikation

Tab. 5.5 Kabellosmethoden zur Objektkommunikation. (Übersicht auf Basis von DIN SPEC 91406 2019)

	Anwendungsfall	Reichweite	Frequenzbereich
RFID	Geeignet für Material mit hohem Wasseranteil	cm-Bereich	9 kHz bis 135 kHz
	Einsatz für Zugangskontrollen	cm-Bereich	6,78 MHz, 13,56 MHz, 27,125 MHz, 40,68 MHz
	Lager und Logistikanwendungen	mehrere Meter	433,920 MHz, 868 MHz, 915 MHz, 2,45 GHz
	Fahrzeugidentifikation	um 10 m	5,8 GHz, 24,125 GHz
NFC	Bezahlsysteme	cm-Bereich	13,56 MHz

Sogenannte *Smart Labels* bzw. *Smart Tags* hingegen können Objekte mithilfe von *RFID* (*Radio-Frequency Identification*) per Funk berührungslos identifizieren und lokalisieren. Solche *RFID* bieten je nach Ausführung Lese- und teilweise auch Schreibmöglichkeiten. Zudem sind sie in unterschiedlichen kostengünstigen Bauformen erhältlich.

Die Reichweiten können dabei je nach Technologie und Anwendungsfeld stark variieren und liegen im Zentimeter- bis Meterbereich.

Tab. 5.5 zeigt die Frequenzbereiche, ihre Reichweite und Anwendungsfelder auf.

Typische Ausführungen von *RFID* unterscheiden sich durch die verwendete Frequenz, die Reichweite sowie die Art der Energieversorgung. Bei einem Betrieb im sogenannten Nahfeld, also bei einer Distanz kleiner als die Wellenlänge ($< \lambda$), können bei einer Frequenz < 100 MHz kleine Reichweiten im cm-Bereich entstehen. Es kommt zu einer sogenannten induktiven Kopplung. Für größere Distanzen wird das Fernfeld genutzt, bei dem die Distanz zum *Tag* $> \lambda$ ist. Typischerweise kommen hier Frequenzbänder im UHF-Bereich oder Mikrowellen zum Einsatz, wobei Distanzen von 3 bis 4 m, teilweise aber bis über 10 m realisiert werden können. Dabei erfolgt die Kopplung nach dem Dipol-Prinzip auf Basis von elektromagnetischen Wellen.

Je nach Reichweite und Zuverlässigkeit der Objektdetektion können unterschiedliche Anwendungen umgesetzt werden. Im Bereich der Nahfeldkommunikation (*Near Field Communication*, *NFC*) können Bezahlvorgänge an der Kasse, das Auslesen von Tickets oder eine Zeiterfassung realisiert werden. Bei größeren Distanzen dient die *RFID* zur elektronischen Identifikation von Waren oder zur Positionserkennung in Hallen.

Ein wichtiger Aspekt für das Einsatzspektrum ist neben der Frage der Reichweite insbesondere die Energieversorgung. Man unterscheidet zwei Verfahren:

- Passive Transponder werden durch Induktion aufgeladen und nutzen diese Energie nach einer Kurzzeitspeicherung im Kondensator zum Senden.
- Aktive Transponder benötigen eine Energiequelle, um dadurch Daten sammeln und aufbereiten zu können.

Je nachdem, welche der Varianten zur Anwendung kommt, werden sehr unterschiedliche Applikationen ermöglicht.

RFID hat heute viele sehr unterschiedliche Anwendungen in der Praxis. Viele Produkte haben *RFID* zum Zwecke des Diebstahlschutzes integriert, die feststellen, ob das Produkt bezahlt wurde. Andere Produkte, wie hochwertige Medikamente, nutzen *RFID* zum Schutz vor Fälschungen. Auch Straßenmaut wird bereits mittels im Fahrzeug verbauter *RFID* erhoben. *RFID* kann aber auch in Hallenböden eingelassen werden und so als Referenzmarken zur Orientierung für mobile Robotersysteme dienen. Aufgrund der geringen Kosten für die *Tags* und Lesegeräte werden die Einsatzmöglichkeiten von *RFID* zukünftig weiter zunehmen. Gleiches gilt für das *NFC*-Verfahren, das in Bezahlsystemen schon heute gängig ist.

5.5   Das Internet der Dinge (IoT) – Vernetzung im Großen

Ausgehend von der Idee des Internets kommt es zu einer immer stärkeren Vernetzung der Systeme, Teilkomponenten oder einzelner Objekte untereinander. „Dinge" werden dabei informationstechnisch verbunden, um so ganz neue Anwendungen zu erlauben.

Grundsätzlich ist dieses Konzept bestechend, da hierdurch hochvernetzte Automatisierungssysteme umsetzbar werden, die als eine Grundvoraussetzung die Konnektivität der Teilsysteme erfordern. Allerdings ist die Vision eines IoT bei genauer Betrachtung sehr komplex und viel schwieriger umzusetzen als der Name suggeriert; eine Schnittstelle zum Internet allein reicht nicht aus.

Es hat in den letzten Jahren zahlreiche Initiativen und umfassende Investitionen gegeben, um entsprechende Referenzarchitekturen und Systemplattformen aufzubauen. Der zentrale Ansatz ist dabei, ein einheitliches Architekturkonzept, standardisierte Protokolle sowie informationstechnische Komponenten zu entwickeln, um fragmentierte Softwareimplementierungen für spezifische Systeme und Anwendungsfälle überwinden zu können.

Der Bedarf an Referenzarchitekturen in der Industrie wird durch die wachsende Zahl an Initiativen zur Standardisierung von IT-Architekturen und Protokollen deutlich. Diese Initiativen zielen darauf ab, Interoperabilität zu ermöglichen. Sie vereinfachen die Entwicklung und erleichtern die Implementierung. Allerdings ist das IoT auf Basis der Referenzarchitekturen heute noch nicht universell einsetzbar. Es gibt jedoch eine ganze Reihe spezifischer Anwendungsfälle, in denen eine Vielzahl von Subsystemen miteinander verbunden werden können. Beispiele für solche für einen bestimmten Zweck konzipierten Softwaresysteme sind die Paketverfolgung, das Flottenmanagement bei Logistikdienstleistern, Parkleitsysteme in Großstädten, die Fernwartung von Windkraftanlagen etc.

5.5.1   Die *Industrial Internet Reference Architecture*

Referenzarchitekturen können bei der Umsetzung als Leitfaden dienen, wobei nicht alle Aspekte und Details tatsächlich umgesetzt werden müssen. Eine bedeutende Initiative ist die *Industrial Internet Reference Architecture (IIRA)* des „Industrial Internet Consortium" (siehe Abb. 5.4). Die *IIRA* wurde von Unternehmen der Informations- und Kommunikationsbranche begründet und beschreibt eine praxisorientierte Referenzarchitektur für die Geschäftsfelder von IoT-Applikationen. Auch gab es viele Forschungsarbeiten zu detaillierten Architekturen, zu Modellen aus der funktionalen und Informationssicht sowie Analysen zu Systemanforderungen der Anwendungsfelder.

Bis heute gibt es keine einheitlichen Architekturstandards auf Basis der *IIRA*. Die Richtlinie hilft jedoch, die verschiedenen Systembereiche voneinander abzugrenzen. Viele Marktteilnehmer, die große Plattformen anbieten, orientieren sich an der Struktur und Terminologie der *IIRA*.

Die *IIRA* vereint die grundsätzlichen Konzepte der Netzwerke im Großen mit denen im unmittelbaren lokalen Umfeld. Die Architektur sieht ein *Proximity Network* vor, das Daten aus dem unmittelbaren Umfeld in Echtzeit zusammenführt und über die *Edge* an die Ebenen der *Platform* und *Enterprise* weitergibt. Dort werden Aufgaben der Steuerung, Datenhaltung und -analyse ortsunabhängig, also in der Cloud ausgeführt.

Der *Platform Tier* umfasst die Kommunikationsprozesse und die Datenverarbeitung, wohingegen der *Enterprise Tier* für domänenspezifische Applikationen zuständig ist, also solche, die einen hohen Anwendungsbezug aufweisen. Bei der Definition der Schichten hatten die Autorinnen und Autoren offenkundig die durchzuführenden Aufgaben vor Augen, also das Vermitteln und Sammeln von Daten und ihre Auswertung mit Blick auf Unternehmen und deren Geschäftsfelder.

Eine Unterteilung in *Edge* und Cloud sowie gegebenenfalls zusätzlich *Fog* geht auf eine metaphorische Sicht auf die Kommunikation bzw. IT-Architektur zurück. Mit einem *Edge*-Server werden die Geräte aus dem Feld verbunden, die aber nicht zwangsläufig alle Informationen an die Cloud geben müssen, sondern diese im Umfeld von *Edge* und *Fog* verarbeiten können. Soll beispielsweise eine Nutzerschnittstelle zu einer Maschine über ein Tablet per 5G verbunden werden, so muss diese möglichst echtzeitfähig über einen *Edge*-Server, der für das entsprechende Segment zuständig ist, angebunden werden. Es ist also naheliegend, dass diese Vernetzung in demselben Segment bzw. in derselben Zelle realisiert wird.

Für Zugriffe in die Cloud ist die Echtzeitfähigkeit nach heutigem Stand der Technik hingegen nur eingeschränkt, d. h. für eine eher kleinere Anzahl von Prozessen mit geringen Zeitanforderungen realisierbar. Genügt aber eine Reaktionszeit im Sekundenbereich, so ist die Kommunikation über die Cloud schnell genug – selbst dann, wenn zahlreiche Teilnehmer gleichzeitig auf den Service zugreifen.

Um die Datenmengen weiterzuverarbeiten bzw. unterschiedliche Bereiche der *Edge* zu verbinden, werden diese über ein sogenanntes *Edge-Gateway* und ein *Access Network* mit der Cloud verbunden. Hierzu können spezielle Kommunikationsprotokolle des IoT zum Einsatz kommen. In der Cloud laufen schließlich die Daten zusammen. Die Unterscheidung zwischen *Platform* und *Enterprise Tier* betrifft dann Aspekte der Datenhoheit und evtl. auch der physischen Speicher- und Verarbeitungsorte, die aus organisatorischer und rechtlicher Sicht notwendig sind.

5.5.2 IoT-Protokolle zur Verbindung von Komponenten

Neue Protokolle aus dem Bereich des IoT und der Standardisierungsgremien unterstützen insbesondere solche Technologien, die sich am IoT-Stack orientieren. Denn das IoT deckt eine große Bandbreite an Anwendungsfällen ab, die von einem einzelnen eingeschränkten Gerät bis hin zu sehr großen und verteilten Realisierungen von hochvernetzten Automatisierungssystemen reichen, die in Echtzeit miteinander kommunizieren sollen.

In verteilten Systemen muss das einheitliche Zusammenspiel der Automatisierungskomponenten und der darauf ablaufenden Prozesse sichergestellt werden. Im Allgemeinen wird eine Verbindungsschicht zur Verteilung von Daten sowie zur Verarbeitung und Koordination von verteilten Prozessen und Anwendungssoftware genutzt. Dadurch wird es unerheblich, ob ein Teilnehmer eine Fähigkeit selbst ausführt oder ob diese über eine Ressource im Netzwerk erbracht wird.

Sollen Systeme und Komponenten verbunden werden, so sind die zahlreichen bestehenden Kommunikationsprotokolle relevant, die zusammenspielen. Dabei läuft die Kommunikation in einem IoT-Stack über Ebenen, die sich auf unterschiedliche Internetprotokolle abstützen, die die Kommunikation entweder zyklisch oder ereignisgetrieben organisieren. Die Realisierungskonzepte variieren und unterstützen je nach Anforderung beispielsweise einen besonders schnellen oder einen zuverlässigen und sicheren Austausch von Nachrichten.

Die unterschiedlichen Elemente des Protokoll-Stacks, die für Anwendungen im Bereich des IoT konzipiert sind, werden in Abb. 5.4 dargestellt. Die Übersicht ordnet Protokolle und Standards auf verschiedenen Ebenen der Verbindung im Internet, dem Transport und der Anwendung zu (Abb. 5.5).

Bei den Protokollen zur Verbindung im Internet und dem Transport stehen die Datensammlung und die Vermittlung zwischen mehreren Partnern im Vordergrund. Beispielsweise hat das Protokoll IPv6 gegenüber dem Vorgängerprotokoll IPv4 die Adressierungsproblematik, die durch eine zu geringe Anzahl von Adressen entstanden war, beseitigt und erlaubt nun

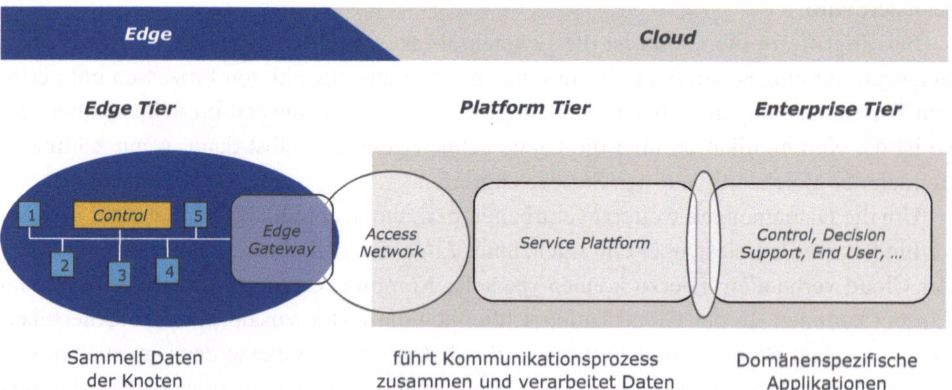

Abb. 5.4 Übersichtsdarstellung der *Industrial Internet Reference Architecture* (*IIRA*), adaptiert nach „Industrial Internet Consortium". (2019)

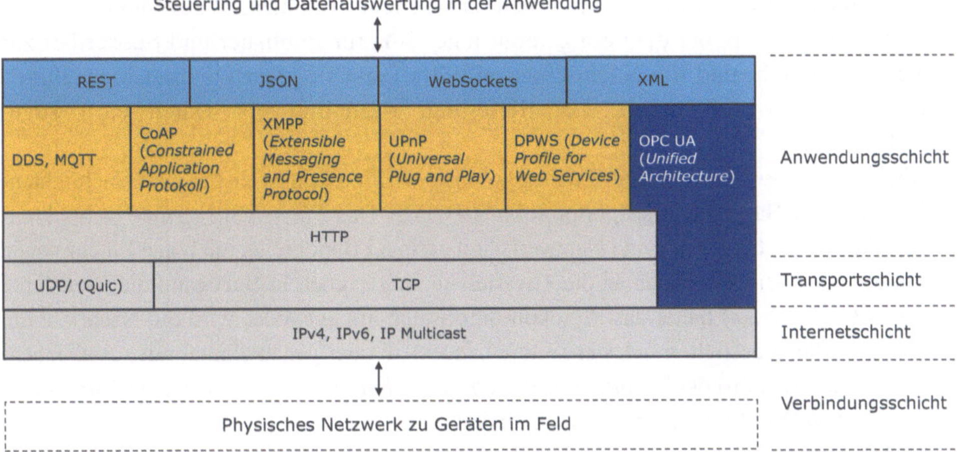

Abb. 5.5 Protokoll-Stack des IoT

einen sehr großen IP-Adressraum. Allerdings kann nur ein kleinerer Anteil der Daten einer Nachricht für die Kommunikation genutzt werden, da der Rest für Nachrichten-Overheads verwendet wird. Aus diesem Grund ist IPv6 nur begrenzt geeignet für energiebeschränkte Anwendungen, z. B. batteriebetriebene Systeme im Dauereinsatz. In solch speziellen Anwendungsfällen werden daher energieeffiziente Protokolle verwendet, die für die Funkkommunikation entwickelt wurden.

Auf der Transportschicht stehen heute verschiedene Protokolle zur Auswahl. Das hoch performante UDP (*User Datagram Protocol*) eignet sich zur Übertragung von großen Datenmengen, verfügt jedoch nicht über Funktionalitäten, um die Zuverlässigkeit bei der Übertragung sicherzustellen.

Das neuere QUIC (*Quick UDP Internet Connections*) erweitert UDP und ist ebenfalls für schnelle Datenübertragung geeignet, weist jedoch eine verbesserte Zuverlässigkeit auf.

Das TCP (*Transmission Control Protocol*) ist sehr verbreitet, verursacht jedoch bei strengen Anforderungen (harte Echtzeit) Schwierigkeiten, da die Echtzeitfähigkeit nicht garantiert wird.

In den höheren Schichten der Anwendung finden sich die dienstorientierten Protokolle, die bereits eine Semantik berücksichtigen. Das bedeutet, dass Teile der Protokolle bereits mit einer Bedeutung mit Blick auf ein Anwendungsfeld mit seinen Zusammenhängen, der Strukturierung der Daten etc. belegt sind.

Diese Softwarearchitekturen verbinden Geräte im Feld, indem sie die Kommunikation zwischen den Komponenten eines verteilten Systems kapseln und deren Schnittstellen abstrahieren. Aufgrund der unterschiedlichen Anforderungen sind hier verschiedene sogenannte Kommunikationsprotokolle entstanden:

- DDS: Das *Data-Distribution-Service*-Protokoll ist ein Standard, der von der *Object Management Group* verwaltet wird und zuverlässige und leistungsstarke Echtzeitkommunikation zwischen Maschinen ermöglicht. Es basiert auf dem *Publish/ Subscribe*-Prinzip, bei dem ein gemeinsamer Bus für Publisher und Subscriber zur Verfügung steht und die Nachrichten mithilfe verschiedener Qualitätsmaßnahmen (z. B. Datenverfügbarkeit, Datenlieferung, Aktualität der Daten etc.) zugestellt werden.

- MQTT: Das *Message-Queuing-Telemetry-Transport*-Protokoll ist ein flexibles NachrichtenProtokoll auf Basis des Transportprotokolls TCP/IP. Das *Publish/Subscribe*-Nachrichtenprotokoll ist für IoT-Geräte und Netzwerke mit geringer Bandbreite, mit hoher Latenz sowie mit geringen Anforderungen an die Zuverlässigkeit geeignet. In Bezug auf die Dienstgüte (*Quality of Service*) bietet das Protokoll drei Stufen an, entweder wird die Nachricht ein einziges Mal zugestellt, mindestens einmal zugestellt oder genau einmal mit zusätzlichem Handshake. Das Protokoll wurde von der *Organization for the Advancement of Structured Information Standards* (OASIS) standardisiert.
- CoAP: *Das Constrained Application Protocol*, ein weiteres energieeffizientes Protokoll für Geräte und Netze mit begrenzten Ressourcen, das für die interaktive Kommunikation über das Internet entwickelt wurde, übersetzt HTTP für Sensoren und Schalter und erleichtert so die Anbindung von Maschinen mit dem IoT mit geringem Overhead. Die Nachrichten werden über UDP auf Basis einer Anfrage-Antwort-Architektur ausgetauscht, wobei die Dienstgüte über zwei Stufen mit einem optionalen Nachrichtenbestätigungsverfahren ermöglicht wird. Das Protokoll wurde von der *Internet Engineering Task Force* (IETF) unter der Bezeichnung RFC 7252 spezifiziert.
- XMPP: Das *Extensible Messaging and Presence Protocol* ist ein offenes Kommunikationsprotokoll, das auf Basis von TCP für den Austausch von Textnachrichten konzipiert wurde. Es basiert auf XML und ermöglicht den Austausch strukturierter Daten zwischen verteilten Netzwerkeinheiten nach dem *Publish/Subscribe*-Prinzip nahezu in Echtzeit. Es wurde von der *Internet Engineering Task Force* (IETF) unter der Bezeichnung RFC 6120 spezifiziert.
- Weitere Protokolle: Es gibt eine Reihe weiterer Protokolle wie das UPnP (*Universal Plug and Play*), das herstellerübergreifend die Ansteuerung von Geräten der Heimautomatisierung, von Routern oder Druckern ermöglichen soll, oder das DPWS (*Device Profile for Web Services*), mit dem Web Services auf Automatisierungskomponenten, also auf Hardware mit eingeschränkten Ressourcen, einzusetzen sind.
- OPC-UA (*Unified Architecture*) ist ein etabliertes Protokoll im Bereich der serviceorientierten Architektur (SOA) und eine Spezifikation der *Open Platform Communications* (OPC). Es bietet Funktionen und Anwendungen auf verschiedenen Kommunikationsebenen, wobei es auf der unteren Ebene auf TCP/IP basiert. Damit kann der Zugriff auf Maschinen, Geräte und andere Systeme im industriellen Umfeld herstellerunabhängig standardisiert werden.

All diese Kommunikationsprotokolle erlauben neue Wege der Vernetzung von Geräten, Maschinen und Produkten in den unterschiedlichen Anwendungsbereichen, erfordern zur Umsetzung jedoch auch relativ aufwendige Softwarearchitekturen.

In der obersten Schicht gibt es zudem eine Reihe von Möglichkeiten, mit anderen Systemen oder dem Menschen in Verbindung zu treten: Mittels der Formate JSON und XML (bzw. der komprimierten Version von XML, dem EXI) können in der obersten Schicht Nachrichtenprotokolle für den Menschen lesbar erstellt werden. Zudem gibt es Softwarearchitekturen wie gRPC und REST, um die unterschiedlichen Dienste aus der Ferne aufzurufen und ausführen zu lassen.

Allerdings sind die vorgestellten Architekturen in der Realisierung als Softwaresystem teilweise aufwendig. Schließlich müssen alle Komponenten eines Automatisierungssystems in Verbindung zueinanderstehen, damit zwischen ihnen vermittelt werden kann. Es bedarf daher einer *Middleware*, die an zentraler Stelle eingesetzt wird und die zu jeder Komponente eine Verbindung hat.

Es werden zentrale Datenstrukturen benötigt, um die einzelnen Komponenten auffinden zu können. Selbst wenn später eine sehr dezentrale Informationsverarbeitung vorgesehen ist, so bedarf es dennoch eines Registers, ähnlich wie ein Telefonbuch, um die Komponenten auffinden zu können.

In jedem Fall entsteht bei einer Informationsverarbeitung über verschiedene Ebenen hinweg oder bei Ansätzen, die verteilt auf mehreren Komponenten ablaufen, eine Virtualisierung der Verarbeitung.

Auf diese Weise können Schwierigkeiten mit der IT-Sicherheit auftreten, denn durch diese *Middleware* entsteht eine vereinheitlichte Kommunikation, die auch benutzt werden kann, um ein Automatisierungssystem zu kompromittieren.

Zudem gilt es zu bedenken, dass der Einsatz einer *Middleware* einen zusätzlichen Ressourcenverbrauch im Automatisierungssystem bedeutet. Hier spielt dann beispielsweise die Art und Weise, wie Nachrichten kommuniziert werden, eine wichtige Rolle. So führt eine kontinuierliche zyklische Kommunikation mit aufwendigen Protokollen zu einem hohen Kommunikationsvolumen, das viel Energie und Bandbreite benötigt. Aufgrund der Anforderungen von mobilen Anwendungen bedarf es daher Lösungen, die nur geringe Bandbreiten bei der Kommunikation konsumieren und nicht viel Bedarf an Rechenzeit und Speicher zur Ausführung der *Middleware* aufweisen.

5.5.3   Sichtweisen auf die Architekturen und Protokolle

Architekturen und Protokolle sollen ganz unterschiedlichen Anforderungen entsprechen, die es zu realisieren gilt. Diese können nach Weyrich et al. (2014) wie folgt zusammengefasst werden:

- Flexibilität bei der Kommunikation ist wichtig. Dies bedeutet, dass sowohl Eins-zu-Eins-Verbindungen (Unicast) als auch Kommunikation mit mehreren Partnern (Multicast) gleichzeitig sinnvoll sind.
- Möglichkeiten einer umfassenden Datenerhebung und -analyse sind relevant, um Informationen und Wissen zu extrahieren, die dann per Dienst angeboten werden können.

- Falls ein Gerät hinzugefügt wird oder Änderungen an der Konfiguration eines Gerätes vorgenommen werden, soll die Geräteverwaltung Lösungen dafür anbieten.
- Skalierbarkeit im Sinne einer Beteiligung von vielen Teilnehmern ist erforderlich, um einer steigenden Größe bei verschiedenen Systemausführungen gerecht zu werden.
- IT-Sicherheit ist in allen Bereichen des IoT notwendig, um Datenschutz zu gewährleisten und Vertrauen in Produkte zu schaffen.
- Zentrale oder dezentrale Konzepte zur Datenhaltung und ihre Verarbeitung spielen eine wichtige Rolle, um z. B. bei sensiblen Daten eine Privatheit sicherstellen zu können.

Im Verlauf dieses Kapitels ist deutlich geworden, wie facettenreich die verwendeten Kommunikationssysteme (IoT-Protokolle und Steuerungssoftware) vor dem Hintergrund ganz unterschiedlicher technischer Systeme sein können. Somit entsteht ein kaum noch zu überschauender Funktionsbaukasten an softwarebasierten Kommunikationstechnologien, die untereinander mannigfaltig kombinierbar sind.

Unterschiedliche Sichtweisen auf Architekturen und ihre Protokolle sind in Tab. 5.6 aufgezeigt. Sie wurden in etwas anderer Form bereits bei der Virtualisierung von Hierarchien in Abschn. 3.2.5 angerissen. Die Tabelle stellt drei Betrachtungsperspektiven auf die Kommunikation und Verarbeitung von Daten und Informationen im Protokoll-Stack des IoT dar.

Der erste Blickwinkel ist die semantische Orientierung, d. h. die Interpretation von Daten und Informationen, um Wissen zu erzeugen. Bei der Semantik geht es um die Bedeutung der Daten im Rahmen des Betriebs, für die ein Informationsmodell benötigt wird, mit dem die Daten interpretiert werden können. Protokolle auf dieser Ebene müssen somit einen Bezug zur Anwendung entwickeln und dabei ein entsprechendes Informationsmodell zugrunde legen.

Mit OPC-UA steht erstmals ein Standard bereit, der Maschinendaten nicht nur transportiert, sondern aufgrund der Struktur der Serviceprotokolle auch technisch verständlich gestaltet. So haben sich Branchen des Maschinen- und Anlagenbaus (z. B. von Werkzeug- oder Packmaschinen) mit der Informationsmodellierung befasst, um die Strukturen von OPC-UA semantisch interpretierbar zu machen. Das bedeutet, dass die Architektur von

Tab. 5.6 Drei unterschiedliche Sichtweisen auf den Protokoll-Stack des IoT

Perspektive	Aspekte der Architektur	Verwendete Protokolle
Semantische Orientierung	Abbildung spezifischer Fähigkeiten im Betrieb über den Lebenszyklus	Middleware-Protokolle wie OPC-UA
Dinge- Orientierung	Interne Konzentration auf die Komponenten wie Sensoren und Aktoren	HTTP sowie weitere „niedrige" Kommunikationsprotokolle wie ZigBee, Bluetooth, I/O link etc. dienen der Bitübertragung
Internet- Orientierung	Abbildung der Kommunikation mittels Internetprotokolle oder Protokollergänzungen	IP, UDP/TCP oder MQTT, DDS, CoAP, XMPP etc.

OPC-UA Informationsmodelle vorsieht, die typische Industrieprobleme adressieren. Auf diese Weise kann über die branchenspezifische Standardisierung (*Companion Specifications*) die OPC-UA-Referenzarchitektur zur inhaltlichen Definition von Diensten oder dem Austausch von Informationen genutzt werden. Durch diese industriespezifischen Informationsmodelle wird eine Interoperabilität auf einer semantischen Ebene im Sinne des vereinheitlichten Austausches von Funktionsaufrufen oder Fähigkeiten ermöglicht. Eine Reihe von *Companion Specifications* wurde bereits erstellt. Allerdings zeichnet sich ab, dass die Standardisierung von Informationsmodellen und deren Bedeutungszusammenhänge auf System- und Komponentenebene noch viele Diskussionen erfordern wird.

Der zweite Blickwinkel ist die Dinge-Orientierung, die sich auf Assets wie Sensoren, Aktoren und die Übertragung von Bits and Bytes konzentriert. Dies ist der klassische Ansatz der Automatisierungsindustrie, der versucht, *bottom-up* eine Referenz für physische Objekte und ihre individuellen Daten zu definieren. Hierbei werden einzelnen Daten Bedeutungen zugeordnet, ohne dass diese in einem übergreifenden Informationsmodell spezifiziert werden. Vielmehr werden bestimmten Bits- und Byte-Folgen Funktionen zugeordnet, die dann eine feste Bedeutung im Automatisierungssystem haben. Solche Konzepte sind effizient zu implementieren, jedoch auch sehr spezifisch in der Anwendung. Eine IoT-Referenzarchitektur kann Managementmechanismen anbieten und helfen, die Gesamtstruktur der Kommunikation zu beschreiben. Auf diese Weise lässt sich die Verständlichkeit von Bitübertragungsprotokollen erhöhen. Es entstehen unter Einbeziehung von existierenden Kommunikationsstandards anschauliche Modelle, die beschreiben, wie die Systemkomponenten, die Menschen und der technische Prozess interagieren und Daten verarbeiten.

Der dritte Blickwinkel, die Internet-Orientierung, fokussiert sich auf die Nutzung der Protokolle des IoT. Hier sind die IoT-Protokolle zur Serviceunterstützung in Verbindung mit der Datenverwaltung in der Cloud und auf Servern zu nennen. Hierbei kommen verschiedene Schichten zum Einsatz, die mit IPv6 umgesetzt werden und dann den Transport organisieren: entweder mit TCP (*Transmission Control Protocol*), UDP (*User Datagram Protocol*), das ein schnelles und unkompliziertes Versenden einfacher Datenpakete ermöglicht, oder über das QUIC-(*Quick UDP Internet Connections*)-Protokoll, das zusätzlichen Sicherheitsansprüchen genügt. Es sind auch weiterführende Protokollvarianten wie DDS oder MQTT entstanden, die speziell für die Übertragung von Telemetriedaten von Sensoren geschaffen wurden.

5.6 Denkanstöße

Dieses Kapitel beschreibt eine Vielzahl von Kommunikationsprotokollen für die unterschiedlichen Anforderung in der Industrie.

Viele der vorgestellten Feldbussysteme für die lokale Kommunikation sind historisch, da ihre Entwicklung bereits in den 1980er-Jahren begann. Obwohl sie auf den ersten Blick veraltet erscheinen, kommen sie nach wie vor zum Einsatz: Sie sind einfach, kostengünstig, in vielen Produkten etabliert und damit ein bewährtes Mittel zur Realisierung industrieller Kommunikation. Vor diesem Hintergrund ist nachvollziehbar, warum sich die viel neueren Verfahren des Ethernets bzw. TSN noch nicht durchgesetzt haben: Zwar befinden sie sich im Aufwind und gewinnen an Einsatzgebieten, allerdings gibt es hier zahllose Varianten und damit wieder eine babylonische Vielfalt der Protokollstandards.

Die fehlende Interoperabilität zwischen den Kommunikationssystemen führt bei der Verbindung unterschiedlicher Systeme zu manuellen Aufwänden, um den einen Feldbus mit dem anderen zu verbinden und die Software entsprechend anzupassen.

Auch der Bereich der kabellosen Kommunikation ist im Wachstum, wenngleich dieser noch lange nicht die Verbreitung hat wie die kabelgebundenen Kommunikationssysteme. Im Bereich der kabellosen Kommunikation ruhen die Hoffnungen auf dem 5G/6G-Standard, der insbesondere auch Campus-Netze erlauben wird, sodass große Unternehmen ihre Fabrikanlagen komplett damit ausstatten können. Auch im Bereich der Vernetzung von Produkten wird 5G/6G viele Vorteile bieten.

Für die Vernetzung „im Großen" wird heute auf bestehende Standards des Internet gesetzt, um mittels dieser Protokoll-Stacks eine einheitliche Verbindung zwischen Softwaresystemen realisieren zu können. Aufgrund der technischen Gegebenheiten ist eine Nutzung jedoch nur für Anwendungen in Sicht, die moderate Anforderungen an die Echtzeitverarbeitung stellen.

Untersuchen Sie die folgenden Fragen und diskutieren Sie das Spektrum möglicher zukünftiger Entwicklungen:

a. Wie entwickeln sich lokale Kommunikationssysteme?

Warum gibt es eine große Vielfalt unterschiedlicher Kommunikationssysteme für die lokale Kommunikation und warum setzen sich neue, verbesserte Kommunikationsstandards nicht ohne Weiteres durch?

Welche Schlussfolgerungen und Prognosen ergeben sich Ihrer Meinung nach für die Nutzung kabelgebundener Kommunikationssysteme in der nahen Zukunft?

b. Welches sind die grundsätzlichen Grenzen kabelloser Kommunikationssysteme?

Mit welchen Schwierigkeiten und Nachteilen ist bei kabellosen Kommunikationssystemen gegenüber kabelgebundenen Systemen im industriellen Einsatz zu rechnen? Überlegen Sie, welche Argumente gegen kabellose Kommunikationssysteme sprechen.

Aufgrund welcher Argumentation könnte 5G/6G eine Veränderung und verstärkte Nutzung von kabelloser Kommunikation bewirken?

c. Welcher Aufwand ist erforderlich, um Protokoll-Stacks für das IoT zu realisieren?

Diskutieren Sie Optionen, die für die Implementierung aufgrund der verschiedenen Varianten der Protokoll-Stacks zur Verfügung stehen. Wie schätzen Sie den potenziellen Entwicklungsaufwand für die Realisierung großer IoT-Systeme für Anwendungen in der Praxis mit vielen Teilnehmern ein?

Weiterführende Literatur

Bicaku, A.; Maksuti, S.; Palkovits-Rauter, S.; Tauber, M.; Matischek, R.; Schmittner, Ch.; Mantas, G.; Thron, M.; Delsing, J.: **Towards trustworthy end-to-end communication in Industry 4.0.** Conference IEEE INDIN, 2017 https://doi.org/10.1109/INDIN.2017.8104889

Greengard, S.: **The Internet of Things.** MIT Press, 2015 https://doi.org/10.7551/mitpress/10277.001.0001

Matheus, K.; Königseder, Th.: **Automotiv Ethernet.** Cambridge University Press. 2021 https://doi.org/10.1017/9781316869543

Schnell, G.; Wiedemann, B.: **Bussysteme in der Automatisierungs- und Prozesstechnik: Grundlagen, Systeme und Anwendungen der industriellen Kommunikation.** Springer Verlag, 2019 https://doi.org/10.1007/978-3-658-23688-5

Weyrich, M.; Ebert, C.: **Reference architectures for the Internet of Things.** IEEE Software 33, 112–116, 2015 https://doi.org/10.1109/MS.2016.20

Wollschlaeger, M; Sauter, T.; Jasperneite, J.: **The future of industrial communication: Automation networks in the era of the internet of things and Industry 4.0.** IEEE industrial electronics magazine, 2017 https://doi.org/10.1109/MIE.2017.2649104

Referenzen

DIN EN IEC 61158:**Industrielle Kommunikationsnetze - Feldbusse - Teil 1: Überblick und Leitfaden zu den Normen der Reihen IEC 61158 und IEC 61784 (IEC 61158-1:2019);** Deutsche Fassung EN IEC 61158-1:2019. Beuth-Verlag 2020 https://dx.doi.org/10.31030/3127706

DIN SPEC 91406: **Automatische Identifikation von physischen Objekten und Informationen zum physischen Objekt in IT-Systemen, insbesondere IoT-Systemen,** Beuth-Verlag, 2019 https://doi.org/10.31030/3114151

HMS Industrial Networks: **Marktanteile industrieller Netzwerke 2022.** Studie von HMS-Networks. Meldung in: Der Maschinenbau, 2022

The Industrial Internet Consortium: **The Industrial Internet Reference Architecture.** Version 1.9 June 19, 2019 https://www.iiconsortium.org/stay-informed-IIRA

VDI: **Industrie 4.0 – Begriffe/Terms.** Statusreport der Arbeitsgruppe „Begriffe" des VDI/VDE-GMA FA 7.21, Düsseldorf, 2019

Weyrich, M.: **5G in der Automatisierung – Stunde Null für die Industrie,** atp magazin, 2019, Vulkan-Verlag, 2019.

Weyrich, M.; Schmidt, J. P.; Ebert, C.: **Machine-to-machine communication.** IEEE Software 31 (4), 19–23, 2014 https://doi.org/10.1109/MS.2014.87

Zusammenfassung

Kognitive Sensorik gilt als eine der Schlüsseltechnologien in autonomen Systemen. Offen ist, auf welcher Basis und in welcher Kombination zukünftige Sensorsysteme aufgebaut sein können, die ein Erkennen und Wahrnehmen im Sinne einer Kognition realisieren.

In dieser Fallstudie wird untersucht, welche Technologien im Bereich der Sensorik und Signalverarbeitung zur Verfügung stehen, um in autonomen Fahrsystemen, z. B. in der Logistik als Transportsystem bzw. -roboter, zum Einsatz zu kommen.

Die Ausrichtung auf autonome Systeme bildet den Rahmen für die Entwicklung einer kognitiven Sensorik, die durch eine Vorverarbeitung der Messdaten die Umgebung erkennt.

In dieser Fallstudie werden zunächst relevante Sensorverfahren untersucht und verglichen. Anschließend werden Ansätze für elektrotechnische Hardware diskutiert, mit denen Sensormessdaten verarbeitet werden können, um Algorithmen zur Erkennung und Wahrnehmung der Umgebung zu realisieren.

Folgende Fragen werden erörtert:

- Welche Sensorverfahren sind für autonome mobile Roboter relevant?
- Wie kann eine systematische Auswahl von Hardware zur Signalverarbeitung erfolgen und welche Kriterien sind dabei relevant?
- Wie lässt sich ein Entwicklungsplan für zukünftige Produkte skizzieren, obwohl Detailfragen noch offen sind?

© Springer-Verlag GmbH Deutschland, ein Teil von Springer Nature 2023
M. Weyrich, *Industrielle Automatisierungs- und Informationstechnik*,
https://doi.org/10.1007/978-3-662-56355-7_6

Diese Fallstudie vermittelt die Kompetenz, trotz technologischer Unsicherheiten Lösungen zu finden. Dazu wird zunächst der Stand der Technik analysiert, bewertet und Lösungsvarianten skizziert. Abschließend werden die Ergebnisse in einer Roadmap und einem stufenweisen Umsetzungsplan dargestellt.

6.1   Warum kognitive Sensoren?

In dieser Fallstudie soll anhand einer Kombination von Sensortechnik und elektrotechnischer Hardware zur Signalverarbeitung eine neue Generation von kognitiven Sensoren erörtert werden, die als neuartige Produkte für autonome Transportsysteme eingesetzt werden können.

6.1.1   Worum geht es bei kognitiven Sensorsystemen?

Sensoren sind die Sinnesorgane eines jeden technischen Systems. Die Vorstellung davon, was einen Sensor ausmacht und welche Aufgaben dieser genau ausführen soll, änderte sich über die Zeit.

So genügte es früher, mit Sensoren Messwerte bereitzustellen, die dann weiterverarbeitet werden konnten. Beispielsweise nutzt ein Temperatursensor einen Spannungspegel, der proportional zur Temperatur ist oder der diesen Wert digitalisiert, sodass eine Feldbusnachricht gesendet werden kann.

Heute sollen kognitive Sensoren die Umgebung wahrnehmen, also neben einer sensorischen Erfassung auch eine Interpretation vornehmen. Sollen beispielsweise Objekte erkannt werden, so müssen diese messtechnisch detektiert werden, um dann auf Basis einer Mustererkennung Angaben zu den Objekten machen zu können. Kognitive Sensoren müssen neben der Erfassung die Signale auch in Echtzeit verarbeiten, um Objekte wahrnehmen zu können, was viel Rechenleistung für Algorithmen der Mustererkennung erfordert. Im Ergebnis liegt dann eine hochwertige Information vor, die beispielsweise angibt, dass sich in dem betrachteten Bereich ein Person befindet.

Für die Entwicklung kognitiver Sensoren stellt sich die Frage, welche Sensorverfahren zur Verfügung stehen, und wie diese zur Erfassung von Objekten und der Umgebung eingesetzt werden können. Wird ein Sensor dann zu einem kognitiven Sensor erweitert, so können die wahrgenommenen Wege und Hindernisse an ein autonomes System z. B. zur Bahnplanung weitergegeben werden.

Es gilt also, Sensoren so mit Computerhardware zur Informationsverarbeitung zu kombinieren, dass sie die hohen Anforderungen erfüllen – gleichzeitig aber die Kosten und der technische Anspruch im Rahmen bleibt.

Auf Basis der Einsetzung von Branchenexperten, z. B. exemplarisch Heumer (2021), sind autonome Fahrzeuge und andere Produkte wie vollautomatische Transportroboter,

Bau- oder Landmaschinen mittelfristig nur auf Basis einer Kombination von verschiedenen Sensorverfahren realisierbar.

6.1.2 Die Struktur eines kognitiven Sensors

Abb. 6.1 zeigt einen mobilen Transportroboter, der eine Person im Fahrweg erkennt und daraufhin bremst oder ausweicht. Dazu ist eine umfassende Wahrnehmung der Umgebung erforderlich, interpretiert durch ein kognitives Sensorsystem.

Bei dem erfassenden Element handelt es sich um einen Messwertaufnehmer, der Daten aus der Umgebung gewinnt. Die so erzeugten, oft analogen Signale müssen in der Regel noch konditioniert, d. h. z. B. auf einen Spannungspegel gebracht werden, um weiterverarbeitet werden zu können. Dann werden die Signale mithilfe eines Analog-Digital-Wandlers digitalisiert und so für Mikroprozessoren verwertbar. Elektronische Hardware wie Mikroprozessoren ermöglichen die Kompensation nicht linearer Kennlinien, eine Mittelwertbildung etc. Bei einer solchen digitalen Signalauswertung werden häufig verschiedene Messverfahren kombiniert, um das bestmögliche Messergebnis zu erzielen. Die aufbereiteten Messwerte können dann interpretiert werden.

Die Interpretation dieser Messwerte erfolgt durch Algorithmen, die von einfachen Entscheidungsbäumen über komplexe Rechenregeln bis hin zu KI-Algorithmen reichen. Abhängig von den Messwerten und der Anwendung müssen passende Algorithmen ausgewählt werden. Beispielsweise bieten sich vortrainierte neuronale Netze an, um Bilddaten für eine Objekterkennung zu clustern und die gewonnenen Informationen über eine Kommunikationsschnittstelle nach außen zur Verfügung zu stellen.

Das Ergebnis ist eine interpretierte Karte der Umgebung mit einer semantischen Objektbeschreibung.

Offenkundig sind viele der technologischen Aspekte zunächst nur schwer abzuschätzen. Sie müssen näher untersucht werden, um zu sinnvollen Kombinationen zu gelangen, die ein neues Produkt „Kognitiver Sensor" attraktiv machen können.

Durch den Bau von Prototypen wird anschließend die Machbarkeit sichergestellt und im Austausch mit den Kunden Erkenntnisse über den Mehrwert gewonnen.

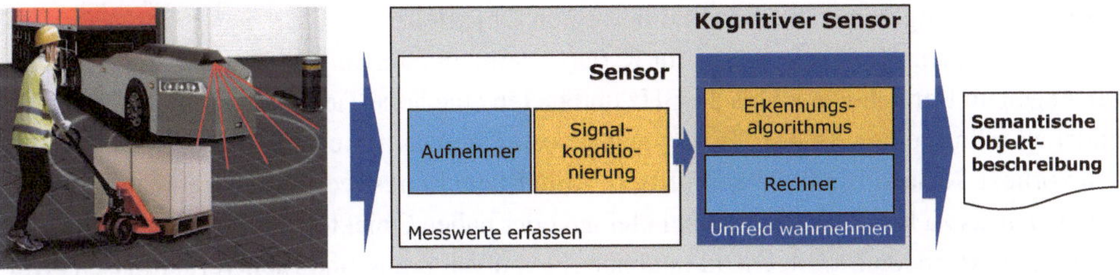

Abb. 6.1 Anwendung eines kognitiven Sensors und Darstellung seiner Funktionsgruppen

6.2   Auswahl der Sensorverfahren

Zunächst werden Sensorverfahren auf ihre Eignung hin untersucht. Die Fragestellung dabei lautet: Welches sind die Messverfahren und wie lässt sich ihr Einsatz mit Blick auf die geplante Anwendung, nämlich autonome Transportsysteme im industriellen Umfeld, bewerten?

Verschiedene Verfahren mit unterschiedlichen technischen Konzepten wie Ultraschall, LiDAR, Radar und Kameras sind im Bereich der Sensorik im Einsatz und werden auch kommerziell angeboten, siehe z. B. Mercedes (2018) oder Continental (2023).

Im Folgenden werden diese Sensorverfahren vorgestellt und verglichen.

6.2.1   Ultraschall

Ultraschallsensoren senden Schallwellen im Ultraschallspektrum ($> 30\,\mathrm{kHz}$, oft ca. $55\,\mathrm{kHz}$) aus. Objekte, die sich vor dem Sensor befinden, reflektieren die Schallwellen. Die Größe und Richtung der Reflexion wird vom Sensor gemessen und interpretiert.

Typischerweise arbeitet ein Ultraschallsensor im Bereich von drei bis maximal zehn Metern, er bietet allerdings nahezu keine Tiefeninformation. Je nach Anordnung, Größe und Richtung der Schallwellen führt dies zu ungenauen Seiteninformationen, wodurch sich ein geringes Blickfeld ergibt. Ultraschallsensoren zeigen allerdings eine relativ gute Wetterbeständigkeit, nur Regen und Schnee können die Messungen unbrauchbar machen.

Typischerweise erreicht man Zykluszeiten von 60 Millisekunden, d. h. der Sensor sendet seine Messwerte alle 60 Millisekunden über seine Schnittstelle, wodurch sich Datenraten um etwa $0{,}1\,\mathrm{Mbps}$ ergeben.

Die Kosten von Ultraschallsensoren belaufen sich auf einige Cent bis wenige Euro.

6.2.2   Radar

Radar steht für *Radio Detektion and Ranging*, also funkgestützte Detektion und Abstandsmessung. Es werden hochfrequente elektromagnetische Wellen ausgesendet und die Reflexionen, die aufgrund der Umgebung erzeugt werden, gemessen. Radarsensoren dienen der Lokalisierung von statischen und bewegten Objekten.

Die folgenden Merkmale gelten für Radarsysteme in Fahrzeugen: Zugelassene Frequenzen liegen im Bereich von 77 bis 81 GHz und bieten eine hohe Tiefengenauigkeit. Das Radar bildet allerdings eine „Keule", fächert sich also auf, sodass nur eine geringe Seitengenauigkeit vorliegt. Je nach Blickfeld kann Kurz-, Mittel- und Langstreckenradar realisiert werden, dabei kann es zu Ungenauigkeiten bei kleinen oder nahen Objekten kommen. Die Detektion von Landmarken kann weitgehend unabhängig von Witterung und Lichtverhältnissen erfolgen. Es ergeben sich Datenraten von 0,1 bis 15 Mbps.

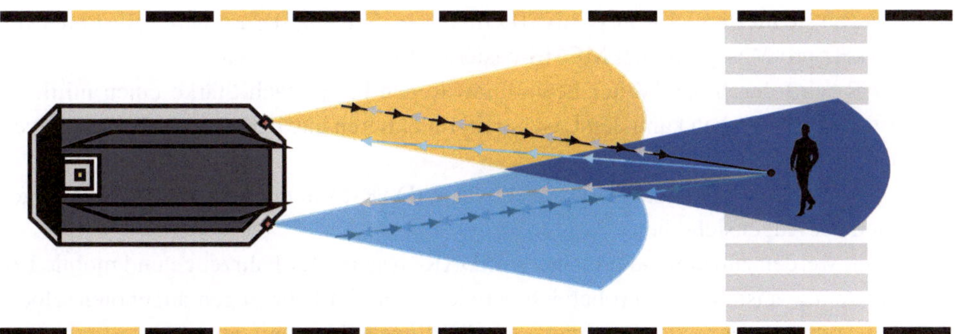

Abb. 6.2 Radarsystem im Einsatz an einer mobilen Plattform

Abb. 6.3 LiDAR-
System zur
Objektdetektion

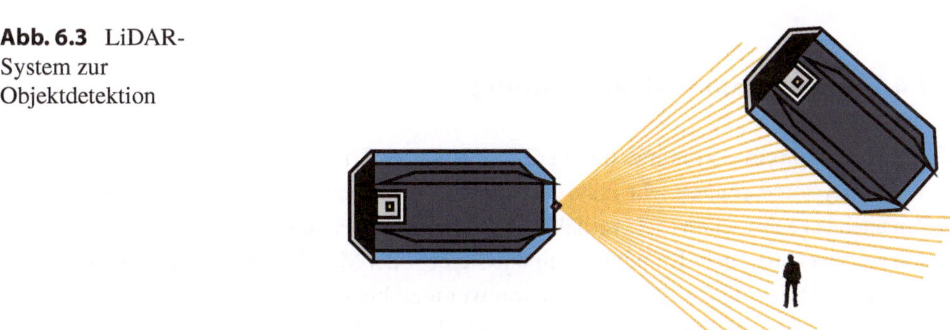

Das Prinzip eines Radarsystems ist in Abb. 6.2 dargestellt. Zykluszeiten liegen im Bereich von 66 Millisekunden. Radarsysteme, die beispielsweise in Fahrzeugen verwendet werden, haben eine Reichweite von 0,2 bis 250 Metern.

Die Kosten belaufen sich je nach Ausführung auf mehrere Hundert Euro.

6.2.3 LiDAR

Ein LiDAR-Sensor (*Light Detection and Ranging*) sendet Laserlicht aus und misst seine Reflexion an Objekten der Umgebung (siehe Abb. 6.3).

Typische Reichweiten für LiDAR-Sensoren, die in Fahrzeugen eingesetzt werden, liegen bei rund 30 bis 200 m und arbeiten mit einer Lichtfrequenz von 900 nm im nicht sichtbaren Bereich. LiDAR erreicht eine sehr hohe Tiefen- und Seitengenauigkeit, da der Laserstrahl präzise ausgerichtet werden kann.

Durch rotierende Spiegel oder in Feldern angeordnete Mikrospiegel (MEMS, *Micro Electro Mechanical Systems*) werden mit LiDAR Blickfelder im Bereich von 40 bis 360 Grad, also auch rundum, realisiert. Die Abtastraten variieren je nach Konzept deutlich.

Heute liegen sie im Bereich von 10 bis 20 *Frames per Second*, sodass sich Abtastraten von rund 10 kHz pro Messpunkt bei MEMS-basierten Systemen ergeben.

LiDAR wird durch das Wetter beeinflusst: Regen hat je nach Stärke einen mittleren Einfluss, Nebel hingegen kann den Laserstrahl reflektieren und dadurch die Erfassung verfälschen.

Es gibt bei der Auslegung des Lasers für LiDAR-Systeme strenge Anforderungen bezüglich der Augensicherheit.

Aktuell werden zunehmend preiswerte LiDAR-Systeme für Fahrzeuge und mobile Roboter ab dem zweistelligen Eurobereich entwickelt und in Fahrzeugen angeboten. Hochpräzise Geräte mit sehr guter Leistung sind allerdings noch relativ teuer.

Eine kombinierte Nutzung mit anderen Sensorsystemen bietet die Möglichkeit, Vorteile zu kombinieren und Kosten einzusparen.

6.2.4   Kameras zur Bildverarbeitung

Kameras sind passive Systeme, die das Licht aus ihrer Umgebung empfangen.

Kamerasysteme können sehr hohe Auflösungen erreichen, erkennen Farben und funktionieren auch bei schwachen Lichtverhältnissen. Die Tiefengenauigkeit kann durch die Kombination von zwei oder mehr Kameras zu einem Stereo- oder Mehrkamerasystem erhöht werden.

Kamerasysteme bieten Reichweiten von wenigen bis mehreren Hundert Metern, dabei können sie einen Öffnungswinkel von bis zu 180 Grad erreichen, der über Optiken angepasst werden kann.

Kameras haben je nach Auflösung und Abtastfrequenz des Systems sehr unterschiedliche Abtast- bzw. Auswertezyklen, sie können aber sehr viele Daten (etwa im Bereich von 250 Mbps) erzeugen.

Kameras haben Schwierigkeiten mit der Bildaufnahme bei Nebel und Dunkelheit und sie sind anfällig gegenüber Verschmutzungen.

Die Kosten von Kamerasystemen variieren stark je nach Auflösung, Empfindlichkeit und Anzahl der Kameras, sie starten aber schon ab wenigen Euro.

6.2.5   Welche Sensorverfahren sollten berücksichtigt werden?

Die obige Darstellung hat gezeigt, dass es verschiedene aussichtsreiche Sensorverfahren gibt, die kombiniert werden können.

Um ein Sensorverfahren auswählen zu können, muss eine systematische Bewertung und Einschätzung durchgeführt werden. Hierbei spielen die technischen Anforderungen des Einsatzbereiches eine wichtige Rolle.

So liegt es für das Anwendungsfeld von Transportsystemen auf der Hand, dass die Sensoren eine für die Anwendung angemessene Reichweite aufweisen und nach Möglichkeit Informationen über die Tiefen- und Seitengenauigkeit liefern sollten. Eine Wetterun-

Tab. 6.1 Übersichtstabelle – Vergleich der Messverfahren für Sensorsysteme

Kriterien	Ultraschall	Radar	LiDAR	Kamera
Reichweite	◔	●	●	◕
Tiefeninformation	◔	◐	●	◕
Seitliche Genauigkeit	◔	◐	●	◕
Wetterunabhängigkeit	◐	●	◐	○
Farberkennung	○	○	○	●
Kosteneffizienz	●	◐	◔ bis ◐	◕

abhängigkeit verbessert die Einsatzmöglichkeiten autonomer Transportsysteme z. B. in Außenlagern erheblich, da sie dann auch bei Regen, Nebel oder Schnee funktionieren.

Wichtig sind die Gesamtkosten des Systems. Diese sollten so niedrig wie möglich sein und auf keinen Fall kritische Schwellenwerte überschreiten, da sonst ein kognitiver Sensor unverkäuflich wird.

Bei der Einschätzung der Kosten ist zu beachten, dass es aufgrund der technologischen Entwicklung im LiDAR-Bereich rasch voran geht. Derzeit werden große Investitionen in die Entwicklung von LiDAR für Fahrzeuge getätigt, da dieses Verfahren als eine Schlüsseltechnologie für das automatisierte Fahren gilt. Im Ergebnis entstehen neue LiDAR-Sensoren, die wesentlich preisgünstiger hergestellt werden können, weil sie neu entwickelte Technologien einsetzen. Zudem kommt es bei sehr großen Stückzahlen, wie sie bei einer Serienproduktion im Fahrzeugbereich vorliegen, zu sogenannten Skaleneffekten, sodass die Kosten pro Stück weiter sinken.

In der Tab. 6.1 werden die wichtigsten Eigenschaften der Sensorsysteme aufgeführt und einander gegenübergestellt.

Es wird deutlich, dass Ultraschallsensoren aufgrund der schwachen technischen Leistungsfähigkeit bestenfalls unterstützend z. B. bei Park- oder Andockvorgängen agieren können. Radarsysteme sind grundsätzlich geeignet, um Objekte im Umfeld detektieren zu können, bieten aber nicht genügend Informationen, um als alleinige Informationsquelle fungieren zu können. LiDAR-Systeme sind aufgrund der technischen Charakteristik sehr interessant, allerdings für einen pauschalen Einsatz für alle Anwendungen in der Praxis noch relativ teuer. Kameras bieten sehr gute Möglichkeiten, sie sind jedoch wetterabhängig. Insbesondere die Bildauswertung ist anfällig für Störungen wie Verschmutzung und daher gegebenenfalls nicht zuverlässig.

Im industriellen Umfeld von autonomen Transportsystemen ist die Zuverlässigkeit und Genauigkeit, mit der Sensorsysteme arbeiten, jedoch relevant – die Datenerfassung muss unterbrechungsfrei stattfinden, sodass eine Gefährdung für das Bedienpersonal und andere Anlagenteile minimal ist. Außerdem werden in der Industrie autonome Transportsysteme für ein breites Spektrum an Anwendungsszenarien eingesetzt. Sie erfüllen die unterschiedlichsten Aufträge und stellen daher vielfältige Anforderungen an das Sensorsystem.

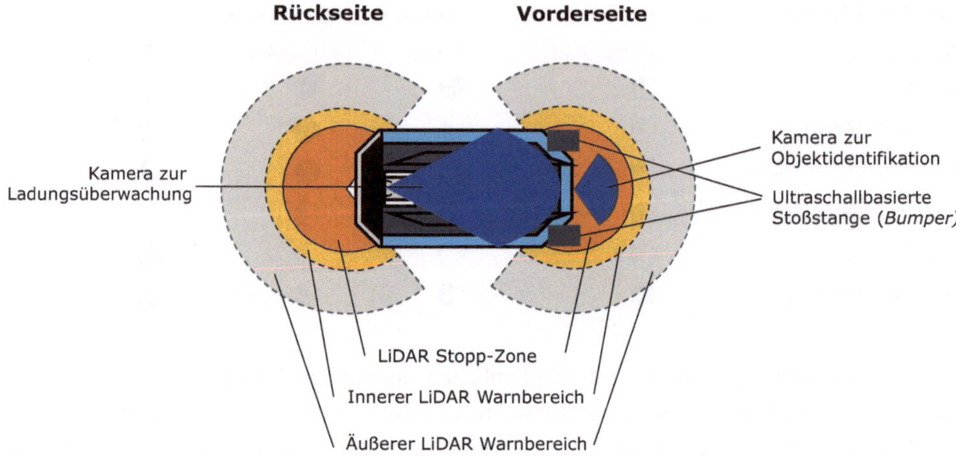

Abb. 6.4 Ein autonomes Transportsystem mit einer Multi-Sensorik

Daher ist die Kombination von verschiedenen Sensoren eine notwendige Überlegung. Eine denkbare Kombination für ein mobiles Transportsystem ist in Abb. 6.4 dargestellt.

Die Frage, auf welches Sensorverfahren der Fokus gelegt werden sollte, lässt sich also nicht ohne Weiteres beantworten, da verschiedene Verfahren entweder einzeln oder in Kombination zum Einsatz kommen können.

6.3   Welche elektrotechnische Hardware zur schnellen Informationsverarbeitung bietet sich an?

Ein wichtiger Aspekt bei der Konzeption eines kognitiven Sensors ist die elektrotechnische Hardware, die zur Informationsverarbeitung zum Einsatz kommt.

Diese Hardware ist ebenfalls ein Ankerpunkt bei der Konzeptfindung, da die Möglichkeiten zur Informationsverarbeitung und ihre Kosten schließlich entscheidend für die Akzeptanz des Gesamtkonzeptes sind.

Im Folgenden werden daher die Alternativen der Hardware für die Verarbeitungseinheiten untersucht und verglichen.

Nach heutigem Stand der Technik sind die folgenden Alternativen möglich:

- die *Central Processing Unit* (CPU),
- die *Graphics Processing Unit* (GPU),
- die *Field Programmable Logic Arrays* (FPGA) und der
- *Application-Specific Integrated Circuit* (ASIC).

Jede Alternative führt zu sehr unterschiedlichen Realisierungsformen, die wiederum mit den Anforderungen der Informationsverarbeitung der jeweiligen Sensorverfahren abgeglichen werden müssen.

Im Folgenden werden diese technischen Lösungsalternativen kurz vorgestellt.

6.3.1   Zentrale Verarbeitungseinheit (CPU)

Eine CPU ist ein Chip auf der Hauptplatine eines Computers, der dafür verantwortlich ist, Anweisungen von einem Programm entgegenzunehmen und mathematische Operationen auszuführen.

Ursprünglich hatten CPUs einen einzigen Verarbeitungskern. Moderne CPUs bestehen aus mehreren Kernen, die es ermöglichen, mehrere Befehle gleichzeitig auszuführen. Die Anzahl der Prozessorkerne liegt typischerweise im ein- bis zweistelligen Bereich. Dabei liegen die Taktfrequenzen der Kerne bei 4,8 GHz, wobei eine Leistungsaufnahme zwischen 6 und 220 W liegt.

CPUs können sowohl mit Hoch- als auch mit Assemblersprachen programmiert werden. Sie sind besonders für die schnelle Verarbeitung von sequenziellen Prozessen optimiert und für ihre einfache Programmierung und Vielseitigkeit bekannt.

6.3.2   Grafikverarbeitungseinheit (GPU)

GPUs wurden ursprünglich eingeführt, um CPUs von der Grafikverarbeitung zu entlasten.

GPUs bestehen aus seriell angeschlossenen Recheneinheiten, die parallel geschaltet sind und so die effiziente Bearbeitung von hochparallelisierbaren Prozessen ermöglichen. Mit den Fortschritten und der Bedeutung von hochauflösender Bildverarbeitung und Objektidentifikation gewinnen GPUs an Bedeutung. Da viele Algorithmen in anderen Anwendungsbereichen von der Parallelisierung durch GPUs profitieren können, erweitert sich ihr Einsatzgebiet nicht nur auf die Bilderkennung, sondern auch auf maschinelles Lernen und die Datenverarbeitung. GPUs sind für die Berechnung umfangreicher Vektor-/ Matrixdaten optimiert, haben aber einen hohen Stromverbrauch. Die Anzahl der Kerne liegt zwischen einigen Hundert bis zu Tausenden bei Taktfrequenzen von typischerweise 1 bis 2 GHz. Je nach Größe variieren die Leistungsaufnahmen von wenigen bis zu sehr hohen Wattzahlen(Abb. 6.5).

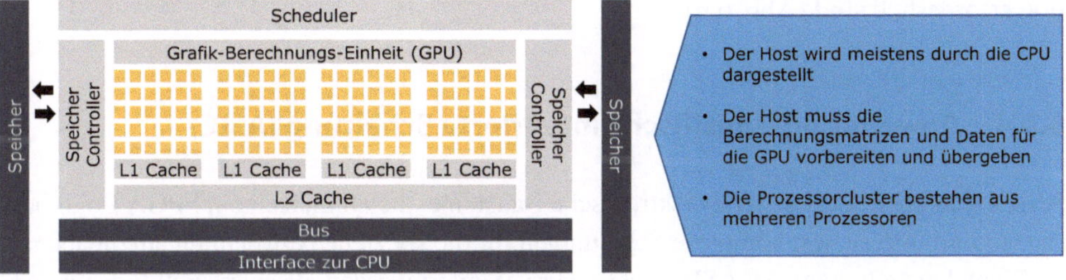

Abb. 6.5 Aufbau GPU – Skizze einer Anordnung der Bestandteile eines Grafikprozessors

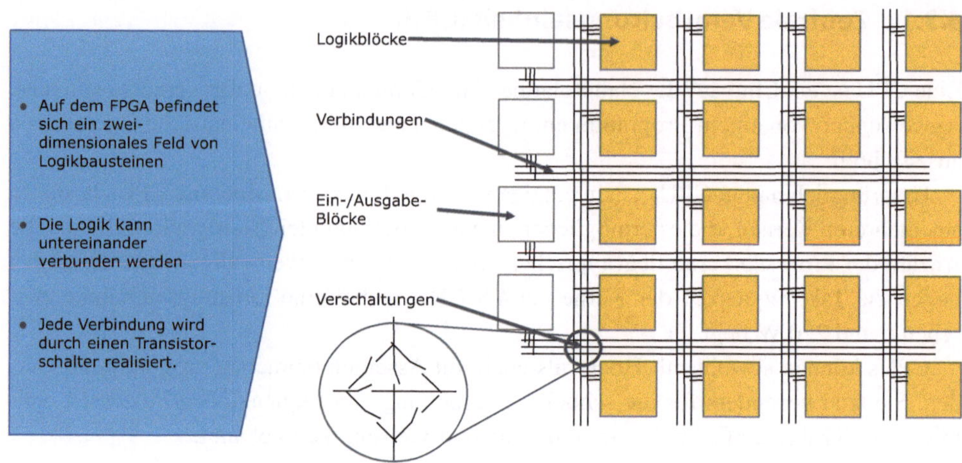

Abb. 6.6 Beispielhafte Darstellung einer FPGA-Architektur

6.3.3 Feldprogrammierbare Logik-Arrays (FPGA)

FPGAs (*Field Programmable Gate Arrays*) können als flexible, reprogrammierbare und vielseitige Bausteine mit 100.000 bis 10.000.000 Systemgattern ausgeführt werden. Diese Bausteine enthalten eine Matrix und/oder Gatter und Flip-Flops, die zusammengeschaltet werden können, um anwendungsspezifisch zu arbeiten. Die Taktraten variieren von 20 bis 1500 MHz bei einer Leistungsaufnahme von 2,5 bis 40 W.

FPGAs stellen somit eine Form der „programmierbaren Hardware" dar. Ihre Einsatzgebiete sind spezialisierte Analysen und Steuerungen mit Echtzeitanforderungen, wie z. B. für die Netzwerkanalyse, für Motorsteuerungen sowie die industrielle Bildverarbeitung. FPGAs eignen sich gut für Signalverarbeitungsalgorithmen, da sie parallele digitale Filter implementieren können. Obwohl in hohem Maße anpassbar, sind FPGAs im Vergleich zu anderen Verarbeitungseinheiten schwierig zu programmieren, da ein tiefes Fachwissen zu Logikgattern und Hardwarebeschreibungssprachen wie VHDL oder Verilog erforderlich sind (Abb. 6.6).

6.3.4 Anwendungsspezifische integrierte Schaltung (ASIC)

ASICs sind hoch spezialisierte elektronische Bausteine, die ähnlich einem FPGA Logikbausteine kombinieren, um komplexe Schaltungen für die spezielle Anwendung aufzubauen.

Einmal erstellt, kann ein ASIC nicht mehr verändert werden, da er speziell für seine Anwendung designt und gefertigt ist. ASICs verfügen nur über die für den optimalen Betrieb erforderlichen Blöcke, sie sind also in Bezug auf Leistung und/oder Stromverbrauch optimiert. Die Bausteine sind sehr effizient und schnell. Als Nachteile sind die aufwendige

Entwicklung, z. B. zur Adaption an Schnittstellen sowie die hohen Investitionskosten zur Fertigung zu nennen.

ASICs haben viele Anwendungsbereiche wie Robotik, elektronische Geräte und Medizintechnik. Aufgrund ihrer aufwendigen und langwierigen Entwicklung und der hohen Investitionskosten sind ASICs am besten für Großserienanwendungen geeignet.

6.3.5 Vergleich der Hardware zur Informationsverarbeitung

Die Hardware für die Informationsverarbeitung muss dem Kontext, d. h. dem Sensorverfahren und der Anwendung, angepasst sein.

Die Algorithmen stellen unterschiedliche Anforderungen an die Echtzeitverarbeitung und je nach Algorithmus ergeben sich unterschiedliche Schwierigkeiten bei dessen Parallelisierung.

Ebenso stellt der Kontext der Anwendung Anforderungen an die Verarbeitungseinheit, z. B. durch den Kostenrahmen oder die verfügbare Energieversorgung am Einbauort.

Um eine Auswahlentscheidung treffen zu können, muss zuerst ein Vergleich anhand der Eigenschaften der Hardwaresysteme durchgeführt werden.

Bei der Auswahl spielen folgende Kriterien eine Rolle:

- Die Echtzeitfähigkeit der implementierten Algorithmen ist ein entscheidendes Merkmal und gegebenenfalls ein K.o.-Kriterium, falls die Informationsverarbeitung zu langsam ist.
- Die Programmierbarkeit der Algorithmen ist wichtig, da sonst erhebliche Aufwände bei der Entwicklung entstehen. In diesem Kontext ist auch die Skalierbarkeit bei erhöhten Leistungsanforderungen für zukünftige Entwicklungen zu bedenken.
- Die Größe, die Bauform und der Energieverbrauch sind Aspekte der Praxis, die für die Anwendung relevant sein können.
- Die Gesamtproduktionskosten für das System entstehen durch dessen Hardware in Verbindung mit den Entwicklungskosten und sind für ein späteres Produkt wichtig.

In der nachfolgenden Tab. 6.2 werden die Verarbeitungseinheiten und ihre Eigenschaften gegenübergestellt und verglichen.

Tab. 6.2 Übersichtstabelle – Vergleich der Verarbeitungseinheiten

Kriterien	CPU	GPU	FPGA	ASIC
Verarbeitungsgeschwindigkeit (Echtzeitfähigkeit)	◑	●	◕	◕
Kompakte, kleine Bauform	◕	○	●	●
Einfache Programmierung	●	◑	◔	○
Geringer Energieverbrauch	◑	◔	●	●
Günstige Kosten	◑	◔	◑	◔

Die Abbildung zeigt eine uneinheitliche Beurteilung. CPUs sind zwar gängig, haben aber Schwächen bei der Echtzeitfähigkeit bestimmter mathematischer Berechnungen. GPUs sind leistungsstark, jedoch groß und aufwendig in der Programmierung. FPGAs bieten viele Vorteile, sind jedoch nur mit tiefen Fachkenntnissen programmierbar und nicht für alle Algorithmen geeignet. ASICs erfordern viel Know-how und rechnen sich nur bei großen Stückzahlen.

Eine eindeutige Entscheidung für das eine oder andere Verfahren kann nicht pauschal getroffen werden. Da sich Algorithmen nicht ohne Weiteres auf den einen oder anderen Ansatz übertragen lassen, wird oft eine aufwendige Analyse notwendig, um vor dem Hintergrund von Datenflüssen und Berechnungen die Performance abzuschätzen.

Die Alternativen sind daher vor dem Hintergrund der konkreten technischen Anforderungen abzuwägen. Darüber hinaus kann es sinnvoll sein, mehrere Ansätze parallel zu testen, um sich Klarheit zu verschaffen.

Die Verfahren können auch zu einer hybriden Architektur kombiniert werden, um Schwächen zu kompensieren und eine leistungsstärkere Architektur zu erhalten. Ein Beispiel hierfür ist die Verwendung einer CPU für allgemeine Berechnungen in Kombination mit GPUs oder FPGAs zur Beschleunigung spezieller Algorithmen.

Die Wahl der Kombination entscheidet über die Technologiegestaltung und die wirtschaftlichen Aspekte. Lässt sich die optimale Kombination einer heterogenen Hardwarearchitektur bzw. eines kombinierten kognitiven Sensorsystems nicht direkt erkennen, ist es sinnvoll, dies durch den Aufbau von Versuchen und Prototypen experimentell herauszufinden.

6.3.6 Technische Anforderungen an autonome Transportsysteme

Autonome Transportsysteme, auch als Transportroboter bezeichnet, werden in der Industrie verstärkt eingesetzt, um die klassische Linienverkettung in der Intralogistik aufzulösen und einen höheren Grad an Flexibilität zu erreichen. Es werden also keine Förderbänder o. Ä. installiert, sondern autonome Transportsysteme verwendet, die ihren Weg selbst finden, Hindernissen ausweichen und so flexibel eingesetzt werden können.

Dazu erhalten diese Transportsysteme von einem zentralen Flottenmanagement ein Fahrziel und berechnen eine Fahr-Trajektorie von der aktuellen Position zum Ziel. Da diese zunächst nur auf Basis der Start- und Zielkoordinaten erstellt wird, können bewegliche Hindernisse wie andere Fahrzeuge, Material oder Menschen nicht im Voraus berücksichtigt werden, selbst wenn eine Karte der Anlage vorliegt. Die autonomen Transportsysteme müssen deshalb kontinuierlich ihre Umgebung durch Sensoren erfassen, Hindernisse detektieren und die Fahr-Trajektorie anpassen.

Im Falle einer Blockade des Fahrtweges gibt es verschiedene Lösungsansätze. Es kann versucht werden, unter Einhaltung von Mindestabständen das Objekt zu umfahren. Ist das nicht möglich, lässt sich ein grundsätzlich anderer Weg wählen oder die Unterstützung durch einen Menschen anfordern. Alternativ kommt es zu einem Warten und gegebenenfalls einem andauernden Stillstand.

Im einfachsten Fall können Ultraschallsensoren verwendet werden, die berührungslos erkennen, ob Mindestabstände eingehalten werden. Auch lassen sich einfache Laserscanner (LiDAR) hierzu einsetzen.

Es ist für die Wegplanung hilfreich, das Hindernis möglichst genau zu klassifizieren, um darauf basierend die Fahrtroute neu zu planen. Schließlich ist es ein Unterschied, ob der Fahrweg nur kurzzeitig durch einen querenden anderen Transportroboter blockiert ist oder ob es sich um eine dauerhafte Blockade handelt.

Hier ist der Einsatz von kognitiven Sensoren sinnvoll, da sie aus den Messwerten eine höherwertige Information erzeugen und diese direkt in den Entscheidungsprozess mit einfließen lassen.

Allerdings werden nun auch unternehmerische Einschätzungen relevant, um zu entscheiden, nach welchem Konzept ein zukünftiger kognitiver Sensor konzipiert werden soll, der dann auch auf Interesse bei den Herstellern der Transportsysteme trifft. In der Praxis werden hierzu umfassende Untersuchungen des Anwendungsfeldes in Bezug auf den Bedarf durchgeführt.

Für das vorliegende Beispiel des autonomen Transportsystems soll ein möglichst kompakter Sensor realisiert werden, der die Erfassung von Objekten und Personen in Fahrtrichtung ermöglicht und zusätzliche Informationen über die Art der Hindernisse liefert, diese also klassifiziert, z. B. „querende Person voraus".

6.4   Entwicklung einer Vorgehensweise

Bei der Entwicklung eines kognitiven Sensorverfahrens zur Wegfindung eines autonomen Transportsystems ist ein schrittweises Vorgehen sinnvoll, da die Spezifikation eines neuen Produkts aufgrund der Unsicherheiten in der Technologieentwicklung iterativ erfolgen muss.

Die Entwicklung eines kognitiven Sensorsystems kann dazu mithilfe eines Entwicklungsplans in verschiedenen Schritten konzipiert werden.

Es kann auch vorkommen, dass sich während der Entwicklung neue Erkenntnisse ergeben, sodass die Planung revidiert werden muss.

6.4.1   Entwicklungsoptionen und Auswahl von Technologien

Bei der Konzeption und Planung der Entwicklungen sind Annahmen hinsichtlich der technologischen Handlungsoptionen und mit Blick auf das Einsatzfeld eines zukünftigen Produkts notwendig.

Folgende Annahmen und Beobachtungen können festgehalten werden:

• Es wird erwartet, dass autonome Transportsysteme in der Fertigungsindustrie zunehmend eingesetzt werden oder sogar den Durchbruch schaffen, wodurch dieser Markt zu einem attraktiven Wachstumsmarkt wird.

- LiDAR-Sensoren und Kameras werden immer preiswerter und es ist davon auszugehen, dass sich dieser Trend auch in Zukunft fortsetzen wird. Bei den LiDAR-Sensoren zeichnet sich zudem ein Durchbruch zu kostengünstigen Lösungen ab.
- Die Entwicklung von KI-Algorithmen wird weltweit forciert, sodass der Einsatz von Kameras und gleichzeitiger LiDAR-Signalverarbeitung auf GPU-Basis einfacher und kostengünstiger wird.

Offen ist derzeit die Frage, ob die Überwachung von Freiflächen in einer Fabrik durch fest installierte Sensorsysteme oder dezentral an den Transportsystemen montiert erfolgen soll.

Eine fest installierte Sensorik hat den Vorteil, dass sie umfassendes Wissen über die freie Strecke generiert und daher besser eingesetzt werden kann als ein Ansatz mit dem begrenzten Wissen eines oder mehrerer autonomer Systeme. Andererseits bieten autonome Einheiten eine deutlich höhere Flexibilität bei der Wahl der Technologie und begünstigen insbesondere unterschiedliche Hersteller, da die einzelnen Systeme unabhängig voneinander betrieben werden können und keine Integrationsaufwendungen in ein Gesamtsystem erfordern.

Wie lassen sich nun die zuvor skizzierten Einschätzung bezüglich einer Auswahl eines Sensorverfahrens und einer Hardware für dieses Anwendungsfeld konkretisieren?

Zunächst müssen die Auswahlkriterien hinsichtlich ihrer Anwendung und der zu erwartenden Anforderungen konkretisiert werden. Anschließend wird jedem Kriterium eine Gewichtung zugeordnet. Dabei erhalten die Eigenschaften je nach Wichtigkeit einen höheren oder niedrigeren Gewichtungsfaktor.

In Tab. 6.3 sind die Gewichtungen und Einschätzungen für die zuvor ermittelten und zwei weitere Kriterien mit direktem Anwendungsbezug (Robustheit und Marktakzeptanz) dargestellt.

Das Ergebnis bei der Bewertung mit den dargestellten Einschätzungen fällt relativ knapp aus. Vor dem Hintergrund von nicht immer einheitlichen Expertenmeinungen bedeutet das, dass keines der Sensorverfahren führt, sondern alle Vor- und Nachteile haben.

Tab. 6.3 Vergleich der Sensorverfahren mittels einer gewichteten Summe

Kriterium	Gewicht	Ultraschall	Radar	LiDAR	Kamera
Reichweite	2	1	4	4	3
Tiefeninformation	2	1	2	4	3
seitliche Genauigkeit	1	1	2	4	3
Wetterunabhängigkeit	2	2	4	2	0
Farberkennung	1	0	0	0	4
Kosteneffizienz	3	4	2	2	3
Robustheit für das Anwendungsfeld	3	4	2	3	2
erwartete Marktakzeptanz	2	1	1	4	3
Summen		**35**	**36**	**47**	**40**

Gewicht: 1 (niedrig) bis 3 (hoch/wichtig); Bewertung: 0 (schlecht) bis 4 (gut) entsprechend der Einstufung nach den Harvey Balls von Tab. 6.1

Dennoch zeichnet sich eine Rangfolge mit LiDAR an der Spitze ab, dicht gefolgt von Kamerasystemen, da hier die Verbesserungen der Technologien in den letzten Jahren wegweisend sind.

Dies bedeutet für diesen Fall, dass auf kostengünstige LiDAR-Systeme gesetzt werden sollte. Im Hinblick auf eine weitere Verbesserung der Wegplanung durch eine Hindernisklassifikation ist auch der Einsatz von Kamerasystemen sinnvoll. Die Kombination beider Verfahren im Sinne von Sensor Vision würde auch die Bilderkennung und Objektklassifikation vereinfachen, da die aufwendige Klassifikation von Kamerabildern durch die Tiefenprofile des LiDAR vereinfacht wird.

Ultraschall und Radar liegen praktisch gleichauf bzw. deutlich hinter LiDAR, sodass deren Einsatz weniger empfehlenswert ist.

Für die Auswahl der Verarbeitungseinheit wird nun also davon ausgegangen, dass zunächst mit LiDAR-Sensoren gearbeitet wird und später Kameras hinzugenommen werden.

Für die Verarbeitung der Daten eines LiDAR-Sensors bietet sich der Einsatz einer CPU an – vorausgesetzt, dass ein LiDAR-System eingesetzt wird, das bereits eine Signalvorverarbeitung auf Basis von ASICs realisiert, die nicht neu entwickelt werden müssen. Zwar wäre es auch denkbar, ein LiDAR zu wählen, das keine Vorverarbeitung erlaubt. Allerdings würde dies erhebliche Investitionen in die Entwicklung eines speziellen LiDAR-VorverarbeitungsFPGA oder ASIC bedeuten.

Die Programmierung einer CPU ist relativ kostengünstig und der Aufbau von entsprechendem Wissen ist einfacher als der Wissensaufbau im Bereich FPGA bzw. ASIC. Zudem kann eine CPU später auch um GPUs erweitert werden, falls aufwendige Algorithmen zur Bildverarbeitung zum Einsatz kommen müssen.

Es wird deutlich, dass die Wahl eines Sensors und einer Verarbeitungseinheit von vielen Faktoren abhängt. Obwohl die Auswahl des Sensorverfahrens systematisch durch eine gewichtete Summe in der Tabelle erfolgte, ist dies kein Garant für die richtige Entscheidung; dafür sind die technischen Zusammenhänge zu komplex. Hinzu kommen Faktoren wie der Entwicklungsaufwand oder das Akzeptanzrisiko des späteren Produkts – eine Einschätzung, die stark von den jeweiligen Gegebenheiten abhängt, z. B. der Kompetenzen des Entwicklungsteams und dem beabsichtigten Zielmarkt.

6.4.2   Entwicklung eines Mehrgenerationenplans

Durch einen Mehrgenerationenplan werden Investitionen, Entwicklungsaufwand und Risiken auf mehrere überschaubare Schritte verteilt. Zwischen den einzelnen Entwicklungsschritten, auch Generationen genannt, kann neu evaluiert und nachjustiert werden. Wenn sich in der Zwischenzeit neue Erkenntnisse ergeben oder ältere widerlegt wurden, können folgende Generationen angepasst werden. Zudem entstehen funktionsfähige Zwischenlösungen, die bereits als Produkt vermarktet werden können, und die so die Finanzierung der weiteren Forschung und Entwicklung unterstützen.

	Generation 1	Generation 2	Generation 3
Zielbild	Einfache Objektdetektion	Objektdetektion und Klassifikation	Dezentralisierung der Datenerfassung und Kombination mehrerer Datenquellen
Sensorverfahren	• LiDAR	• Kamera	• Fusion von LiDAR und Kamera
Hardware	• CPU	• GPU	• Heterogene Verarbeitungseinheit
Funktionen	• Hindernisdetektion • Bewegungsdetektion • Auswertung durch klassische Algorithmen	• Hindernisklassifikation • Auswertung durch KI-Algorithmen	• dezentrale Datenerfassung und Multi-Sensorfusion
Benötigtes Wissen	• CPU Programmierung	• Kenntnisse KI • GPU Programmierung	• Kenntnisse KI • GPU Programmierung
Entwicklungsaufgaben	• Implementierung der Auswertung	• Implementierung angepasster KI-Algorithmen	• Kommunikationsinfrastruktur • Entwicklung Sensorfusionsalgorithmen
Technologische Risiken	gering	moderat	erhöht

Abb. 6.7 Mehrgenerationenplan für einen kognitiven Sensor für autonome Transportsysteme

Darüber hinaus können Zwischenprodukte später als einfache, kostengünstigere Versionen in die Produktpalette aufgenommen werden und so den Kundenkreis erweitern.

Ein Mehrgenerationenplan für einen kognitiven Sensor zur Wegfindung für autonome Transportsysteme ist in Abb. 6.7 dargestellt. In horizontaler Richtung sind verschiedene Entwicklungsgenerationen eingetragen. Jede Generation wird in einer Spalte durch die Zuordnung eines Ziels, der Verfahren, der Hardware, der Funktionalitäten, des notwendigen Wissens, der Entwicklungsaufgaben und der möglichen technologischen Risiken bei der Entwicklung beschrieben.

Generation 1

Der Ausgangspunkt der Generation 1 des kognitiven Sensorsystems zur Wegfindung ist ein einfacher LiDAR-Sensor, der feststellt, ob der Weg frei oder blockiert ist. Dieser Sensor ist ein Zukaufteil und kann leicht in eine eigene Software zur Umgebungsanalyse und Wegeplanung integriert werden.

Dadurch kann auf geraden Strecken frühzeitig die Fahr-Trajektorie angepasst werden. Mittels einer Integration auf Basis einer CPU können die Messwerte des LiDAR-Sensors aufgearbeitet und etwas interpretiert werden, sodass Informationen über Blockaden zur Optimierung der Fahrtstrecke verwendet werden können.

Generation 2

In der Generation 2 kann zusätzlich auf eine Realisierung mittels Kamera und GPU zur Informationsauswertung gesetzt werden.

Für die Bilderkennung und Objektklassifikation stehen in Softwarebibliotheken vor-trainierte Algorithmen zur Verfügung. Daher wird nur anwendungsbezogenes Wissen zur Nutzung dieser Bibliotheken benötigt. Beim Einsatz von GPU wird also ein moderater Kompetenzaufbau des Entwicklungspersonals für den Einsatz von KI-basierten Algorith-men erforderlich.

Diese Entwicklungsaufwände zahlen sich aber in den weiteren Generationen aus, deren Funktionen auf der GPU-Hardware aufbauen können.

Generation 3

Schließlich wird in der Generation 3 das geplante kognitive Sensorsystem erreicht, bei dem LiDAR- und Kameradaten fusioniert werden. Dazu wird die Hardware der Ver-arbeitungseinheit verbessert, indem sie z. B. an die begrenzten Platzverhältnisse und das Energiemanagement sowie auf die Rechenoperationen und die Parallelisierbarkeit der Al-gorithmen und Daten optimiert wird. Dazu könnte ein ASIC entwickelt werden.

Durch die verbesserte Rechenleistung können fortgeschrittene KI-Algorithmen eingesetzt werden, die auf Basis der laufenden Betriebsdaten kontinuierlich lernen, um ihre Kognition zu verbessern. Insbesondere ist es denkbar, aus der Kombination von LiDAR- und Kamera-daten weiterführende Rückschlüsse auf die Geschehnisse in der Umgebung zu ziehen.

Aus den Rückmeldungen der Pilotkunden zu den ersten Generationen können Ver-besserungen abgeleitet und umgesetzt werden. Außerdem bieten sich diese Kunden für Pilotversuche mit den neuen kognitiven Sensoren an.

Mit zunehmender Bekanntheit und Akzeptanz ist eine Serienproduktion dieser Generation denkbar. Durch die Serienfertigung und sinkende Stückpreise werden weitere Produkt-ansätze denkbar, z. B. ein Einsatz der Sensoren in der Produktionshalle ergänzend zum Ein-satz autonomer Transportsysteme. So kann der aktuelle Zustand der freien Fahrfläche, die Art und Position von Hindernissen auf der Fläche durch fest installierte kognitive Sensoren erfasst werden. Die Daten für die Routenplanung werden dann einem zentralen Flottenmanagement zur Verfügung gestellt.

6.4.3   Konzept und Roadmap für die Kommunikation mit dem Management

Um einen einfachen Einstieg in die Thematik zu ermöglichen, sollte eine für das Manage-ment geeignete Kommunikation ausgearbeitet werden.

Diese zeigt zunächst das Konzept des kognitiven Sensors in der finalen Ausbaustufe und erläutert dann schrittweise den Weg dorthin. In die sich daraus ergebenden Er-klärungen können Detailinformationen einfließen.

Das Gesamtkonzept des kognitiven Sensors nach Abschluss von Generation 3 ist in der Abb. 6.8 dargestellt. Zu sehen sind die Hauptkomponenten, d. h. CPU und GPU, sowie die

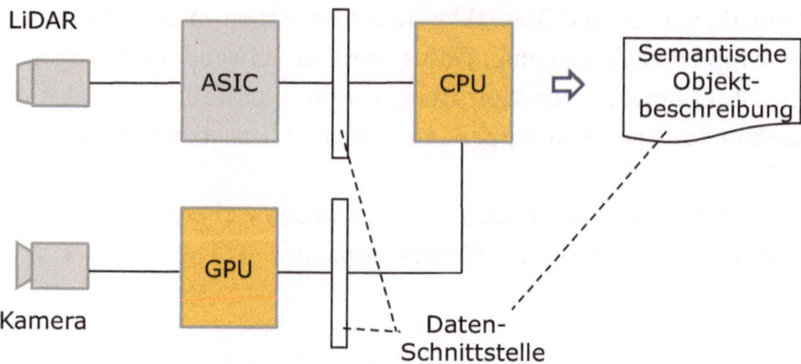

Abb. 6.8 Konzept des kognitiven Sensorsystems in der finalen Ausbaustufe

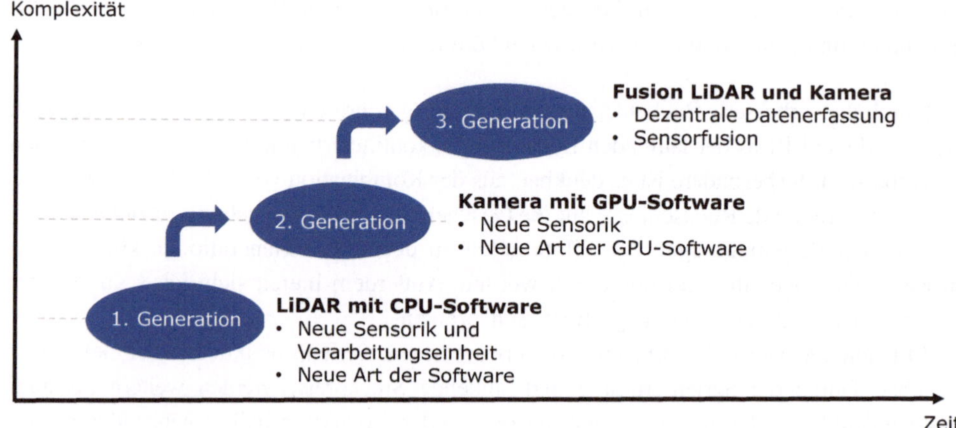

Abb. 6.9 Roadmap der Entwicklung

Zukaufteile LiDAR, ASIC und Kamera. Die schematischen Elemente stehen dabei für die im Rahmen der Entwicklung durchzuführenden Arbeiten des Schaltungsdesigns, der Softwareentwicklung und der Systemintegration. Anhand der Grafik kann nun die Sinnfälligkeit der finalen Lösung rasch und ohne eine Überladung durch fachliche Details erörtert werden.

Die Blockgrafik lenkt den Blick aber auch auf die Datenschnittstellen, die bisher nicht diskutiert wurden, für die aber eine Lösung, z. B. ein Industrie-Standard, eingesetzt werden sollte.

Um die Vorgehensweise darzulegen, eignet sich eine Entwicklungs-Roadmap basierend auf dem Mehrgenerationenplan wie in Abb. 6.9 dargestellt.

Allerdings sollten die für das Management ausgeführten Generationen noch um eine Einschätzung in Bezug auf die Durchführbarkeit mit dem bestehenden Team und eine Risikobewertung ergänzt werden.

In der Generation 1 sind keine großen Risiken zu erwarten und es ist nur ein überschaubarer Kompetenzaufbau eines Entwicklerteams notwendig. Dabei bildet die Hypothese, dass

LiDAR-Sensoren weiterhin im Preis fallen bzw. in autonomen Transportsystemen für andere Applikationen verwendet werden, die Grundlage für die Auswahl dieses Sensorverfahrens.

Für die Generation 2 muss Wissen im Bereich der KI-Algorithmen und der Verwendung von GPUs aufgebaut werden. Insgesamt ist hierfür auch schon eine Vielzahl von Bibliotheken verfügbar, sodass nur ein moderates Risiko hinsichtlich der Anwendbarkeit von Softwarebibliotheken entsteht.

Die Generation 3 birgt ein höheres Risiko, da zusätzliches Wissen aus dem Bereich des Hardwareentwurfs für ASICs benötigt wird. Die Entwicklungskosten könnten aus den Gewinnen der vorangehenden Generationen finanziert werden.

Weiterführende Diskussionen könnten die dargelegte Generationenplanung hinterfragen und weiter ausführen.

Sinnvoll ist es aber auch, zukünftige Generationen zu erörtern, die über die hier dargelegten Betrachtungen hinausgehen. Denkbar sind die bereits angesprochenen Datenschnittstellen und deren Standardisierung, die Realisierung eines cloudbasierten Rechensystems zur Informationsverarbeitung oder die Entwicklung weiterführender Methoden der KI zur Wahrnehmung der Umgebung.

6.5 Denkanstöße

Diese Fallstudie machte die Vielschichtigkeit der Optionen bei der Technologieauswahl für neue Produkte deutlich und illustrierte auch die Vielfalt der denkbaren Handlungsalternativen, die auf zukunftsweisende Produkte der Automatisierungstechnik führen können.

In der Rückschau und nach Abschluss vieler Entwicklungen lassen sich die Vor- und Nachteile oft einfach zusammenstellen – sind die Technologien jedoch noch jung und im Entstehen, ist ungewiss, welche Kombinationen die technischen Anforderungen erfüllen und gleichzeitig als Produkte erfolgreich sind. Es braucht Fantasie und technische Intuition, um Kombinationsmöglichkeiten der Technologien zu ersinnen. Vor allem aber ist systematische Arbeit erforderlich, um die Möglichkeiten aufzubauen und anhand von Anwendungsfällen zu evaluieren.

Recherchieren Sie und überlegen Sie dann selbst:

a. Welche anderen Technologien und Lösungsmöglichkeiten sehen Sie zur Realisierung von kognitiven Sensoren?
b. Wie lassen sich diese in Verbindung zu den skizzierten Technologien bringen und in welcher anderen Form kombinieren?
c. Sehen Sie alternative Richtungen, um zu einem neuartigen Sensorprodukt für den Anwendungsfall zu gelangen? Wie bewerten Sie dann die Chancen und Risiken?
d. Welche alternativen Vorgehensweisen zur Entwicklung von Generationen und zum Know-how-Aufbau können Sie sich vorstellen?

Weiterführende Literatur

Giacalone, J.-P.; Bourgeois L.; Ancora, A.: **Challenges in aggregation of heterogeneous sensors for autonomous driving systems.** *2019 IEEE Sensors Applications Symposium (SAS)*, Sophia Antipolis, France, 2019 https://doi.org/10.1109/SAS.2019.8706005

Ignatious, H.A.; El- Sayed, H.; Khan, M.: **An overview of sensors in autonomous vehicles.** Procedia Computer Science, Volume 198, 2022 https://doi.org/10.1016/j.procs.2021.12.315

Qu, J.; Barton, D.; Gönnheimer, Ph.; Pinsker, F.; Kufer, D.; Fleischer, J.: **Self-Aware LiDAR Sensors in Autonomous Systems Using a Convolutional Neural Network.** Procedia Manufacturing, Volume 52, 2020 https://doi.org/10.1016/j.promfg.2020.11.010

Referenzen

Continental: **Autonomous mobility – Camera, lidar, radar and control units provide the necessary information for highly automated driving.** Firmenschrift. https://www.continental-automotive.com/en-gl/Passenger-Cars/Autonomous-Mobility/Enablers (Abgerufen Mai 2023)

Heumer, W.: **Mit Lidar in die autonome Auto-Zukunft.** VDI Nachrichten, Ausgabe vom 28.10.2021, VDI-Verlag, Düsseldorf, 2021

Mercedes: **Die Sensoren: Im Team am stärksten.** Firmenschrift, **Mercedes-Benz Group Media**. Juli 2018

Fallstudie: IT-Integration in der Anlagenautomatisierung 7

Zusammenfassung

Die Verbindung verschiedener IT-Systeme in Anlagen und deren Komponenten stellt in der Praxis eine große Herausforderung dar, da sie mit hohen Kosten und vielen technischen Unzulänglichkeiten aufgrund mangelnder Interoperabilität verbunden ist. In diesem Kapitel wird daher eine Fallstudie zur IT-Integration in der Anlagenautomatisierung diskutiert, die eine Interoperabilität der Teilsysteme anstrebt.

Dazu werden zunächst die Anforderungen und dann mögliche Ansätze für IT-Architekturen zur Integration der Teilsysteme untersucht.

Folgende Aspekte werden in diesem Kapitel erörtert:

- Worin bestehen die Besonderheiten der IT-Integration in der Anlagenautomatisierung?
- Wie kann mithilfe von Interoperabilität eine Überwachung (Monitoring) und das optimale Zusammenspiel von Teilsystemen erreicht werden?
- Wie kann man serviceorientierte Architekturen für Anlagen einsetzen?
- Welche technischen Möglichkeiten bietet die Architektur OPC UA?
- Welche weiteren IT-Architekturen und damit verbundene Standards sind von Bedeutung?

Das Kapitel gibt somit einen Einblick in die Verwendung von IT-Architekturen in der Anlagenautomatisierung und einen ersten Ansatzpunkt für einen tieferen Einstieg in das komplexe Thema.

© Springer-Verlag GmbH Deutschland, ein Teil von Springer Nature 2023

M. Weyrich, *Industrielle Automatisierungs- und Informationstechnik*,

https://doi.org/10.1007/978-3-662-56355-7_7

7.1 Herausforderungen an die IT-Architektur in der Anlagenautomatisierung

Die Realisierung von Anlagen unterliegt vielen Randbedingungen und erfordert große Investitionen und einen erheblichen Aufwand im Engineering. Betreiber versprechen sich von neuen Anlagen eine Steigerung der Konkurrenzfähigkeit, eine hohe Effizienz, Verfügbarkeit und Qualität, wenig Fehler und die Möglichkeit, unterschiedliche Produkte agil herzustellen.

Typisch für die Anlagenautomatisierung ist das Zusammenspiel technischer Teilsysteme von unterschiedlichen Herstellern, die komplexe Prozesse und Automatisierungsaufgaben für die Betreiber realisieren.

Die Betreiber von Systemen der Anlagenautomatisierung streben nach einer Ausweitung ihres Wettbewerbsvorteiles und nach einer hohen Kundenzufriedenheit. Neben den primären Anforderungen an den Produktions- bzw. Herstellungsprozess ergeben sich weitere Forderungen an die Interoperabilität aufgrund einer IT-Systemarchitektur:

- Realisierung eines nahtlosen Zusammenspiels und eines einwandfreien Betriebs der technischen Teilsysteme ganz unterschiedlicher Hersteller
- Einfache Integration von modularen Komponenten, sodass deren Automatisierungstechnik leicht zusammengefügt, umgebaut und betrieben werden kann (*Plug and Produce*)
- Realisierung eines Anlagenbetriebs, der durch Datentransparenz eine hohe Qualität und möglichst optimale Betriebsabläufe gewährleistet.

Abb. 7.1 skizziert schematisch eine Produktionsanlage mit den Aufgaben der Automatisierungstechnik. Es wird deutlich, welche vielgestaltigen Aktivitäten durch IT und Software unterstützt werden sollen: die Koordination der unterschiedlichen Anlagen, der vielen Teilsysteme und der Logistik im Kleinen und im Großen, das Management und die Diagnose von Alarmen und Störungen. Hierzu muss eine große Zahl unterschiedlicher Systeme miteinander kommunizieren können, Daten und Informationen austauschen, Handlungen koordinieren etc.

Zudem wünschen sich Industrieunternehmen grundsätzlich eine Technologie, die einen langfristigen Investitionsschutz gewährleistet, d. h. über viele Jahre verfügbar ist, da die Produktionssysteme oft eine Lebensdauer von über 20 Jahren haben.

Für die Automatisierungstechnik bedeutet dies mannigfache Anforderungen an die Systeme, Komponenten und Entwicklungswerkzeuge, z. B.:

- Modularisierung der Steuerungs- und Leittechnik durch eine Vereinheitlichung der IT bzw. deren Schnittstellen,
- Schaffung eines systemneutralen Engineerings durch eine standardisierte funktionale Modellierung,
- Bereitstellung von IT-Tools zur Inbetriebnahme, Testung und Validierung über Herstellergrenzen hinweg.

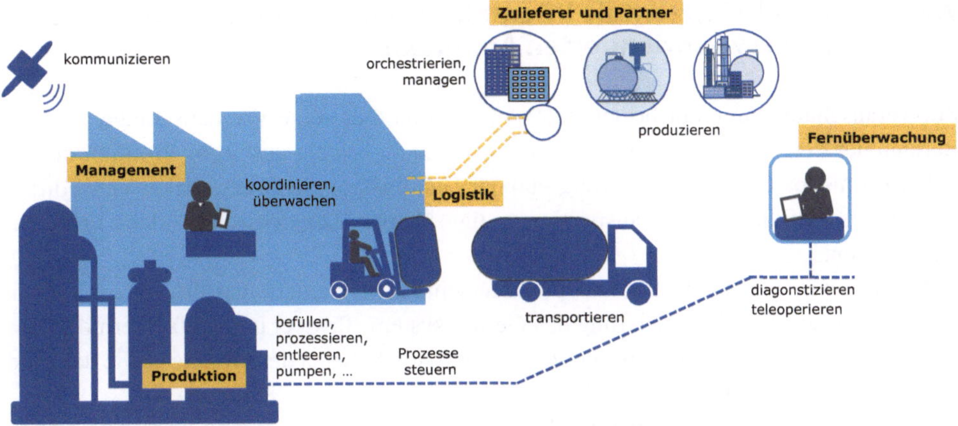

Abb. 7.1 Aufgaben der Automatisierungstechnik in der Anlagenautomatisierung

Schon vor Jahren haben sich daher Anlagenbetreiber, Systemlieferanten und Hersteller von Komponenten und Automatisierungstechnik zusammengefunden, um Standards zu schaffen. In den Branchen wird übergreifend zusammengearbeitet, um unter anderem die Themen Interoperabilität, Wiederverwendbarkeit von Teilsystemen, Austauschformate für Software und Daten voranzubringen.

Grundsätzlich lassen sich aus Sicht der Anlagenautomatisierung zwei Integrationsrichtungen unterscheiden:

- die horizontale Integration von Teilsystemen in der Produktion, die die Sensoren, Aktoren, Steuerungen etc. verbindet und
- die vertikale Integration im Sinne einer Anbindung von Produktions- und Logistiksystemen an die Betriebsorganisation.

Es gibt eine Vielzahl unterschiedlicher Ansätze, Konzepte, Standards und IT-Lösungen, um die Interoperabilität in diesem Bereich zu erleichtern und den enormen Integrationsaufwand in der Praxis zu reduzieren. Da die kommunikations- und informationstechnischen Möglichkeiten zur Vernetzung von Systemen zunehmen, können sich festgefahrene Strukturen auflösen und Realisierungen in neuer Weise umgesetzt werden.

Eine IT-Architektur wird von Anlagenbetreibern, d. h. Unternehmen, die Automatisierungstechnik in der Produktion einsetzen, ausgewählt und eingesetzt. Ziel ist die Integration von Automatisierungslösungen auf der Ebene der Informationstechnologie. Wenn alle Teilnehmer eines Systems miteinander kompatibel sind und der Datenaustausch selbstständig, d. h. ohne Zutun anderer Akteure erfolgt, spricht man von Interoperabilität.

Im Folgenden werden einige Ansätze zur vertikalen und horizontalen Integration erläutert, um einen Eindruck von den Verfahren zu geben. Abschließend werden aus Sicht des Anlagenbetreibers mit der sogenannten SWOT-Analyse (*Strengths, Weaknesses, Opportunities, Threats*) die Stärken, Schwächen, Chancen und möglichen Risiken diskutiert.

7.2 Beispiel: Horizontale Integration von Steuerungen auf Basis einer serviceorientierten Architektur

Zur Veranschaulichung der horizontalen Integration dient eine Versuchsanlage aus dem Bereich der diskreten Fertigungstechnik. Das System besteht aus sechs Produktionsmodulen zur mechanischen Bearbeitung und der Handhabung der Werkstücke. Vier Förderbänder (Logistikmodule) transportieren die Werkstücke zwischen den Produktionsmodulen.

Gesucht wird eine IT-Architektur, die unterschiedliche Steuerungssoftware zur Koordination integriert und eine Steuerung des Gesamtsystems flexibel und einfach ermöglicht.

Der virtuelle Prototyp des Produktionssystems, ein Schema der Module sowie das elektrotechnische Konzept ist in Abb. 7.2 skizziert.

Die Produktions- und Logistikmodule sind jeweils mit eigenen Mikrocontrollern zur Steuerung ausgestattet und über einen Feldbus im Sinne einer horizontalen Kommunikation miteinander verbunden. Die einzelnen Module sind also mit autarken Steuerungen ausgestattet, sodass eine dezentrale Koordination möglich ist.

Mit welchem Konzept lassen sich nun die elektrotechnischen Systemkomponenten einfach in die bestehenden Anlagen integrieren oder nachrüsten, ohne dass die Steuerungssoftware umfassend angepasst werden muss?

Hierzu könnte eine zyklische Steuerung auf Basis einer SPS zum Einsatz kommen. Dort würden jedoch alle Abfolgen auf Basis einer Verknüpfungslogik bzw. eines Zustandsautomaten programmiert werden, etwa: *„Wenn Anwesenheitssensor auslöst, dann stoppe das Band und starte den Vorschub des Bohrers.“* Eine solche Programmierung auf Basis eines Kontaktplanes bzw. einer Ablaufsprache entspricht dem Stand der Technik und würde mit einer zentralen, zyklisch arbeitenden Steuerung (SPS) funktionieren.

Der große Nachteil dieser zentralen, zyklischen Steuerung besteht darin, dass bei jeder Änderung, z. B. einer Erweiterung um eine neue Produktionskomponente, die zugrunde

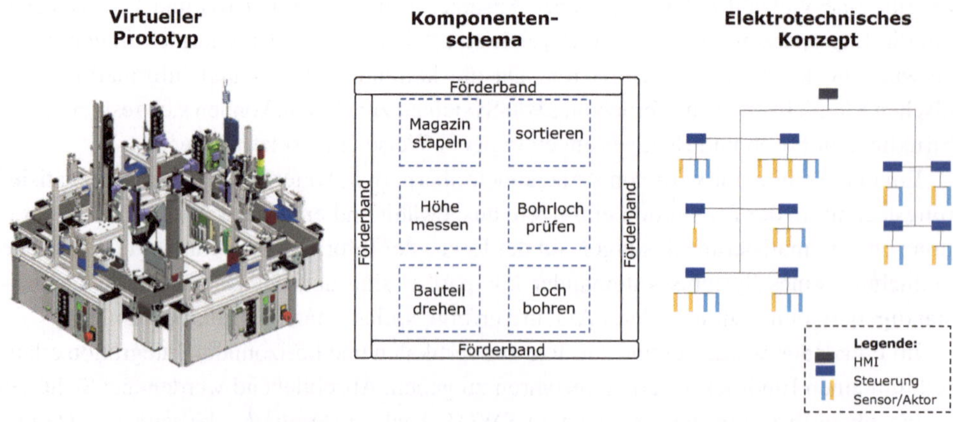

Abb. 7.2 Beispielhaftes modulares Produktionssystem mit Komponentenschema und elektrotechnischer Konzeption

liegende Verknüpfungslogik angepasst werden muss. Dies erfordert eine manuelle Umprogrammierung der SPS.

Alternativ bietet sich der Einsatz des ereignisgetriebenen Steuerungsparadigmas an, das durch eine serviceorientierte Architektur (SOA) realisiert wird.

7.2.1   Einsatz einer serviceorientierten Architektur (SOA)

Eine serviceorientierte Architektur (SOA) ist ein IT-Systemarchitekturkonzept für die Strukturierung und Bereitstellung von Diensten. Sie unterstützt die Nutzung verteilter Funktionalität in flexibler Weise. Dies gilt nach DIN SPEC 16593-1 (2018) als einer der technologischen Eckpfeiler, um die Anpassbarkeit und Agilität informationstechnischer Prozesse zu ermöglichen.

Grundvoraussetzung einer SOA ist, dass die Dienste (*Services*) in Form von gekapselter Steuerungssoftware mit einheitlichen IT-Schnittstellen zur Verfügung stehen. Diese können dann auf einer IT-Plattform verwendet und miteinander gekoppelt werden.

Gesetzt den Fall, dass die IT-Systemarchitektur der oben genannten Anlage diese Anforderung erfüllt, also auf jedem der den Produktionsmodulen zugeordneten Mikrocontrollern eine Steuerung ausgeführt wird, die über einen Feldbus per standardisiertem Protokoll mit den anderen Steuerungs-Mikrocontrollern kommuniziert, können diese entsprechende Dienste anbieten.

In einer SOA kann man drei Rollen unterscheiden, die die Teilnehmer einnehmen können:

- die **Diensteanbieter** (*Service Provider*) stellen Dienste für die Dienstenutzer bereit
- die **Dienstenutzer** (*Service Consumer*) konsumieren die Dienste der Diensteanbieter
- der **Dienstebroker** (*Service Broker*) dient der Verwaltung und Koordination von Diensten, dazu registrieren sich die Diensteanbieter und können dann von den Dienstenutzern gefunden und in Anspruch genommen werden.

Das Zusammenspiel dieser Rollen in einer SOA ist in Abb. 7.3 dargestellt.

Zur Realisierung der SOA zur Steuerung des modularen Produktionssystems werden drei Schichten (*Layer*) eingeführt, denen die Funktionalitäten der Teilsysteme, d. h. die Produktions- und Logistikmodule, zugeordnet werden. In der „Produkt-Schicht", der „Prozess-Schicht" und der „Logistik-Schicht" werden die Funktionalitäten in Form von aufrufbaren Diensten (*Services*) angeboten.

In Abb. 7.4 sind solche Dienste, die mit der Anlage realisierbar sind, dargestellt. Der Dienstebroker fungiert in der zuvor beschriebenen Rolle als ein zentraler Informationsknotenpunkt, mit dem alle Beteiligten kommunizieren können.

Ein Produkt n ruft einen Dienst auf, der dann vom jeweiligen Teilsystem, d. h. einem Produktions- und Logistikmodul, ausgeführt wird. Das bedeutet, dass das Produkt n,

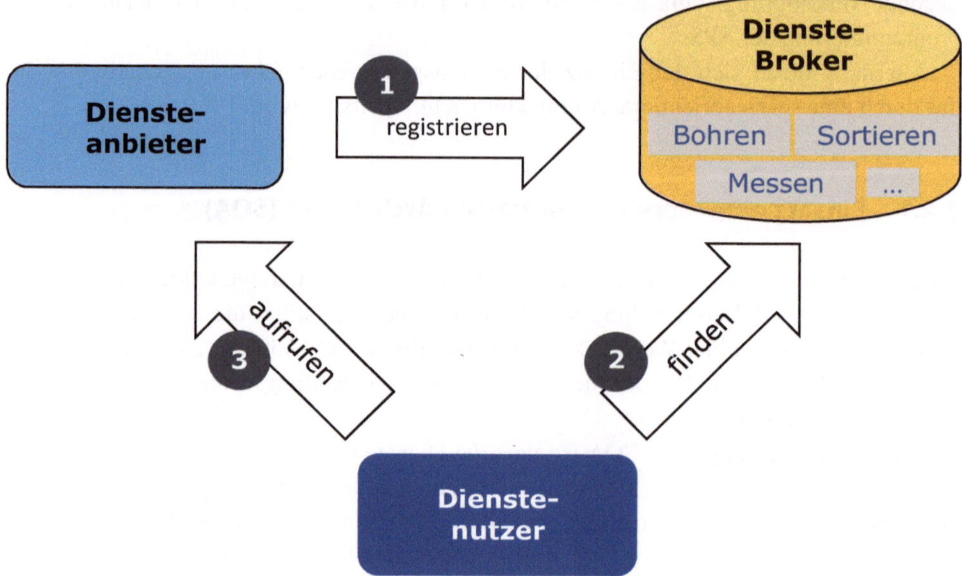

Abb. 7.3 Grundsätzliches Zusammenspiel der Elemente einer SOA

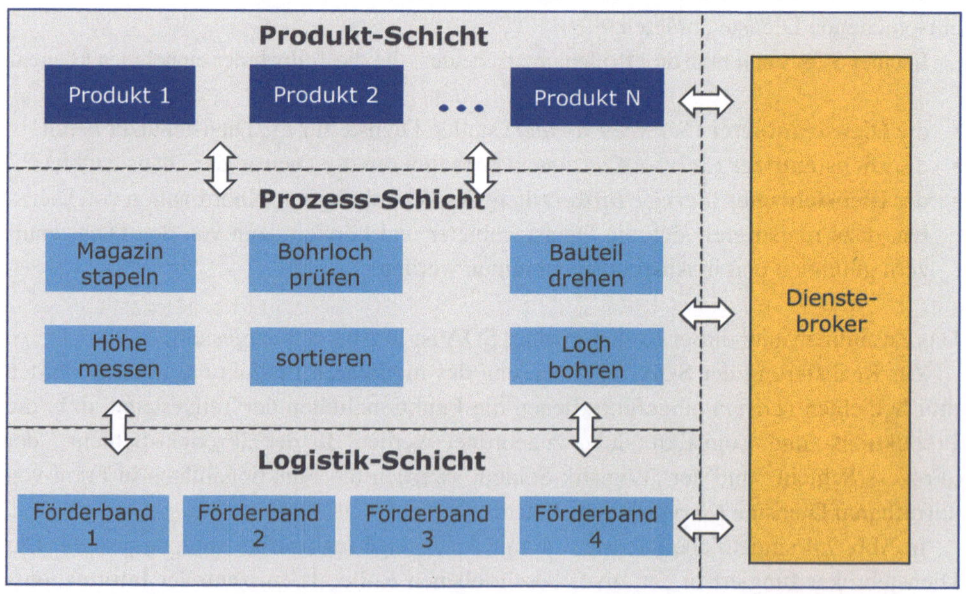

Abb. 7.4 Schichtenmodell von SOA-Diensten für die Automatisierung der Versuchsanlage

z. B. ein Rohling, seine Bearbeitungen selbst organisiert, indem es die passenden Dienste abruft. Diese werden dann in der Prozess-Schicht von einem entsprechenden Teilsystem, d. h. einem Produktionsmodul der Anlage, ausgeführt. Zuvor prüft die Komponente jedoch, ob sich das Produkt *n* bereits an der passenden Stelle befindet und ruft, wenn dies nicht der Fall ist, die Logistik-Schicht auf, um den Transport über ein Förderband zu organisieren.

Vor jedem der genannten Serviceaufrufe erfolgt eine Kommunikation zwischen dem Servicenutzer über den Dienstebroker zum Serviceanbieter.

Die dargestellte SOA erlaubt ein einfaches Hinzufügen und Entfernen von Teilnehmern und ihren Funktionalitäten im Schichtenmodell. Dazu sind keine substanziellen Änderungen an der Steuerungsprogrammierung erforderlich. Vielmehr werden nur die Information zur Funktionalität und die Art und Weise der Erbringung im Sinne einer Definition des Dienstes in der Ebenen-Architektur angepasst. Somit können Teilsysteme leicht neu definiert, ausgetauscht oder entnommen werden.

7.2.2   Einschätzung zur SOA

Für das Beispiel des modularen Produktionssystems lassen sich mithilfe einer SWOT-Analyse die Stärken und Schwächen bzw. die Chancen und Risiken im Sinne einer Innen- und Außenwirkung darstellen.

In Abb. 7.5 sind die einzelnen Aspekte der SWOT-Analyse dargestellt.

Vor allem für mittlere bis große Unternehmen mit vernetzten Automatisierungssystemen kann der Nutzen einer SOA rasch bedeutungsvoll werden, weil der Austausch oder die Erweiterung von Anlagen mit Komponenten verschiedener Lieferanten einfach durchführbar ist, wodurch Interoperabilität und Flexibilität entsteht. Außerdem können Betriebsabläufe gut überblickt werden, um durch Datentransparenz eine hohe Qualität bei einer optimalen Betriebssteuerung zu gewährleisten. Neben diesen Vorteilen ist der anfängliche Aufwand zur Realisierung sowie die unklare Schnittstellenspezifikation der Dienste allerdings als Nachteil anzuführen.

Somit entstehen mit der Einführung von serviceorientierten Architekturen neue Herausforderungen in Bezug auf die Datenmodellierung im Sinne einer „einheitlichen Sprache" zur Beschreibung der jeweiligen Fähigkeiten.

Auch erhöhen die Softwarestrukturen einer SOA in Verbindung mit der Definition von Services die Komplexität im Vergleich zu den einfachen Verfahren der zyklischen Verknüpfungssteuerung mit SPS, die zwar weit weniger elegant, dafür aber deutlich einfacher zu entwickeln und zu pflegen sind.

Eine Umsetzung einer SOA sollte daher im Vorfeld anhand einer Aufwand-Nutzen-Abwägung kritisch geprüft werden.

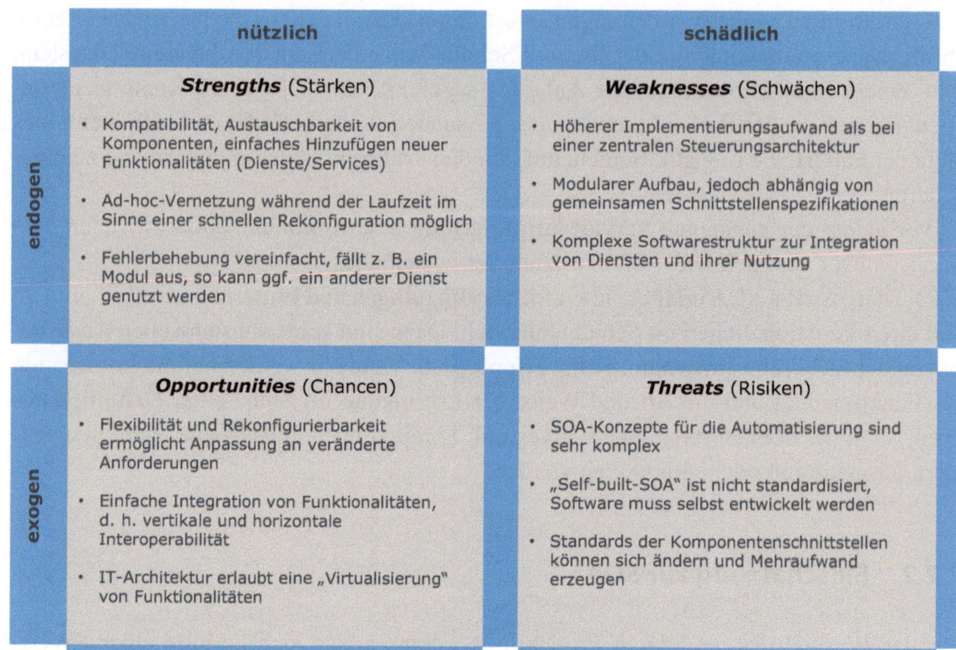

Abb. 7.5 SWOT-Analyse für den Einsatz einer SOA für das modulare Produktionssystem

7.3 *Open Platform Communications Unified Architecture* (OPC UA)

Die *Open Platform Communications Foundation* (OPC) hat einen Standard für eine serviceorientierte Architektur, die sogenannte *Unified Architecture* (UA), festgelegt. Dieser Standard, OPC UA (2008), definiert seither eine plattformunabhängige Architektur für automatisierte Systeme, in der sich verschiedene Branchen und Wettbewerber wiederfinden. Ziel ist es, einen nahtlosen Informationsfluss zwischen den Komponenten der Automatisierungstechnik verschiedener Hersteller zu ermöglichen. Der Standard mit seinen Protokollen und Informationsmodellen wird von der OPC-Foundation und ihren Industriepartnern gepflegt und weiterentwickelt.

7.3.1 Konzept von OPC UA

Die OPC UA ist ein plattform- und herstellerunabhängiger Standard für die vertikale und horizontale Integration und damit für eine Interoperabilität von Systemen und Komponenten.

Der Schwerpunkt liegt auf der semantischen Beschreibung von Informationsflüssen, Daten und Diensten zur Steuerung, Überwachung und Diagnose. Dazu stellt OPC UA

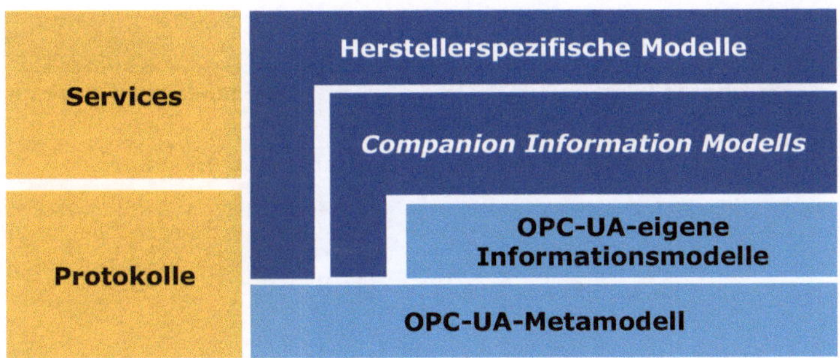

Abb. 7.6   Das Konzept von OPC UA

Dienste und Kommunikationsschnittstellen für die vertikale und horizontale Integration zur Verfügung, die dem Paradigma der serviceorientierten Architektur (SOA) folgen und diese konkret für die Anlagenautomatisierung in den verschiedenen Branchen definieren. Die Architektur sieht eine Staffelung der Informationsmodelle vor. So können ausgehend von einer Basisdefinition unterschiedliche Branchensegmente individuell einbezogen werden.

Abb. 7.6 gibt die Grundstruktur von OPC UA wieder. Es werden Protokolle und Services für die Integration von Automatisierungskomponenten definiert. In diesem Zusammenhang werden auch umfassende Meta- und Informationsmodelle für OPC UA festgelegt.

Dabei bildet die Definition eines Metamodells die Grundlage für die Definition von Informationsmodellen, die – den Strukturen des Metamodells folgend – konsistent aufgebaut sind. Diese werden dann durch domänenspezifische Informationsmodelle, sogenannte *Companion Information Models*, für spezielle Branchen ergänzt und durch herstellerspezifische Modelle nochmals erweitert.

Mit diesem Ansatz liegt ein Modellierungskonzept vor, das für die speziellen Branchen jeweils ergänzt wird und durch die Hersteller von Automatisierungskomponenten weiter angepasst werden kann.

7.3.2   Was leistet OPC UA?

OPC UA ermöglicht die Standardisierung eines serviceorientierten Modells der Dienste und Schnittstellen und verbessert damit die Interoperabilität und Skalierbarkeit von Systemen der Anlagenautomatisierung – angepasst an die Notwendigkeiten unterschiedlicher Branchen.

Der Standard eignet sich für übergreifende Lösungen, die eine Steuerung und Koordination sowohl im Sinne der horizontalen als auch der vertikalen Integration benötigen. So ist es beispielsweise leicht, mit einem an einen Server angeschlossenen Tablet Verwaltungsbefehle aus der Distanz für eine Anlage auszulösen. Für solche Anwendungsfälle stehen vorgefertigte Konzepte in OPC UA bereit.

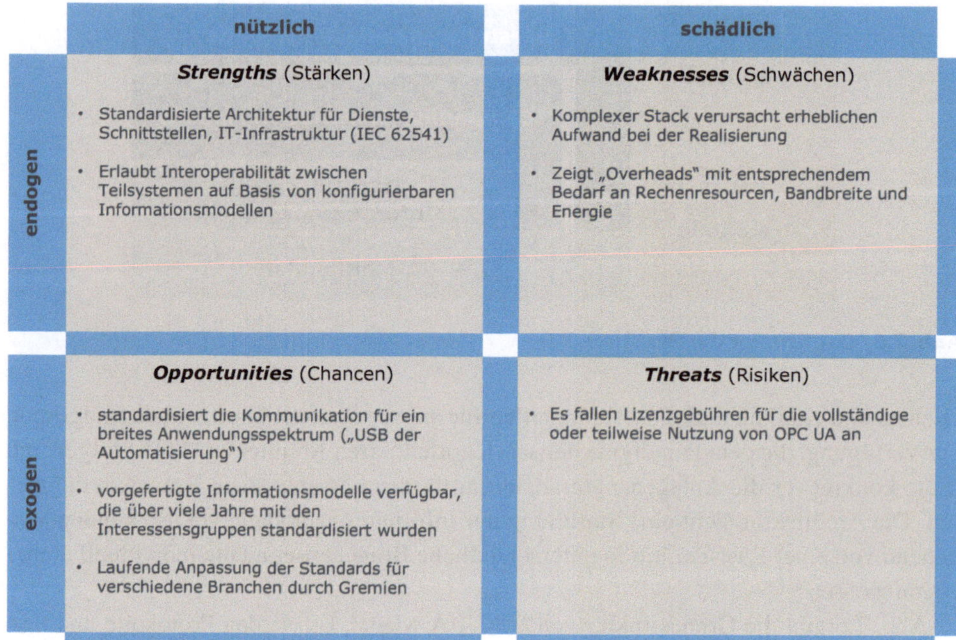

Abb. 7.7   SWOT-Analyse zu OPC UA

Allerdings benötigt OPC UA ein aufwendiges *Framework* mit hohem Bedarf an Rechenressourcen. Die Anzahl der Dienste in OPC UA kann bei größeren Anlagen sehr umfangreich werden, sodass die entstehende Komplexität erheblich wird. Auch wird die Realisierung von OPC UA für die Anwendung in kleineren Anlagen aufgrund des *Frameworks* vergleichsweise aufwendig. Zwar ist dann die Dienstestruktur überschaubar, jedoch muss das OPC UA *Framework* trotzdem eingesetzt werden, was einen großen Aufwand im Vergleich zum Nutzen darstellt.

Zudem erfordert die Architektur eine stabile Kommunikation zwischen den Teilnehmern – mit spürbarem Energieverbrauch. Außerdem fallen nicht unerhebliche Lizenzgebühren an.

In Abb. 7.7 ist die SWOT-Analyse von OPC UA dargestellt.

7.4   Weitere Interoperabilitäts- und Integrationsansätze

Es gibt eine Vielzahl weiterer Integrationsansätze und Initiativen zur Herstellung von Interoperabilität. Dieses Kapitel gibt einen Überblick über verschiedene Standardisierungsansätze und Konzepte, die zur praktischen Integration genutzt werden können. Es vermittelt einen ersten Eindruck über Ansatzpunkte und kann somit als Grundlage für weitere Recherchen dienen.

Im Folgenden werden die *Field Device Integration* (FDI) und das *Module Type Package* (MTP) skizziert. Dabei bezieht sich FDI auf die automatische Integration von Feldgeräten, während MTP die Integration ganzer automatisierter Anlagenkomponenten vorsieht. Für die Bereitstellung von Informationen aus den unterschiedlichen Ebenen der Automatisierungspyramide wird die *NAMUR Open Architecture* (NOA) vorgestellt.

Abschließend werden die Ansätze in einer übergreifenden SWOT-Analyse einer Bewertung unterzogen.

7.4.1 *Field Device Integration* (FDI)

Die Integration von Feldgeräten (*Field Device Integration*) kann mit dem Standard DIN EN IEC 62769 (2022) durchgeführt werden. Er führt die vorherigen Ansätze zur Geräteintegration, *Electronic Device Description Language* (EDDL) und *Field Device Tool* (FDT), zusammen.

Ein Feldgerätetyp wird in Form eines sogenannten *FDI-Device-Package* beschrieben, siehe Abb. 7.8. Dieses Paket enthält die Feldgeräteinformation, wie z. B. einstellbare Parameter, Diagnosemöglichkeiten, Selbsttestfunktionen sowie ein User Interface zur Anpassung der Geräteparameter oder zur Bedienung der Funktionen.

Ein *Device-Package* wird von einem sogenannten FDI-Host (*Service Broker*) verarbeitet. Dazu konfiguriert und parametrisiert der Benutzer das Feldgerät im Engineering und kann dann diese Konfiguration während der Inbetriebnahme direkt zum Feldgerät übertragen. Somit repräsentiert ein *Service Broker* die Feldgeräte im Sinne eines Diensteanbieters und stellt deren Funktionen über OPC UA zur Verfügung.

Um den Betreiberanforderungen eines modularen Produktionssystems gerecht zu werden, spezifiziert FDI eine herstellerunabhängige OPC-UA-Schnittstelle sowie das hierfür geeignete Informationsmodell. Die IT-Architektur von FDI folgt dabei dem Paradigma der serviceorientierten Architektur.

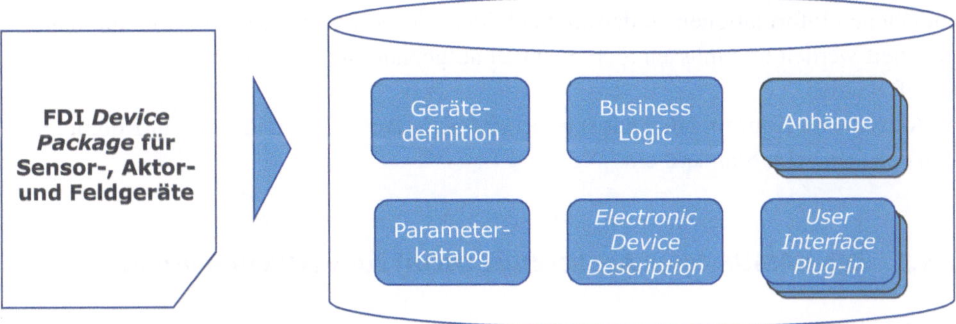

Abb. 7.8 Übersicht zum Aufbau des *FDI-Device-Package*

7.4.2 *Module Type Package* (MTP)

Das Konzept der modularen Prozesseinheit (*Module Type Package*, MTP) stammt aus der Prozessindustrie und dient der automatischen Integration von autarken Produktionsmodulen in ein Gesamtsystem. Ein MTP hat dabei Verbindung zum Alarm-Management, zum Mensch-Maschine-Interface, zur Systemdiagnose, der Prozesssteuerung und anderen Systemfunktionen.

Mehrere modulare Prozesseinheiten können gemeinsam zu einer Prozessanlage aufgebaut werden und hardwaretechnisch miteinander verknüpft sein. Im Rahmen des Engineerings von Automatisierungssystemen werden MTPs mit integrierter Steuerung entwickelt. Solche *Process Equipment Assemblies* bilden die verfahrenstechnische Prozessinfrastruktur einer modularen Anlage ab und haben die folgenden Eigenschaften:

- Die Schnittstellen werden standardisiert und formal beschrieben.
- Modulare Prozesseinheiten können aus einer oder mehreren Einheiten aufgebaut sein. Die Produktionsmodule zeigen eine weitgehende automatisierungs- und sicherheitstechnische Autarkie, d. h. die Funktionalität ist derart gekapselt, dass die Module autark operieren können.
- Kommerziell verfügbare MES müssen den MTP-Standard unterstützen, die Informationen aufnehmen und verarbeiten.

Die Richtlinie zum MTP nach VDI/VDE/NAMUR 2658 (2019 bis 2022) bildet dabei die formale Beschreibung der Schnittstellen und Funktionen der Automatisierungstechnik eines Moduls ab. Der Hersteller des MTP definiert eine „Manifest Datei", die in der *Automation Markup Language* (AutomationML) modelliert ist. Dabei enthält das MTP unter anderem die Eigenschaften zu den Diensten oder die Informationen für Bedienbilder in einem maschinenlesbaren Format, das dann automatisch weiterverarbeitet werden kann.

Um Informationsflüsse zu verbinden und die Kommunikation herzustellen, werden die MTP-Dateien zur Prozessführung oberhalb der SCADA-Ebene im Bereich der MES verknüpft, um dort die Module zu verankern. Beispielsweise können die in der MTP-Datei enthaltenen Informationen zu den Bedienbildern des jeweiligen Moduls dort automatisch generiert werden und müssen nicht manuell aufgebaut und mit den Prozessvariablen verknüpft werden.

Auch dieses Konzept nutzt das serviceorientierte Paradigma und setzt zur Kommunikation den OPC-UA-Standard ein.

7.4.3 Die *NAMUR Open Architecture* (NOA) zur vertikalen Integration

Die *NAMUR Open Architecture* (NOA) ist ein Ansatz, der Dienste und Daten von Feldgeräten in übergeordneten Systemen der Automatisierungspyramide zur Verfügung stellt.

Die vertikale Integration ist in der Prozessindustrie aufgrund der sehr komplexen Anlagenstrukturen von besonderer Bedeutung. Entsprechend hat sich die NAMUR als Interessensgemeinschaft der Automatisierungstechnik in der Prozessindustrie und damit als ein Zusammenschluss der Anwender von Automatisierungstechnik und Digitalisierung dieses komplexen Themas angenommen.

Das Konzept der NOA wurde entwickelt, um der Problematik der geringen Datenanbindung in den übergeordneten Systemen, insbesondere zwischen der Feld- und der Leitebene entgegenzuwirken. Vor allem auf der Feldebene verwendete Sensorik und Aktorik wird im Zuge der Digitalisierung zunehmend intelligenter und liefert eine Vielzahl an Messwerten, Statusmeldungen sowie Vital- und Identifikationsdaten, die in übergeordneten Ebenen weiterverarbeitet werden könnten. Allerdings bleiben – aufgrund von hierarchischer Architektur und dem damit verbundenen hohen Integrationsaufwand – viele Daten ungenutzt, da es oft nur proprietäre Schnittstellen und Protokolle gibt. Das NOA-Konzept hilft, diese Datenflut an die übergeordneten Systeme weiterzuleiten. Dadurch ergeben sich eine Reihe von Vorteilen, z. B. eine verbesserte Überwachung von Steuerungen oder neue Möglichkeiten durch eine Datenanalyse, um die Leistungsfähigkeit der Anlage zu steigern.

NOA ist also eine IT-Architektur, die Fähigkeiten des Monitorings und der Optimierung vertikal entlang der Automatisierungspyramide aufwandsarm ermöglicht. Mithilfe der NOA-Architektur wird ein Feldgerät nicht mehr manuell in die bestehende IT-Koordinations- und Überwachungsstruktur einer Anlage integriert, sondern kann über einen zweiten, parallelen Kommunikationskanal mit anderen Anwendungen in der Hierarchie kommunizieren. Dadurch können die über Jahre hinweg gewachsenen bewährten Strukturen der Anlagenautomatisierung beibehalten werden.

Die Konzeptidee von NOA ist in Abb. 7.9 skizziert. Sie basiert auf der Nutzung von Standardschnittstellen und Protokollen in Verbindung mit einem Informationsmodell, das einen Kommunikationskanal parallel zu der Automatisierungspyramide ermöglicht.

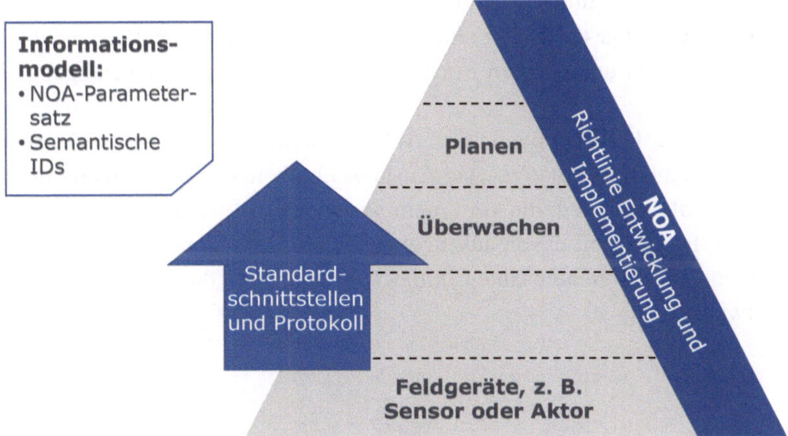

Abb. 7.9 Konzeptidee der NOA-Architektur. (*NAMUR Open Architecture*)

Das Informationsmodell umfasst einen NOA-Parametersatz und sogenannte semantische IDs, die die Syntax und die Semantik des Datenaustausches zwischen den einzelnen Ebenen beschreiben. Die Beschreibung der Parameter erfolgt auf Basis des standardisierten Informationsmodells *Process Automation – Device Information Model* (PA-DIM), das seinerseits auf dem OPC UA basiert und speziell für den Datenaustausch zwischen Geräten in der Prozessautomatisierung konzipiert wurde.

Wird die NOA-Richtline zur Entwicklung und Implementierung konsequent angewendet, so lassen sich mittels Standardschnittstellen und Protokolle die Informationen von der Feldgeräteebene auf höhere Ebenen zur Überwachung und Planung transferieren.

NOA ist jedoch kein vollendeter Standard, sondern ein Konzept, das auch Herausforderungen mit sich bringt. So ist die Sicherheit der Datenübertragung ein wichtiges Thema, da die Daten zielgerichtet übertragen werden müssen und NOA keinesfalls dazu genutzt werden darf, über diesen Seitenkanal Angriffe auf die Anlage zu organisieren. Eine Art „Datendiode", die sicherstellt, dass die Daten nur in die vorgesehene Richtung fließen, wäre eine wünschenswerte Vorstellung, die aufgrund der Komplexität der Softwarerealisierung jedoch nur schwer umzusetzen ist.

7.4.4 Welche Ansätze zur Interoperabilität gibt es noch?

Das Themenfeld der IT-Architekturen für Interoperabilität ist Gegenstand vieler Forschungen, Standardisierungsbemühungen und auch der industriellen Entwicklung.

Es gibt zahlreiche weitere Ansätze, die einen Einfluss auf die zukünftigen IT-Architekturen in der Anlagenautomatisierung haben. Der Erfolg der Interoperabilitätsansätze ist dabei natürlich von den Technologien abhängig, aber auch von wirtschaftspolitischen Fragen.

Einen Ansatzpunkt, um sich mit diesen Fragen weiter auseinanderzusetzen, bietet Tab. 7.1, die erfolgreiche Initiativen aufzeigt.

Die technischen Fragestellungen sind komplex und können letztlich nur im Rahmen von Industrieprojekten unter realen Einsatzbedingungen in der notwendigen Tiefe erörtert werden.

Nicht technische Überlegungen, wie Abhängigkeiten von IT-Architekturherstellern, entstehende Systemkomplexitäten, eine Austauschbarkeit von Systemkomponenten etc., sind ebenfalls Einflussgrößen, die vor einem wirtschaftspolitischen Hintergrund bewertet werden sollten. Es ist somit davon auszugehen, dass es noch einer Reihe von Konzepten, Standardisierungen und gemeinsamen Initiativen bedarf, um dieses vielschichtige Thema weiterzuentwickeln.

Tab. 7.1 Weitere IT-Architekturen für verschiedene Anwendungsszenarien

BaSys	Die Referenzarchitektur *BaSys4* ist ein Überbegriff für eine sogenannte Middleware und bezeichnet die gesamte Plattform, auf der die Kommunikation stattfindet.	www.basys40.de https://projects.eclipse. org/projects/dt.basyx
AAS der **IDTA**	Mit der *Asset Administration Shell* (AAS) werden Schnittstellen zum Digitalen Zwilling ermöglicht, der physische Industrieprodukte mit der digitalen Welt verbindet.	industrialdigitaltwin.org
Open Process Automation	Zusammenarbeit zwischen Nutzern und Anbietern, um eine auf Standards basierende, offene, sichere und interoperable Prozesssteuerungsarchitektur/ offene Systemarchitektur zu schaffen	www.opengroup.org/ forum/open-process-automation-forum
IIRA	Architektur für die Entwicklung interoperabler, industrieller Internet-der-Dinge-Systeme für Anwendungen in den Industriezweigen	www.iiconsortium.org

7.5 Denkanstöße

Interoperabilitätsansätze versprechen grundsätzlich eine plattformunabhängige Integration von Automatisierungskomponenten. Durch eine Implementierung einer rekonfigurierbaren Automatisierung bei der Komponentenintegration könnte ein Teil der Aktualisierung automatisch erfolgen. Dadurch würde eine deutliche Reduzierung des manuellen Aufwands und der Kosten ermöglicht.

Jeder der vorgestellten Interoperabilitätsansätze basiert auf einer semantischen Beschreibung von Daten in einem Informationsmodell. Allerdings konzentrieren sich diese Ansätze auf unterschiedliche Anwendungsfelder und betrachten verschiedene Ebenen der Automatisierung. Daher weisen die Ansätze Unterschiede auf, verfolgen jedoch im Allgemeinen ähnliche Ziele in Bezug auf die Interoperabilität und die nahtlose Daten- und Informationsverarbeitung.

Die Standardisierung von IT erleichtert den Betreibern die Verwaltung von Automatisierungssystemen und reduziert den Bedarf an maßgeschneiderter Software. Allerdings führt der Einsatz von IT-Architekturen zunächst zu einer erhöhten Komplexität und einem größeren Aufwand aufgrund zusätzlicher IT-Infrastruktur. Obwohl das Prozessmanagement für komplexe Systeme dadurch vereinfacht wird, sind aufwendige Implementierungen erforderlich.

Es bleibt also abzuwägen, welche neuen Möglichkeiten durch Interoperabilität tatsächlich entstehen. Was bringen die gewonnene Flexibilität, die bessere Skalierbarkeit oder die vereinfachte Systemverwaltung wirklich? Welche Möglichkeiten der Kostenoptimierung lassen sich quantifizieren? Diesen Fragen steht der Implementierungsaufwand gegenüber, der aufgrund der hohen Komplexität der Software und möglicher Kompatibilitätsprobleme erhebliche Risiken birgt.

Der Standardisierungseffekt in den Modulen führt zudem zu einem verstärkten Wettbewerb unter den Komponentenherstellern. Einerseits können sie den Betreibern der Anlagen eine größere Auswahl und die Möglichkeit zur Kostenoptimierung bieten. Andererseits entsteht ein großer Druck, da die Komponenten leicht austauschbar sind und die Gefahr besteht, Märkte an Mitbewerber zu verlieren. Dies erklärt, warum Normen und Standards nur zögerlich umgesetzt oder sogar unterlaufen werden.

Entwickeln Sie hypothetische Situationen, die durch den Einsatz der neuen IT-Architekturen in Zukunft entstehen können.

Folgende Fragen spielen dabei eine Rolle:

a. Welche Vor- und Nachteile ergeben sich für die Betreiber und die Anbieter von Automatisierungstechnik? Wie sehen mögliche Extremszenarien aus (Worst Case und Best Case)?
b. Welche strategischen Implikationen für die Entwicklung neuer Automatisierungstechnik und den Betrieb von Anlagen ergeben sich daraus? Welche Einflussfaktoren treiben ein Szenario in die eine oder andere Richtung?

Wägen Sie dabei insbesondere die Fragen nach einer Simplifizierung bzw. Komplexität des Einsatzes von IT ab und erörtern Sie die sich potenziell ergebenden Geschäftsmöglichkeiten der agierenden Unternehmen.

Weiterführende Literatur

Bittorf, L.; Beisswenger, L.; Erdmann, D.; Lorenz, J.; Klose, A.; Lange, H.; Urbas, L.; Markaj, A.; Fay, A.: **Upcoming domains for the MTP and an evaluation of its usability for electrolysis.** 27th IEEE International Conference on Emerging Technologies and Factory Automation (ETFA), Stuttgart, Germany, 2022 https://doi.org/10.1109/ETFA52439.2022.9921280

Colombo, A. W.; Karnouskos, S.; Mendes, J. M.: **Factory of the future: A service-oriented system of modular, dynamic reconfigurable and collaborative systems.** In: Benyoucef, L.; Grabot, B. (eds.): Artificial intelligence techniques for networked manufacturing enterprises management. Springer Series in Advanced Manufacturing. Springer, London 2010 https://doi.org/10.1007/978-1-84996-119-6_15

Köcher, A.; Beers, L.; Fay, A.: **A mapping approach to convert MTPs into a capability and skill ontology.** 27th IEEE International Conference on Emerging Technologies and Factory Automation (ETFA), Stuttgart, Germany, 2022 https://doi.org/10.1109/ETFA52439.2022.9921639

MacKenzie, C. M.; Laskey, K.; McCabe, F.; Brown P. F.; Metz, R.: **Reference model for service oriented architecture 1.0. OASIS Standard.** OASIS Open, 2006.

Schüller, A.; Großmann, D.; Birkenkamp, M.: **Informationsmodelle im Anlagenlebenszyklus.** atpInfo, No. 2, pp. 50–59, 2021

Tauchnitz, T. (Hrsg.): **MTP automation of modular plants**. Vulkan-Verlag, 2022

Referenzen

DIN EN IEC 62769: **Field device integration (FDI)**. Teil 1 bis 4, Beuth-Verlag, 2021 bis 2023 https://doi.org/10.31030/3364570

DIN SPEC 16593-1:2018-04: **Referenzmodell für Industrie 4.0 Servicearchitekturen – Teil 1: Grundkonzepte einer interaktionsbasierten Architektur.** Beuth-Verlag, 2018 https://doi.org/10.31030/2838942

NAMUR Open Architecture: **NOA Informationsmodell**, Nr. 176, NAMUR-Interessengemeinschaft Automatisierungstechnik der Prozessindustrie e. V., Mai 2021

OPC UA: **Unified Architecture.** 2008. https://opcfoundation.org/about/opc-technologies/opc-ua/

VDI/VDE/NAMUR 2658: **Automatisierungstechnisches Engineering modularer Anlagen in der Prozessindustrie.** Blatt 1 bis 3, Beuth-Verlag, 2019 bis 2022

Fallstudie: Automotive-IT heute und in Zukunft 8

Zusammenfassung

In dieser Fallstudie wird die Welt der Automotive-IT kurz vorgestellt und mögliche Technologiestrategien diskutiert. Aufgrund des vernetzten und autonomen Fahrens ergeben sich zahlreiche Fragestellungen bezüglich der Weiterentwicklung von Software, der Elektrik/Elektronik und der IT. In dieser Fallstudie wird erörtert, welche Rolle etablierte und zukünftige IT-Architekturen spielen können.

- Welche technologischen Trends erzeugen einen Veränderungsdruck im Bereich moderner IT-Architekturen für Fahrzeuge?
- Wie sehen Wege zur Lösungsfindung aus und welche Aspekte sind für eine Konkretisierung der Entwicklungsperspektiven relevant?
- Wie lassen sich die technologischen mit den strategischen Aspekten zusammenführen und was ist alles zu beachten?

Um diese Punkte zu erörtern und um einen Einblick in die komplexe Welt der Automotive-IT zu gewähren, wird in diesem Kapitel schlaglichtartig der Stand der Technik skizziert.

© Springer-Verlag GmbH Deutschland, ein Teil von Springer Nature 2023
M. Weyrich, *Industrielle Automatisierungs- und Informationstechnik*,
https://doi.org/10.1007/978-3-662-56355-7_8

In der Automobilbranche zeichnen sich zahlreiche technologische Entwicklungen im Bereich des vernetzten und autonomen Fahrens ab, deren Innovationskraft in den nächsten Jahren als Gradmesser für den Fortschritt im und um das Fahrzeug gesehen werden. In der Zukunft werden sich Fahrzeuge durch Softwarefunktionen, die auch auf Informationen anderer Fahrzeuge und der Infrastruktur zugreifen können, auszeichnen. Die Fahrzeuge der Zukunft werden zu ubiquitären Systemen, die z. B. ein Flottenmanagement, Carsharing, Komfortfunktionen oder Fähigkeiten des autonomen Fahrens verfügbar machen. Es ist gut möglich, dass zukünftig solche softwarebasierten Fähigkeiten über den Markterfolg neuer Fahrzeuge entscheiden, wenn Verarbeitungsqualität und die Technik des Antriebsstrangs weitgehend ausinnoviert sind und nicht mehr als Gradmesser für einen technischen Vorsprung angesehen werden.

In dieser Fallstudie zur Automotive-IT werden zukünftige Software- und Kommunikationsarchitekturen und deren mögliche Komponenten diskutiert. Es wird gezeigt, dass die Komplexität von Software im Fahrzeug heute zwar durch funktionierende, standardisierte IT-Systemarchitekturen beherrscht wird, diese Lösungskonzepte in der Praxis allerdings schwerfällig geworden sind und Erweiterungen für Innovationen nicht mehr ohne Weiteres möglich sind.

Softwarebasierte Neuentwicklungen in Fahrzeugen sind schon heute schwer umzusetzen, da die bestehenden IT-Architekturen kaum noch mit der wachsenden Komplexität umgehen können – und diese Komplexität wird weiter zunehmen. Hinzu kommen auch neue Anforderungen an die Softwarequalität und insbesondere an die Zuverlässigkeit. Um das vernetzte und autonome Fahren voranzutreiben, ist es daher notwendig, dass die bestehenden IT-Architekturen und Softwarekonzepte so verändert werden, dass die zukünftigen Entwicklungen möglich werden.

Es kann im Rahmen dieser Fallstudie kein umfassendes Zukunftskonzept für die Praxis entwickelt werden, da zukünftige technische Lösungen ausgesprochen vielschichtig sind. Hinzu kommt, dass die Veränderungen nicht nur eine Frage der technischen Machbarkeit sein werden, sondern auch eine der wirtschaftlichen Interessen, da die Kosten für die technische Umsetzung immens sind und neue Technologien einen Nutzen aufweisen müssen, um Akzeptanz zu finden. Hinzu kommen industriepolitische Einflüsse, deren Auswirkungen schwer zu prognostizieren sind.

Dennoch können einige Entwicklungen dargestellt, Lösungsansätze skizziert und strategische Aspekte grundsätzlich beleuchtet werden. Das Fallbeispiel ist jedoch illustrativ zu verstehen; es zeigt aktuelle Herausforderungen in einem wichtigen Bereich der Automatisierungstechnik auf und skizziert die Auswirkungen von Lösungsansätzen, ohne den Anspruch zu erheben, den tatsächlichen Gegebenheiten in der Tiefe gerecht zu werden – zumal sich dieses Feld sehr schnell entwickelt.

8.1   Technologische Entwicklungen

Das Fahrzeug der Zukunft wird ein vernetztes, automatisiertes, cyber-physisches System sein, das mit viel Sensorik, Kommunikationstechnik und hohen Rechenleistungen ausgestattet ist. Schon heute werden die Erstausrüster (*Original Equipment Manufacturer*, OEM) und ihre Zulieferer durch neue technologische Ansätze herausgefordert, da sich der Anteil von IT und Software an der Wertschöpfung vervielfacht hat.

Hinzu kommen absehbare technische Trends, die zwingend eine Weiterentwicklung der bestehenden Fahrzeug-IT-Architekturen erfordern:

- Es besteht der Bedarf nach einer zukunftsweisenden IT-Architektur für die zukünftige Cockpitgestaltung mit integrierten Navigationsfunktionen, Infotainment und gegebenenfalls Apps für spezielle Aufgaben, wie z. B. Wartung, Flottenmanagement etc., um die Insassen bestmöglich zu unterstützen.
- Die Vernetzung von Steuergeräten in den Fahrzeugen und mit der Infrastruktur verspricht einen Informationsgewinn für die Fahrenden, indem beispielsweise Warnfunktionen in Bezug auf Staus, Gefahrensituationen oder Unfälle möglich werden.
- Autonomes Fahren erfordert weiterführende Systemfähigkeiten im Bereich der Wahrnehmung und Handlungsführung, sodass Fahrende von Routineaufgaben entlastet werden oder zukünftig gar nicht mehr selbst fahren müssen.
- Over-the-Air-Updates bis hin zu *Continuous Development* und *Deployment Loop* ermöglichen eine Aktualisierung der Software im laufenden Betrieb. Gleichzeitig wird ein umfassender Informationsrückfluss von den Fahrzeugen im Einsatz zu den Entwicklungsabteilungen der OEM umgesetzt, sodass ganz neue Formen für die Prozesse der Entwicklung möglich werden.

Fahrzeughersteller und die IT-Industrie entwickeln daher neue IT-Architekturen, die die technische Umsetzung der oben genannten Möglichkeiten zum Ziel haben. In diesem Zusammenhang ist eine Reihe von technologischen Trends absehbar, die im Folgenden vorgestellt werden sollen.

8.1.1   Trend: Vernetzung von softwaredefinierten Fahrzeugen

Die Verbindung der Fahrzeuge untereinander und nach außen hin zu Objekten im Umfeld oder zu einer übergeordneten Cloud erlaubt viele neue Funktionalitäten. Diese umfassende Vernetzung und Verfügbarkeit von Daten kann auch zur Koordination von Systemen bzw. Verbünden aus Systemen eingesetzt werden. Schon heute ist die Navigation per App

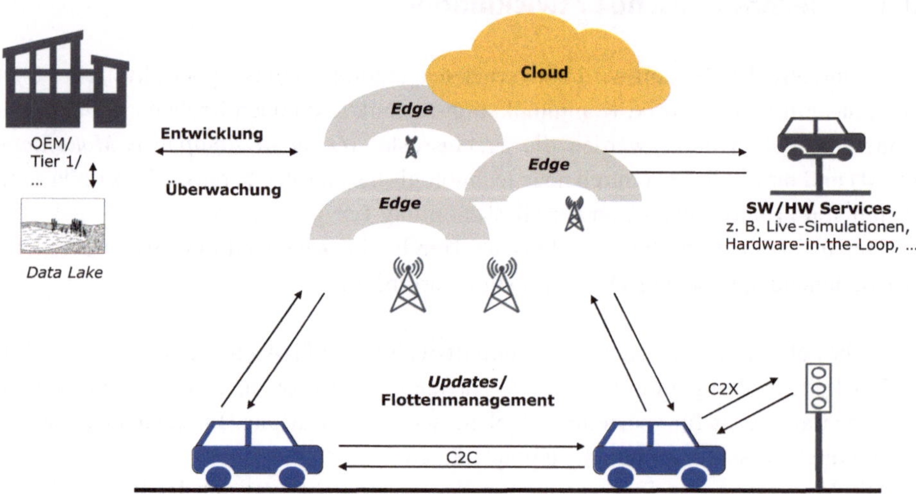

Abb. 8.1 Vernetzung von softwaredefinierten Fahrzeugen

leicht, Staus können vermieden und Gefahrenbereiche umfahren werden. Zukünftig sind verbesserte Mobilitätsdienste wie eine optimierte Wartung, Fahrdienstvermittlung etc. denkbar.

Mehrere Datenschleifen zeichnen sich ab, wie in Abb. 8.1 aufgezeigt.

Die Kommunikation kann zwischen dem Fahrzeug und allem anderen (*Car-to-X*) erfolgen, speziell zwischen Fahrzeugen (*Car-to-Car*, C2C) oder zwischen dem Fahrzeug und der Infrastruktur (*Car-to-Infrastructure*). Auf diese Weise können sich Fahrzeuge beispielsweise gegenseitig über Staus oder Unfälle informieren und sich dann so koordinieren, dass ein sicherer Verkehrsfluss gewährleistet wird.

Mit *Connected-Car-* oder *Mobility*-Plattformen sind schon heute neue Formen der Wertschöpfung auf Basis dieser Vernetzung denkbar, beispielsweise Car- und Ride-Sharing oder eine intermodale Mobilität, d. h. die Koordination verschiedener Verkehrsmittel. Eine übergeordnete Cloud ist für die Erfassung dieser Daten und die Koordination der verschiedenen Datenzentren verantwortlich.

Für ein lokales Flottenmanagement können dabei – insbesondere bei echtzeitkritischen Anwendungen mit sehr vielen Fahrzeugen – zunächst die Fahrzeuge selbst oder ein lokales Datenzentrum (die sogenannte *Edge*) die Koordination übernehmen. Dazu werden die Daten der sich in der Nähe befindlichen Fahrzeuge über 5G akkumuliert und ausgewertet. Zaki (2018) sieht die flächendeckende Verfügbarkeit von 5G als eine Schlüsseltechnologie zur Einführung dieser Techniken.

Auch das Verhältnis zu den Werkstätten ändert sich, da die Fahrzeuge im Feld vom Hersteller überwacht werden und so beispielsweise frühzeitig eine prädiktive Wartung auf Basis der Betriebsdaten eingeleitet werden kann.

Hilfreich sind dabei die in der Cloud gesammelten Daten, die bei den Herstellern in sehr großen Datenbanken (auch: *Data Lake*) für Langzeitbeobachtungen gesammelt und ausgewertet werden können. Solche Möglichkeiten in der Entwicklung beim OEM und seinen Zulieferern führen zu einer Neudefinition der Systems-Engineering-Prozesse im Automobilbereich.

Durch Over-the-Air- (OTA)-Updates können beispielsweise die softwarebasierten Funktionalitäten eines Autos im Feld, d. h. ohne Werkstattbesuch, verbessert werden. Da diese Funktionen parallel zum laufenden Betrieb entwickelt werden, sind neue Methoden und Techniken für die Realisierung erforderlich. Derzeit stehen hier insbesondere das automatisierte Testen und Ausrollen von Softwareänderungen (*Continuous Deployment*) sowie die Überwachung des laufenden Systems im Fokus, um die Auswirkungen dieser Änderungen zu erfassen und in die Entwicklung neuer Funktionen einfließen lassen zu können. Die so entstehende Schleife aus Entwicklung und Betrieb ist das zentrale Merkmal des sogenannten DevOps-Paradigmas. Beispiele für Funktionen, die von einem solchen Update-Prozess profitieren, sind Fahrerassistenzsysteme, Performance-Optimierungen für batteriebetriebene Fahrzeuge oder Unterhaltungssoftware für Board-Computer.

8.1.2 Trend: *Data Loop* zur kontinuierlichen Entwicklung autonomer Systeme

Die Vernetzung der Fahrzeuge macht eine kontinuierliche Verbindung zwischen der Entwicklung und dem Fahrzeug im Feld möglich. Sofern diese Vernetzung performant ist, können Daten aus dem Fahrzeug in Echtzeit zu einem Back End übertragen und weiterverarbeitet werden. Der *Data Loop* erlaubt eine Datenübertragung der Sensor- und Aktordaten in Echtzeit in ein entferntes Back End, das man sich als eine Art Leitstelle vorstellen kann. In dieser Leitstelle können die übertragenen Daten eingesehen, verarbeitet und ausgewertet werden.

Für die Entwicklung und den Einsatz des autonomen Fahrens gilt der *Data Loop* als eine Schlüsseltechnologie. Hierfür gibt es folgende Gründe:

- Bei der Entwicklung von KI-Steuerungen ist das gezielte Training mit realen und synthetischen Szenarien sowie ein Test zur Validierung entscheidend für die Qualität. Je mehr Daten aus realen Szenarien zur Verfügung stehen, umso besser kann eine KI trainiert und validiert werden.
- Auf absehbare Zeit wird es notwendig sein, per Teleoperator von einer zentralen Leitwarte aus auf das autonome System zugreifen zu können, sollte dieses in Situationen geraten, aus denen es sich nicht selbstständig herausmanövrieren kann.

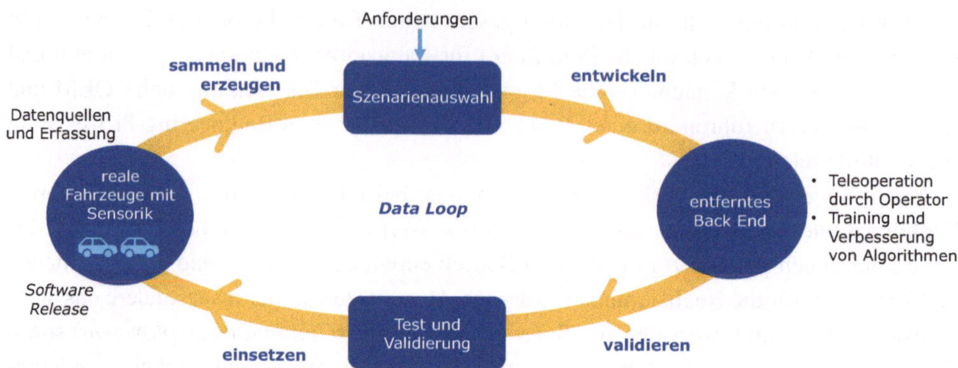

Abb. 8.2 *Data Loop*, Entwicklungsschleife für autonome Systeme

Die Abb. 8.2 zeigt einen solchen *Data Loop*, der aus der Sensorik der Fahrzeuge umfassende Informationen sammelt, zur Weiterleitung aufnimmt und dann an die Entwicklung weitergibt.

Sobald die Fragen der Datensicherheit geklärt sind (welche womöglich auch vertraulichen Informationen dürfen verarbeitet werden?), kann im Back End die Entwicklung der KI auf Basis von realen Situationen vorangebracht werden. Außerdem kann im Betrieb durch einen Operator die Handlungsführung in Echtzeit übernommen werden. Insbesondere wird es auf Basis des *Data Loop* möglich, neue Algorithmen und Funktionen sozusagen im Hintergrund auf realen Fahrzeugen im laufenden Betrieb zu testen und so parallel zum Betrieb zu validieren.

8.1.3   Trend: Neue Technologie-Plattform für das autonome Fahren

Das autonome Fahren benötigt eine IT-Architektur mit der Möglichkeit, umfassende mathematische Berechnungen durchzuführen, statt wie heute eine Vielzahl von kleinen, dezentralen Steuergeräten.

Es werden Echtzeitbetriebssysteme und gegebenenfalls ganz neuartige IT-Plattformen für das autonome und vernetzte Fahren benötigt, auf denen die Sensordatenverarbeitung, die Ausführung der Autonomiefähigkeiten und die Ansteuerung der Aktoren erfolgt. Die Abb. 8.3 zeigt schematisch das aus der Robotik wohlbekannte Paradigma des Erfassens (*Sens*), der Planung (*Plan*) und der Entscheidungs- bzw. Handlungsplanung (*Act*) auf.

Es ist abzusehen, dass zur Erfassung der Umgebung zukünftig eine Vielzahl von Sensoren eingesetzt werden, deren Informationen dann zur Handlungsplanung des autonomen Fahrzeuges dienen.

Hochleistungscomputer (*High Performance Computer*, HPC) für das autonome und vernetzte Fahren unterstützen auch rechenintensive Verfahren der *Sensor Fusion* und weiterführende KI-Verfahren zur Handlungsplanung. Auf Basis von HPC wird es möglich, Lösungen für autonomes und vernetztes Fahren umzusetzen und gleichzeitig können diese

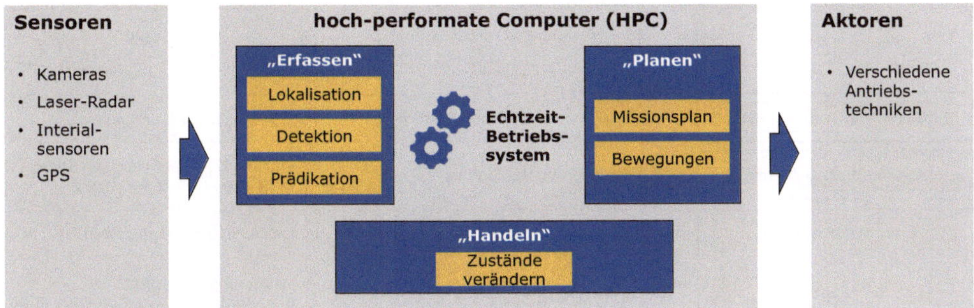

Abb. 8.3   Struktur und Funktionalitäten eines Systems für das autonome Fahren

HPC auch Aufgaben der kleinen Steuergeräte mitübernehmen und so diese wenigstens teilweise ersetzen.

8.2   Ausgangslage: Die Entwicklungs- und Integrationsplattform AUTOSAR

Schon seit Anfang der 2000er-Jahre ist abzusehen, dass Fahrzeuge in Zukunft viel mehr ECUs (*Eletronic Control Unit*) nutzen werden, da die Anzahl der zu verarbeitenden Signale kontinuierlich ansteigt. Als Reaktion darauf wurde im Jahr 2003 die *AUTomotive Open System ARchitecture* (AUTOSAR) ins Leben gerufen, um die Integration auf Basis eines einheitlichen Standards zu ermöglichen. AUTOSAR bietet eine formalisierte Beschreibung von Soft- und Hardwarekomponenten sowie eine Laufzeitumgebung, den sogenannten AUTO-SAR-Stack, zur Abstraktion der Hardware an. Dieser Standard der Automobilindustrie ermöglicht einheitliche Schnittstellen, Interoperabilität und Modularität und ist heute bei vielen Autoherstellern etabliert.

Die standardisierte Systemarchitektur ist jedoch komplex und führt zu einer großen Anzahl von Dokumenten und einem komplexen Software-Stack, dessen Wartung, Nutzung und Erweiterung aufwendig ist.

Das Nutzenversprechen von AUTOSAR fußt auf einer Schichtenarchitektur, die die Ansprachen von Sensoren und Aktoren im Fahrzeug formalisiert. Abb. 8.4 beschreibt die Ebenen und deren Aufgaben, die durch AUTOSAR standardisiert werden.

Soll beispielsweise der linke Blinker eingeschaltet werden, so sendet die Laufzeitumgebung den Steuerbefehl über einen standardisierten virtuellen Funktionsbus, der den Signalfluss an das richtige Teilsystem koordiniert. Dort angekommen, übersetzt der AUTOSAR-Stack den Befehl in Aktionen, die von der Hardware des Teilsystems ausgeführt werden. Die Software greift dabei über die Laufzeitumgebung, die Ein-/Ausgabe-Abstraktionsschicht und einen Treiber auf die richtige Adresse in der Hardware zu. Dabei muss die Softwareentwicklung aufgrund der Hardwareabstraktion nicht die Details der Architektur kennen. Aufgrund der Schichtenarchitektur wird es für eine Anwendungssoftware unerheblich, auf welcher konkreten Hardware diese ausgeführt wird.

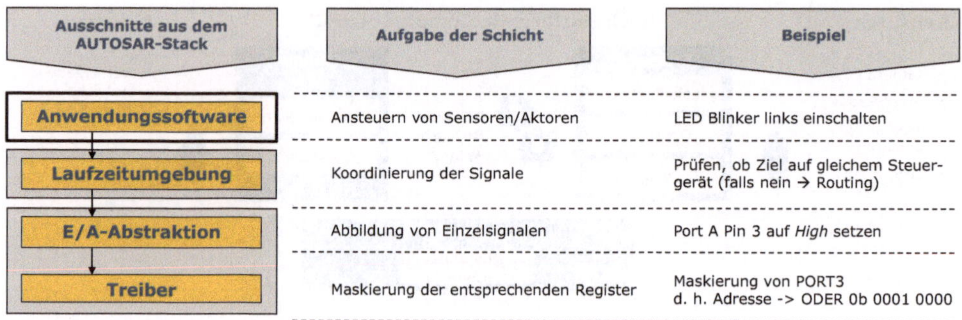

Abb. 8.4 Ausschnitt aus der Referenzarchitektur AUTOSAR mit Schwerpunkt auf der Abstraktion der Ein-/Ausgabe

Durch die Ein-/Ausgabe-Abstraktion der Hardware und deren spezieller Ansteuerung kann die Anwendungssoftware portabler gestaltet werden. Das AUTOSAR-Grundsoftwarepaket bietet Hardware-Abstraktion und Systemsoftware, sodass ein Austausch der ECU-Hardware ohne Änderung an der Anwendungssoftware möglich wird.

Somit sichert AUTOSAR das Zusammenspiel im Sinne eines standardisierten virtuellen Funktionsbusses, der den Signalfluss koordiniert. Die Laufzeitumgebung und Basissoftware sind in Modulen bzw. Funktionsblöcken strukturiert. AUTOSAR kann somit als Netzwerkbetriebssystem gesehen werden, das unterschiedliche Steuergeräte integriert, dabei einheitliche Schnittstellen realisiert und die Verwendung einer Basisplattform und einer einheitlichen Entwurfssystematik sicherstellt.

Zwar haben sich die Automobilhersteller auf diesen Standard geeinigt, der mit den Zulieferern umgesetzt wird. Allerdings ist die IT-Architektur des Software-Stacks groß und monolithisch, sodass erhebliche Aufwände zur Nutzung von AUTOSAR entstehen. Zudem hat AUTOSAR viele Mitwirkende, sodass Änderungen aufwendig diskutiert und abgestimmt werden müssen, wodurch Anpassungen viel Zeit in Anspruch nehmen.

Mit der Weiterentwicklung des Standards „AUTOSAR adaptiv" werden nun auch Over-the-Air-Updates ermöglicht, damit zukünftig weiterführende Funktionalitäten umsetzbar sind.

8.3   Auf dem Weg zur Lösungsfindung

Die vorangegangene technische Betrachtung der Automotive-IT wirft Fragen nach den möglichen Entwicklungen auf. Fest steht, dass diese Technologien durch die Kundenanforderungen getragen und zukünftig als Schlüsseltechnologien des „modernen Autos" angesehen werden.

Doch welche Strategie bezüglich der zukünftigen technologischen Aufstellungen sollte verfolgt werden? Welche konkreten Wege können eingeschlagen werden? Was soll wie umgesetzt werden? Welche Themen haben welche Priorität? Welche Interessen beflügeln die Entwicklung oder stehen dieser entgegen?

Es müssen verschiedene Abwägungen vorgenommen werden, um eine Lösungsfindung voranzubringen. Dabei stellt sich die Frage, welche IT-Architekturen in der Zukunft zur Anwendung kommen können. Außerdem stehen Fragen nach der Wettbewerbsposition etablierter Hersteller und nach dem tatsächlichen Umfang zukünftiger Wertschöpfung durch Software und IT in der Automobilindustrie im Raum.

8.3.1 Expertenbefragungen zur IT für die Mobilität der Zukunft

Es gilt also, die Trends durch Expertenmeinungen weiter auszuarbeiten sowie die Meinungsbilder bestimmter Interessensgruppen sichtbar zu machen. Dabei kommt die Delphi-Methode zum Einsatz, eine strukturierte Fragetechnik der Zukunftsforschung, siehe z. B. Cuhls (2009). Dabei werden Fachexperten zu ihrer Meinung befragt und ihre Einschätzung dann strukturiert ausgearbeitet. Allerdings hat die Auswahl der Fragen und der Experten einen großen Einfluss auf das Ergebnis, sodass man den Erkenntnisgewinn der Methode nicht überschätzen sollte. Es handelt sich vielmehr um die strukturierte Darstellung der Meinung einer meist kleineren Gruppe zu einem Thema. Dennoch wird die Methode zur Festlegung von Prioritäten in Entwicklungsteams häufig eingesetzt, auch wenn sich die Einschätzungen schnell wieder ändern können, wenn z. B. Mitbewerber entsprechende Technologien erfolgreich umsetzen.

Eine Expertenbefragung zur Mobilität der Zukunft ist in Tab. 8.1 dargelegt.

Offensichtlich zeichnet sich zu diesen Themen keine klare Einschätzung ab, die zu einer Priorisierung herangezogen werden könnte. Zwar wird der Nutzen der einen oder an-

Tab. 8.1 Beispielhaftes Ergebnis einer Befragung von Experten zur Mobilität der Zukunft

Thema	*Einschätzung*	*Nutzen*	*Aufwand*
Neue **IT-Architekturen** auf Basis von HPC	Stärkere Zentralisierung von Rechenleistung ist Grundvoraussetzung für neue IT-Architekturen	◕	◕
Kontinuierliche **Software-Updates** ermöglichen	Over-the-Air bis DevOps, CI/CD teilweise sehr aufwendig aufgrund der IT-Sicherheit	◔	◔ bis ◕
Einsatz moderner Techniken zur **Softwareentwicklung**	Open-Source-Softwareentwicklung schwierig aufgrund rechtlicher Situation	◑	◕
Vernetzung von Fahrzeugen untereinander und mit der Infrastruktur	Skalierbare Netzwerke, *Edge*- und Cloud-Lösungen sind eine Voraussetzung	◑	◕
Fähigkeiten zur Erhöhung des Fahrkomforts auf den Ebenen **SAE 3, 4 und 5**	Assistenzsysteme für das autonome Fahren werden als Meilensteine der Innovation wahrgenommen	◔ bis ◕	●

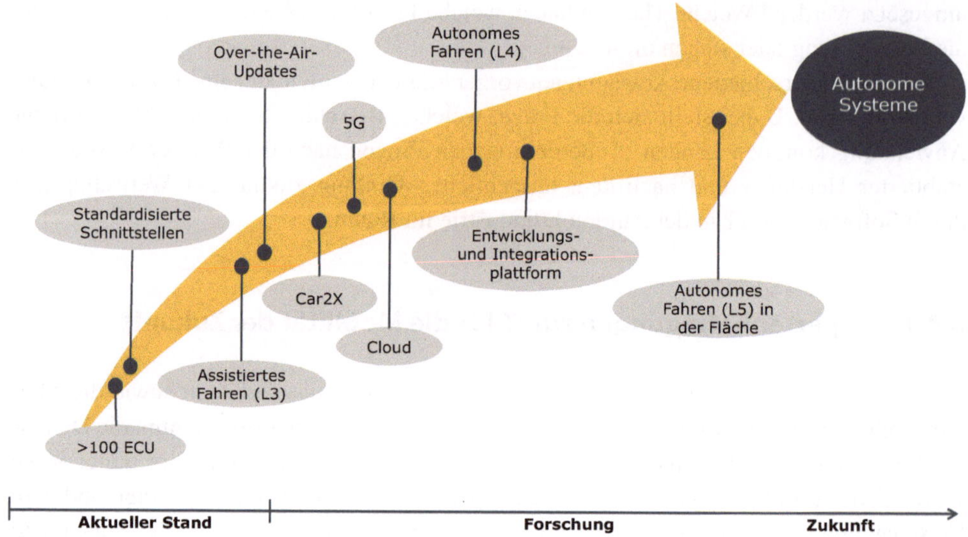

Abb. 8.5 Roadmap „IT für Automotive" heute und in Zukunft

deren Funktionalität höher oder niedriger bewertet, aber der jeweilige Wert ist nicht im Detail konkretisierbar und die Kundenakzeptanz nur schwer zu prognostizieren.

Aufgrund des großen Erfolges von einzelnen OEM beim Einsatz von *Vehicle Computern*, also leistungsfähigen HPC für die Verwaltung von IT-bezogenen Operationen, und aufgrund der bereits angesprochenen Zentralisierung von Steuergeräten ist davon auszugehen, dass HPC zukünftig eine Grundvoraussetzung für Fähigkeiten wie autonome Fahrfunktionen, Entertainment, Navigation etc. sein werden.

Allerdings ist bis heute noch völlig offen, ob bestimmte Fähigkeiten des autonomen Fahrens auf Basis einer konstanten Konnektivität in der Cloud angesiedelt werden sollten, um dort kostengünstig realisiert zu werden, oder ob die damit einhergehende Verbindung zum Kunden als Überwachung wahrgenommen würde.

Um nun den Verlauf der Entwicklung weiter zu konkretisieren, bleibt nur die Möglichkeit, die Fragestellungen weiter auszuarbeiten und in die Entwicklung zu führen. Mit Blick auf die eher vagen Zukunftsthemen empfiehlt sich die angewandte Forschung und die Förderung von Start-ups in einer frühen Entwicklungsphase. Diese Maßnahmen können die Innovationen greifbarer werden lassen, indem Demonstratoren, Machbarkeitsnachweise oder Prototypen realisiert werden.

Abb. 8.5 zeigt den Versuch, einen möglichen weiteren Verlauf wenigstens grundsätzlich in eine Reihenfolge zu bringen und die potenziell relevanten Technologien anhand einer Roadmap zu skizzieren. Aufgrund der Fülle unterschiedlicher zu berücksichtigender Aspekte ist natürlich nicht sicher, ob diese Technologien in der gezeigten Abfolge eintreffen werden.

8.3.2   Beispiel einer Konkretisierung

Sobald sich aufgrund der Meinung der Fachexperten und eventuell auch der Beobachtung von Wettbewerbern ein Ansatz herauskristallisiert, kann dieser durch ein Entwicklungsmanagement weiterbearbeitet werden. Hat sich beispielsweise die Auffassung etabliert, dass neue IT bzw. Software-Architekturen auf Basis von HPC umgesetzt werden sollen, so kann dieses Thema durch prototypische Entwicklungen weiter konkretisiert werden.

So verdeutlicht die Beobachtung von Marktteilnehmern, z. B. Lock et al. (2020), dass zentrale *Vehicle Computer* Vorteile sowohl bei der Software als auch bei der Hardware bieten. HPC erlauben es, IT-Architekturen auf Basis von Client-Server-Konzepten im Fahrzeug einzusetzen, wodurch viele in der Software bekannte Entwicklungsmethoden verwendet und eine Verbesserung des Komplexitätsmanagements bewirkt werden kann.

Mit HPC lassen sich Echtzeitprogrammierung, Multiprozess-Management oder automatische Code-Generierung leichter anwenden und umsetzen.

Darüber hinaus werden nur wenige zentrale Rechner für die Verwaltung aller wichtigen softwarebezogenen Prozesse benötigt. Dadurch ergibt sich als Zusatznutzen eine Reduzierung der Feldbussysteme im Fahrzeug, was laut Nefzger (2020) zu Kostenvorteilen in der Produktion durch einen geringeren Montage- und Verkabelungsaufwand führt.

Eine Gegenüberstellung der Vor- und Nachteile ergibt folgendes Bild:

Vorteile:

- Durch den Einsatz von Virtualisierungstechnologien ergibt sich eine bessere Beherrschbarkeit der Softwarekomplexität, was die Wiederverwendung von Software erleichtert.
- Innovationen im Bereich der Software führen zu einem neuen Wettbewerb zwischen Zulieferern von Softwaremodulen.
- Im Hardwarebereich wird die Möglichkeit geschaffen, Aktoren und Sensoren über standardisierte Schnittstellen auszutauschen.
- Durch den Einsatz von HPC können die Anforderungen des autonomen Fahrens einfacher umgesetzt werden, da Rechenleistung hinreichend verfügbar wird.

Diesen Vorteilen stehen allerdings auch Nachteile bzw. Risiken gegenüber:

- Bestehende Lieferstrukturen und Geschäftsbeziehungen verändern sich gegebenenfalls zum Nachteil der Lieferanten.
- Es entstehen neue rechtliche Fragen, z. B. bei der Haftung für die korrekte Funktion von Softwarekomponenten.
- Die entstehenden Software-Stacks erfordern den Aufbau von Wissen und benötigen Experten, die ausgebildet und verfügbar sein müssen.
- Standardisierte Entwicklungsprozesse sind noch nicht etabliert, sodass umfassende Prozessveränderungen auf Basis neuer Technologien und Arbeitsabläufe entstehen müssen.

Unter Abwägung der Vor- und Nachteile gibt es nun drei grundsätzliche Optionen: Entweder können die OEMs an ihrem bisherigen dezentralen Ansatz festhalten oder sie können sich der neuen Philosophie der Zentralisierung von Rechnerressourcen in HPC zuwenden. Besonders attraktiv erscheint jedoch der Mittelweg: ein schrittweiser Übergang und ein Mischbetrieb aus HPC und Feldbus/ECU.

Allerdings sollte auch ein Blick auf die Umsetzung mit den Entwicklungspartnern geworfen werden: Gerade im Automobilbereich kann das Netzwerk der Zulieferer über Erfolg oder Misserfolg entscheiden.

8.4 Strategische Perspektiven und Interessenslagen

Planungen für neue Entwicklungen sind mit großen Unsicherheiten bei der Einschätzung von Handlungsoptionen und Risiken behaftet. Auch sind die unterschiedlichen Interessenslagen der verschiedenen Beteiligten zu berücksichtigen. Und nicht zuletzt gilt, dass „gute Antworten" von heute durch zukünftige Entwicklungen schnell überholt werden können.

Die Entwicklung wirft auch eine Reihe von Fragen auf, die außerhalb der technischen Betrachtungen liegen, die aber dennoch großen Einfluss auf die Technikgestaltung haben. Schließlich müssen sich neue Entwicklungen rasch am Markt bewähren und am besten schon in den ersten Ausbaustufen einen spürbaren Mehrwert erzeugen.

Eine umfassende Strategie, um sich für zukünftige Entwicklungen zu positionieren, kann daher häufig nicht durch punktuelle Technologieerweiterungen umgesetzt werden. Dies gilt insbesondere dann, wenn z. B. große IT-Infrastrukturen aufgebaut werden und der Kundennutzen, die Kundenakzeptanz und letztlich auch der Geschäftserfolg viel unternehmerisches Gespür erfordern.

Abb. 8.6 illustriert die Perspektiven, die bei der Entwicklung einer Strategie berücksichtigt werden sollten. So müssen Neuheiten aus der Sicht des Kunden geschaffen,

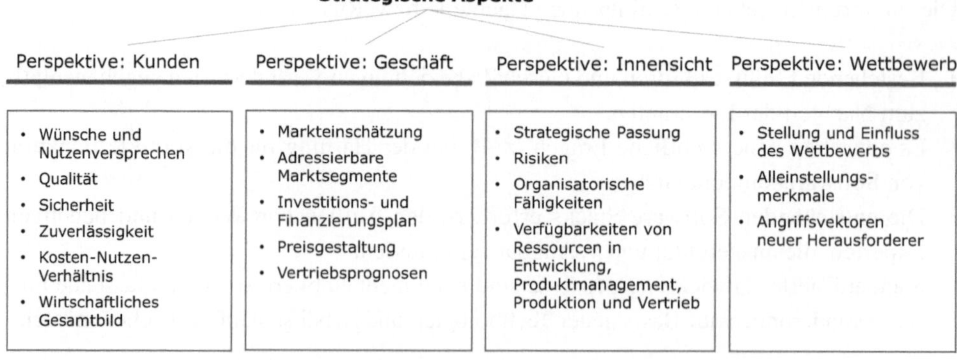

Abb. 8.6 Strategische Aspekte mit Blick auf die Umsetzung neuer Technologien

wirtschaftliche Aspekte des Geschäftes berücksichtigt, die Möglichkeiten des eigenen Unternehmens in Betracht gezogen und auch die Wettbewerber im Auge behalten werden. Es ergibt sich eine ganze Palette von Aspekten, die neben den technischen Fragestellungen beleuchtet werden müssen, um einen Markterfolg einer neuen Technologie zu erreichen.

Demzufolge ist die technologische Entwicklung hin zu autonomen und vernetzten Fahrzeugen mit unzähligen Hürden versehen und ein Ignorieren von wichtigen Aspekten kann weitreichende Konsequenzen für die handelnden OEMs und ihre Zulieferer haben.

8.4.1 Strategische Perspektive: Neues für den Kunden

Das Wissen, welche Lösungen die Kunden in einigen Jahren wünschen werden, ist wichtig für den späteren Erfolg und die Akzeptanz. Allerdings ist die Frage nach den Wünschen und dem Mehrwert bei technologiegetriebenen Innovationen oft nicht oder nur schwer für die Zukunft vorhersehbar.

Oft können sich die Kunden nicht vorstellen, wie die neuen Technologien in der Anwendung funktionieren, oder sie überschätzen Teilfunktionen und verlieren dann bei Verfügbarkeit das Interesse.

Henry Ford soll gesagt haben: „Wenn ich die Menschen gefragt hätte, was sie wollen, hätten sie gesagt: schnellere Pferde". Dieser Ausspruch steht für die Schwierigkeit, in einer Phase disruptiver Technologieentwicklung mit einem engen Blick auf den Markt tragfähige Werbeversprechen für die Zukunft zu identifizieren.

So sind auch im Bereich des vernetzten und autonomen Fahrens viele Aspekte der Wertschätzung und Nutzerakzeptanz ungeklärt. Es bleibt abzuwarten, ob und wie die Kunden Lösungen zu besonderen Fahrzeugfunktionen honorieren.

Neben der Begeisterung, die neue Funktionen des vernetzten und autonomen Fahrens oder neue Entertainmentsysteme auslösen können, sind auch Schwierigkeiten absehbar, die diese in Misskredit bringen können – so z. B. die gesetzlichen und organisatorischen Rahmenbedingungen sowie die gesellschaftliche Akzeptanz im Hinblick auf die international sehr unterschiedlich bewertete Maschinen- und IT-Sicherheit.

Neben Fragen der Zulassung ist aus heutiger Sicht insbesondere das Thema „IT-Sicherheit" von besonderer Brisanz, da sich durch die Vernetzung der Fahrzeuge mit der Außenwelt Angriffsmöglichkeiten auf die IT zur Manipulation von Fahrzeugfunktionen ergeben könnten.

8.4.2 Strategische Perspektive: Möglichkeiten für das Geschäft

Wie kann eine langfristige Transformation der Automobilbranche auch geschäftlich erfolgreich sein? Wie wird die Wertschöpfung in Zukunft generiert und wer würde davon profitieren, wenn beispielsweise ein Sportwagen in der Zukunft nur auf Rennstrecken gefahren werden dürfte und man sich im täglichen Verkehr von einer KI chauffieren ließe?

Die Position der Automobilhersteller als Marktführer ermöglicht es ihnen heute, die Ressourcen für die Integration neuer Technologien bereitzustellen. Dazu muss jedoch auch der Zugang zu Software und zu elektronischen Komponenten für die neuen *Vehicle Computer* z. B. durch strategische Partnerschaften sichergestellt werden. Dabei muss ein „Lock-in-Effekt" mit nur einem Lieferanten für Schlüsseltechnologien vermieden werden, um einen zu großen Einfluss und den Verlust von Wertschöpfung zu verhindern.

Software und IT könnten das Geschäftsmodell der OEM erheblich verändern, wenn IT-basierte Dienstleistungen, Software-Apps oder ein Autobetriebssystem von Drittanbietern etabliert und produktbestimmend würden. Es muss daher sichergestellt werden, dass die neuen, heute erst aufkeimenden Kundenbedürfnisse hinsichtlich neuer Fähigkeiten in diesem Bereich umfassend berücksichtigt werden, um die Gefahr einer späteren unkontrollierbaren und schädlichen Geschäftsverlagerung zu bannen.

Die Herausforderung ist offensichtlich: Etablierte Unternehmen zögern heute, sehr große Investitionen in die Entwicklung von innovativen Zukunftstechnologien des autonomen und vernetzten Fahrens zu tätigen, da ein Geschäftserfolg noch nicht absehbar ist. Einerseits kann diese abwartende Haltung schaden, wenn innovativere Wettbewerber stattdessen eine Chance erhalten, den ersten Zug bei der Entwicklung erfolgreich umzusetzen. Andererseits waren erste Entwicklungen zu vernetzten, intelligenten Produkten, die auf den Markt gebracht wurden, kommerzielle Misserfolge, sodass sich eine Investition in eine Innovation „um jeden Preis" auch sehr negativ auswirken kann, wenn der Markt dafür noch nicht reif ist. Ein großes Kunststück besteht folglich darin, trotz einer sprunghaften Technologieentwicklung Produkte schrittweise so an den Markt zu bringen, dass sich ein Geschäftserfolg einstellt.

8.4.3 Strategische Perspektive: Innensicht der Automotive-Unternehmen

Erfolgreiche Unternehmen haben in der Regel ein großes Team, das bei der Gestaltung der Produkte von heute mitwirkt. Kommt es jedoch zu einer technologischen Sprunginnovation, so müssen die Mitarbeitenden entweder umlernen oder andere Personen müssen die dann plötzlich wichtigen Schlüsseltechnologien beherrschen, um die zukünftigen Produkte zu gestalten.

Als Schlüsseltechnologien müssen die bestehenden Automobilunternehmen mit großen Softwaresystemen, neuen Fahrzeugbetriebssystemen, KI-Software sowie skalierbaren Cloud-/*Edge*-Technologien rechnen. Im Bereich IT sind HPC, Sensorik und neue Bussysteme für die Zukunft wichtig.

Es ist absehbar, dass die Automobilhersteller und Zulieferer in Zukunft die IT-Technologie viel umfassender als heute abdecken, um sehr große Softwareentwicklungen durchzuführen. Dazu sind erhebliche Investitionen in die Automotive-Software-Engineering-Prozesse und in den Kompetenzaufbau der Mitarbeitenden notwendig. So müssen die IT-Werkzeuge und

Methoden für die Serienentwicklungsprozesse bereitgestellt werden und das Personal entsprechend geschult sein.

In jedem Fall sind deutliche Veränderungen in den bestehenden Unternehmen der Automobilbranche notwendig, um den anstehenden Kompetenzwandel der vielen betroffenen Mitarbeitenden bewältigen zu können, wie beispielsweise T-Systems (2020) darlegt. Sollte dies nicht gelingen, würden durch den kommenden Wandel unweigerlich Wertschöpfungsanteile verloren gehen bzw. von den bestehenden in andere Unternehmen abwandern.

Um die entstehenden Kompetenzdefizite und Ressourcenengpässe zu überwinden, könnten auch Partnerunternehmen aus dem IT-Bereich sowie Start-ups einbezogen werden. Die Möglichkeiten hierfür sind vielfältig: so beispielsweise die Öffnung von Referenzarchitekturen als Voraussetzung für eine IT-Integration oder die Schaffung gemeinsamer Plattformen, die in Teilen auch Open-Source-Lösungen einbeziehen könnten.

Aber auch die im IT-Bereich bestehenden Partnerschaften mit Software- und Elektronikherstellern müssen angesichts der neuen Technologien überdacht werden, um sich zukunftssicher aufzustellen.

8.4.4 Strategische Perspektive: Wettbewerber suchen Chancen

Es liegt auf der Hand, dass die Mobilität der Zukunft durch die Zusammenarbeit von Automobilherstellern mit großen IT-, Software- und Kommunikationsunternehmen geprägt sein wird.

Eine „Make-or-Buy-Entscheidung" etablierter Unternehmen wird weitreichende Konsequenzen für die Zukunft haben, wenn dadurch Schlüsseltechnologien in die Hände neuer Marktteilnehmer gelangen. Einerseits kann es für etablierte Unternehmen in bestehenden Strukturen tatsächlich zu schwierig sein, die notwendigen Technologien selbst zu entwickeln. So zeigt der Rückblick auf Phasen disruptiven technologischen Wandels, dass neue Technologiepartner das Potenzial haben, den Markt zu ihren Gunsten zu verändern. Neuankömmlinge drängen auf den Markt und versuchen, den etablierten OEM und Zulieferern durch Know-how im Bereich Software und IT den Rang abzulaufen.

Allerdings stellt sich die Frage, ob diese neuen Unternehmen tatsächlich den etablierten so weit voraus sind, dass sie später nicht mehr eingeholt werden können.

Zu berücksichtigen ist auch, dass unkalkulierbare Risiken entstehen können, wenn bestehende Zulieferketten und damit gegebenenfalls die gesamte Wertschöpfungsverteilung disruptiv verändert wird. Es ist aus heutiger Sicht oft sehr schwierig abzusehen, wie sich die zukünftige Wertschöpfungsverteilung gestalten wird, da letztlich alle der zuvor dargelegten Perspektiven einen wie auch immer gearteten Einfluss haben werden. Allerdings zeigt die Historie vieler Gescheiterter, dass Unternehmen sehr gut beraten sind, den Wettbewerb in und um neue Technologien sehr ernst zu nehmen und viel Kraft in die Forschung und Entwicklung von neuen Technologien zu investieren.

8.5   Denkanstöße

Diese Fallstudie einer sich wandelnden Industrie zeigt, wie neue Technologien die Welt verändern können. Das Internet der Dinge und das vernetzte Fahrzeug werden viele Veränderungen mit sich bringen und diese Fallstudie vermittelt einen Eindruck davon, wie diese Technologien die Welt in Zukunft verändern können.

Auch wenn die konkreten Anwendungen und Funktionsweisen vernetzter Fahrzeuge noch nicht vollständig absehbar sind, ist bereits heute klar, dass sie erhebliche Veränderungen mit sich bringen werden. So gilt der *High Performance Vehicle Computer* (HPC) in Verbindung mit dem *Data Loop* als Schlüsseltechnologie für das autonome Fahren. Auch wenn HPC und *Data Loop* derzeit keine zwingende Voraussetzung für den Betrieb konventioneller Fahrzeuge sind, stellen sie eine wichtige technologische Grundlage für die Entwicklung autonomer Fahrzeuge dar, sodass sich hier die Frage stellt, wie diese schrittweise erschlossen werden sollen.

Autonomes Fahren ist ein Beispiel für eine Technologie mit enormer Tiefe, die beherrscht werden muss. Es wird noch viele Jahre dauern und erhebliche Investitionen erfordern, um die anspruchsvolle Forschungs- und Entwicklungsarbeit in diesem Bereich voranzutreiben und zu einem Reifegrad zu bringen, der zu erschwinglichen Produkten führt. Auch der Weg zum kommerziellen Erfolg dieser Technologie ist derzeit noch vage und ungewiss. Es ist offensichtlich, dass es eine anspruchsvolle Aufgabe ist, den kommerziellen Erfolg sicherzustellen und gleichzeitig die Forschung und Entwicklung in diesem Bereich voranzutreiben.

Um tragfähige Zukunftskonzepte für die Unternehmen der Automobilindustrie zu entwickeln, müssen vielfältige Strategieansätze aus unterschiedlichen Perspektiven entwickelt und geprüft werden.

Unter anderem werden folgende Fragen zentral für die zukünftige Entwicklung sein:

- Welche Technologiefelder sollten etablierte OEM und Zulieferer besetzen, wo in Partnerschaften investieren bzw. Themen aufgeben?
- Welche Rollen nehmen neue Wettbewerber ein, die Software und IT besser beherrschen?
- Wie sind IT-Technologieplattformen im Bereich des autonomen Fahrens in diesem Zusammenhang einzuschätzen?
- Was bedeuten die neuen Technologien für bestehende Systems-Engineering-Prozesse und die zu erwartende Komplexität der Software?

Stellen Sie selbst Überlegungen an und führen Sie Recherchen durch, um aktuelle Antworten auf diese Fragen zu finden.

Weiterführende Literatur

Cuhls, K.: **Delphi-Befragungen in der Zukunftsforschung.** In: R. Popp; E. Schüll (eds): Zukunftsforschung und Zukunftsgestaltung. Zukunft und Forschung". Springer, Berlin, Heidelberg, 2009
https://doi.org/10.1007/978-3-540-78564-4_15

Ebert, Ch.; Hochstein, l.: **DevOps in practice**. IEEE Software, Vol. 40, no. 1, 2023, https://ieeexplore.ieee.org/document/9994066

Shahin, M.; Ali Babar, M.; Zhu, L.: **Continuous integration, delivery and deployment: A systematic review on approaches, tools, challenges and practices.** In: IEEE Access, vol. 5, pp. 3909–3943, 2017 https://doi.org/10.1109/ACCESS.2017.2685629

Referenzen

Lock, A.; Tracey, N.; Zerfowski, D.: **Aufbruch in neue Welten – neue EE-Architekturen mit Vehicle Computern bringen neue Chancen.** Automobil-Elektronik Nr. 04-05, 2020

Nefzger, E.: **Elektromobilität Teslas Vorsprung – Model 3 zerlegt**. Manager Magazin, 19.02.2020

T-Systems: **Elektrik und Elektronik im Fahrzeug – Warum moderne Autos zu Hochleistungsrechnern werden**. Automotive IT, Firmenschrift, 2020

Zaki, M.: **C-V2X ebnet den Weg hin zu 5G für autonomes Fahren.** All-electronics.de, Hüthig-Verlag, 2018

Wie entsteht Wertschöpfung durch Automatisierungstechnik? 9

Zusammenfassung

Automatisierungstechnik ist kein Selbstzweck, sondern soll Aufgaben erfüllen und somit einen Zuwachs an Nutzen erzeugen. In diesem Kapitel wird daher untersucht, wie Automatisierungstechnik potenziell Mehrwert und somit Wertschöpfung erzeugt.

Folgende Fragen werden näher betrachtet:

- Was bedeutet Wertschöpfung durch Automatisierungstechnik?
- Welche Beispiele für erzeugten Nutzen aufgrund von Automatisierungstechnik lassen sich benennen?
- Wie kann man die Automatisierungstechnik methodisch mit Blick auf den Nutzen und den Mehrwert analysieren und gestalten?
- Wie kann man Fähigkeiten eines automatisierten Systems mit einer potenziellen Geschäftsperspektive zusammenführen?

Anhand zweier Beispiele werden in diesem Kapitel verschiedene Methoden vorgestellt, die zur Analyse und Darstellung des Wertes eines automatisierten Produkts oder einer automatisierten Anlage verwendet werden können. Auf Basis von Wertanalysen und Wertversprechen ist es möglich, den Mehrwert neuer technischer Fähigkeiten abzuschätzen, um daraus Entwicklungsprioritäten abzuleiten.

© Springer-Verlag GmbH Deutschland, ein Teil von Springer Nature 2023
M. Weyrich, *Industrielle Automatisierungs- und Informationstechnik*,
https://doi.org/10.1007/978-3-662-56355-7_9

9.1   Werte erzeugen

Der konsequente Einsatz von Automatisierungstechnik ist seit Jahrzehnten Treibstoff für Geschäftsprozesse und der Schlüssel für die Produktivität und Effizienz von technischen Systemen. Durch die Automatisierungstechnik entsteht ein Nutzen, der einen Wert für die Anwendung darstellt.

Doch wie ist der Begriff Wert bzw. der Gewinn an Wert für die Automatisierungstechnik zu verstehen? Die VDI-Richtlinie 2800 (2010) legt fest:

> „Unter einem Wert versteht man die Beziehung zwischen dem Beitrag der (automatisierten) Funktion zur Bedürfnisbefriedigung und den Ressourcen, die für diese Befriedigung zum Einsatz kommen".

Der Wert einer Automatisierungsfunktion ergibt sich somit dadurch, dass sie den technischen Prozess im Vergleich zur manuellen Ausführung effizienter macht. Ein weiterer Nutzen im Sinne eines Mehrwertes entsteht aufgrund einer konstanten Qualität und Reproduzierbarkeit der Ergebnisse sowie der Zuverlässigkeit in der Ausführung.

Beispielsweise können Schweißungen automatisch durch einen Roboter oder manuell durch einen Menschen durchgeführt werden. Der Nutzen der Automatisierungstechnik ist dann gegeben, wenn die Kosten für den Einsatz des Roboters geringer sind als die Kosten, die durch den Einsatz des Menschen entstehen. Außerdem ist zu berücksichtigen, dass der Schweißroboter einen Mehrwert durch eine bessere Qualität der Schweißnaht erzielt, da er – im Vergleich zum Menschen – die Schweißnaht gleichmäßiger ausführt und zudem reproduzierbarer arbeitet.

Bei dieser Betrachtung der Automatisierung von Funktionen steht häufig ein bestimmter, abgrenzbarer Prozessschritt im Mittelpunkt der Betrachtung, z. B. die Bearbeitung von Werkstücken, die automatische Routenplanung oder die Temperaturregelung einer Heizung.

In diesem Sinne kann die Wertschöpfung durch Automatisierungstechnik als eine Prozessverbesserung definiert werden, z. B. die effizientere Herstellung von Geräten wie Robotern oder Werkzeugmaschinen, die optimierte Bereitstellung von Vorprodukten aus der Zulieferkette für die Produktion oder eine schnellere Entwicklung von Systemen.

Die Prozesse zur Wertschöpfung sollen flexibel und elastisch auf die aktuelle Geschäftslage reagieren können, um volatilen Märkten gerecht zu werden. Dabei spielt der Einsatz von Automatisierungs- und industrieller Informationstechnik in der Anlagen- und Produktautomatisierung eine wichtige Rolle. Beispielsweise ist die Erhebung von Daten in der Logistik und damit eine Optimierung des Transportes ohne Automatisierungstechnik oft gar nicht möglich.

Heute spielt die technische Machbarkeit von automatisierten Funktionen oft nicht die bestimmende Rolle für den Einsatz von Automatisierungstechnik. Entscheidender ist der Nutzen für die Anwendung, der den Aufwand rechtfertigen muss, sodass ein zusätzlicher Wert durch Automatisierungstechnik entsteht.

9.2 Beispiele für Nutzen und Mehrwerte durch Automatisierungstechnik in der Industrie

Die Entwicklungspfade der Automatisierungstechnik im Hinblick auf die Wertschöpfung in der Industrie führen über Anwendungen in allen Industriebranchen und zeigen typische Richtungen auf.

Nach wie vor geht es um die Erhöhung der betrieblichen Leistungsfähigkeit, um beispielsweise durch den Einsatz von Robotern schneller und mehr produzieren zu können. Nach wie vor ist die Abwägung zwischen den Kosten und dem Nutzen eines Automatisierungssystems entscheidend für dessen Einsatz.

Heute ist es zudem möglich, mit Produkten nach deren Auslieferung in Kontakt zu bleiben bzw. deren Software durch die Anbindung an Kommunikationsnetze während des Betriebs zu ändern. So entsteht eine direkte Verbindung zum Kunden und zu Wertschöpfungspartnern, die neuartige Geschäftsmodelle und Kundendienstleistungen erlauben.

Schließlich ergeben sich neue Chancen durch die Datenökonomie; ein zentraler Punkt, vor allem da in den letzten Jahren die Koordination und Organisation immer mehr in den Vordergrund gerückt sind. So werden auch die CO_2-Rückverfolgbarkeit und die Kreislaufwirtschaft nur auf Basis einer automatisierten Datenwirtschaft sinnvoll möglich sein.

Im Folgenden werden Wertschöpfungspotenziale aufgezeigt, die die betriebliche Effizienz steigern, neue Formen der Kundenbetreuung ins Auge fassen oder Mehrwert durch das Sammeln, Organisieren und Auswerten von Daten generieren.

9.2.1 Mehrwert aufgrund der Erhöhung der betrieblichen Leistungsfähigkeit

Von Unternehmen wird zunehmend ein individuell gestaltbares „intelligentes Verhalten" erwartet, das sich an die aktuelle Situation anpasst und diese gegebenenfalls grundlegend umgestalten kann. Produzierende Unternehmen müssen in der Lage sein, agil zu reagieren und schnell Produktionsanpassungen auf der Basis aktuell verfügbarer Informationen durchführen zu können.

Abb. 9.1 illustriert Möglichkeiten der heutigen Automatisierungstechnik, um auf Veränderungen im Produktionsprozess automatisch durch Rekonfiguration einzugehen.

Grundsätzlich besteht der Wunsch nach einer weitgehenden Automatisierbarkeit, um mit möglichst wenig Personal im Bereich der Anlagenautomatisierung auszukommen und dennoch schnell auf Veränderungen bzw. Einflüsse reagieren zu können.

Das Spektrum der hierfür relevanten technischen Aktivitäten ist breit. Die Forschungsarbeiten reichen von der automatischen Diagnose und Selbstkalibrierung der Anlage über die Möglichkeit, Fehler oder Alarme per Fernwartung zu beurteilen und Änderungen vorzunehmen, bis hin zu visionären Vorstellungen einer sich selbst anpassenden Produktion.

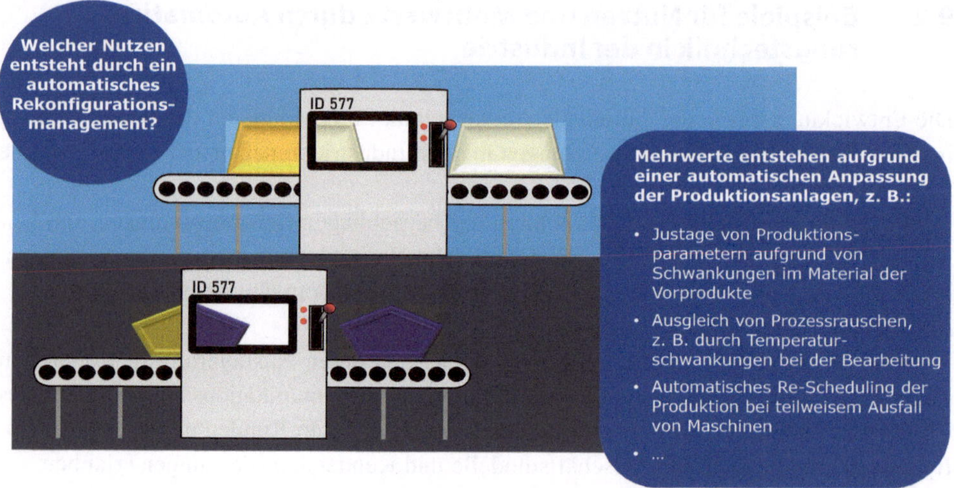

Abb. 9.1 Mehrwerte durch die automatische Anpassung von Produktionsanlagen

Der zentrale Nutzen der Anlagenautomatisierung ist es, Effektivität und Effizienz im Betrieb herzustellen, um dadurch kostengünstiger als der Wettbewerb zu arbeiten. Dazu sollen Stillstände vermieden, Qualität gesichert und notwendige Produktionsumstellungen schnell und agil durchgeführt werden können.

So führt beispielsweise die zunehmende Notwendigkeit, kleine Losgrößen zu realisieren, und die Unmöglichkeit, alle zukünftigen Konfigurationen eines Systems zum Zeitpunkt der Entwicklung vorherzusehen, dazu, dass sich die Anforderungen an ein Produktionssystem während des Betriebs ändern. Diese Änderungen überschreiten jedoch häufig den vorab geplanten Flexibilitätskorridor der Produktionssysteme. Dadurch wird ein Umbau erforderlich, der heute noch umfangreiches Expertenwissen erfordert, um beispielsweise Teile der bestehenden Anlage weiter nutzen zu können und zeitaufwendige und fehleranfällige Neuinbetriebnahmen zu verkürzen. Benötigt wird folglich ein Mehrwert in der Form, dass sich Automatisierungssysteme selbst verändern können und sich rasch durch eine Rekonfiguration an Veränderungen anpassen. Diese selbsttätige Veränderung kann man als eine „Automatisierung der Automatisierung" verstehen.

9.2.2 Mehrwert durch eine direkte Verbindung zu den Automatisierungssystemen im Betrieb

Die direkte Verbindung zu den sich im Einsatz befindlichen Automatisierungssystemen ist auf Basis heutiger Kommunikationsnetzwerke mit hohen Bandbreiten grundsätzlich problemlos möglich. Offen sind jedoch Fragen nach der Latenzzeit der Verbindung und der IT-Zuverlässigkeit. Außerdem ist eine Risikoabschätzung der IT-Sicherheit wichtig.

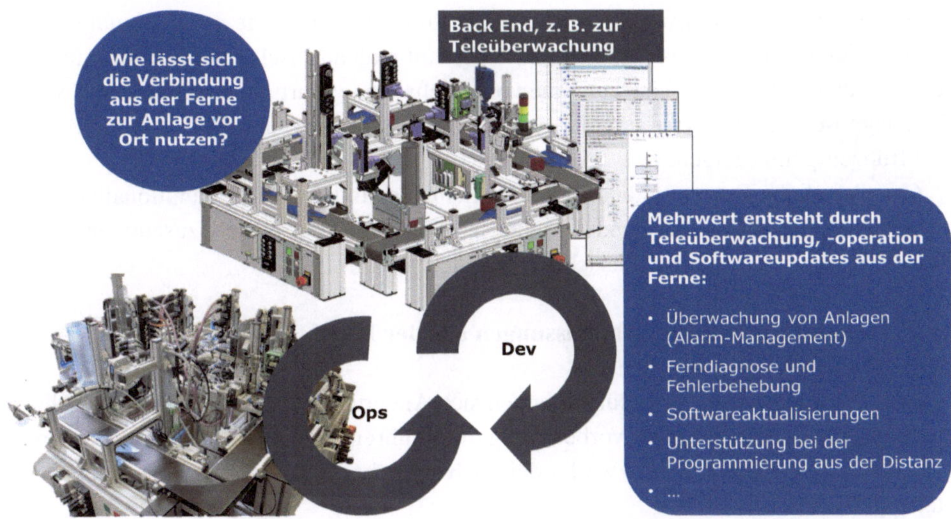

Abb. 9.2 Mehrwerte für die Anlagenautomatisierung durch Teleoperation und DevOps

Diese Kommunikationsverbindung bedeutet einen weitreichenden Kulturwandel auf dem Gebiet der Automatisierungstechnik und die damit einhergehenden Veränderungen des Geschäfts- und Wirtschaftssystems sowie die Innovationspotenziale wollen überlegt gestaltet werden.

Einen Eindruck der Mehrwerte durch Teleoperation oder Softwareentwicklung auf Basis von DevOps (vgl. Kap. 2) zeigt Abb. 9.2.

Grundsätzlich lassen sich aufgrund der Kommunikationsverbindung zu den Automatisierungssystemen im Feld eine Reihe von Einsatzmöglichkeiten umreißen, die nachfolgend exemplarisch anhand von zwei Beispielen aufgezeigt werden:

a. **Mehrwert durch Zugriff auf Anlagen aus der Ferne und Einsatz des Digitalen Zwillings**

Der Fernzugriff, z. B. als Kundendienst eines Anlagenherstellers, bietet die Möglichkeit, auf der Basis von Sensoren und externen Daten- und Informationsquellen Maschinenzustände oder den Betrieb zu überwachen oder fernzusteuern.

Neue Serviceorganisationsstrukturen und -prozesse sind möglich, um Produktnutzungs- und Leistungsdaten in Echtzeit zu erfassen. Außerdem nehmen die Anpassungsfähigkeit und Agilität in Bezug auf Kundenbedürfnisse deutlich zu, da die Situation vor Ort unmittelbar eingeschätzt werden kann. So können z. B. Außendiensteinsätze gezielter und damit effizienter gesteuert oder sogar überflüssig gemacht werden, indem das Personal vor Ort alarmiert wird, um die Leistung oder Produktionsqualität einer Maschine zu verbessern. Somit wird eine Teleoperation durch angelerntes und aus der Ferne kompetent geführtes Personal vor Ort möglich.

In einer zentralen Leitwarte kann auch ein Simulator im Sinne eines Digitalen Zwillings betrieben werden, aus dem Informationen mit realen Maschinendaten zusammengeführt werden. Auf diese Weise kann die vorausschauende Wartung am Digitalen Zwilling die Diagnose- und Analysedaten der realen Maschine nutzen, um Probleme zu erkennen und frühzeitig anzuzeigen.

Grundsätzliche Fragen in diesem Zusammenhang sind: Wie viel Funktionalität soll in ein Produkt eingebettet sein und wie viel in der Cloud zentralisiert zusammengeführt? Welche Reaktionszeiten sind tatsächlich realisierbar?

b. Mehrwert durch Softwareanpassungen aus der Ferne

Bei softwareintensiven Produkten lassen sich Änderungen der Software auch während des Betriebs schnell und ohne Vorbereitung durchführen. Dabei können die Anpassungen über ein fest verbundenes Netzwerk oder auch over-the-Air, also über eine Funkschnittstelle, gelangen.

Auf diese Weise können neue Funktionen sofort implementiert werden, Änderungswünsche schnell berücksichtigt und die Produkte entsprechend angepasst werden – eine angemessene Netzwerkverfügbarkeit vor Ort natürlich vorausgesetzt.

Durch die stetige Kommunikationsverbindung sind ganz neue Geschäftsmodelle denkbar, die neue Formen von Wartungsverträgen oder sogar ein *Pay per use*, also eine Abrechnung nach tatsächlichem Aufwand bzw. genutzter Funktionalität, ermöglichen könnten.

Geklärt werden muss allerdings, in welchem Ausmaß der Anwender von häufigen Service- oder Produkt-Upgrades überhaupt profitiert.

9.2.3 Mehrwert aufgrund von Datenökonomie

Die Nutzung vernetzter Daten gewinnt zunehmend an Bedeutung und eröffnet neue Möglichkeiten der Informationsgewinnung. Der Begriff Datenökonomie beschreibt dabei ein Wirtschaftssystem, in dem Daten auf Basis von Technologien und Plattformen gesammelt und ausgewertet werden.

Zukünftig werden massive Mengen an Daten erfasst werden. Durch diese Echtzeitdaten können die Wertschöpfungsketten, das Produktdesign, die Produktion und der Kundendienst unmittelbar Informationen aus dem Feld erhalten. Eine Integration über individuelle Funktionen hinweg erlaubt dabei eine übergreifende Koordination und neue Fähigkeiten.

Die Tab. 9.1 zeigt anhand von zwei Aspekten aus dem Bereich Bahn, welcher Mehrwert aufgrund des Zugangs zu Daten und deren Nutzung für Funktionalitäten auf unterschiedlichen Ebenen eines Systems erzielt werden kann.

Der Zugang zu Daten ermöglicht es Unternehmen also, neue Arten intelligenter und vernetzter Produkte oder Dienstleistungen aufzubauen, damit die Beziehung zum Kunden zu verändern und idealerweise neue Geschäfte zu gestalten.

Tab. 9.1 Unterschiedlicher Mehrwert durch vernetzte Daten am Beispiel der Bahn

System	Funktion aufgrund von Daten	Mehrwert
Drehgestelle des Waggons (Ebene der maschinenbaulichen Teilsysteme)	Betriebsdaten einzelner Drehgestelle sowie deren Subsysteme können online erfasst und ausgewertet werden.	Durch einen übergreifenden Datenabgleich können Fehlersituationen z. B. Verschleiß frühzeitig erkannt und vorausschauend behoben werden.
Zug bzw. Bahnsystem (Ebene des Gesamtsystems)	Interaktiver Reiseassistent informiert über Verspätungen, alternative Routen und Sitzplatzreservierung.	Durch eine App kann der Fahrgast seine Zugverbindung finden sowie Reservierungen vornehmen.

Letztlich aber unterliegt die Automatisierung von Funktionen der Akzeptanz durch die Nutzer. Sind diese tatsächlich bereit, einen höheren Preis für diese speziellen Funktionen zu zahlen, oder interpretieren sie es lediglich als *nice to have*? Es bedarf daher einer Kombination aus Technologieentwicklung, Wertschöpfungsanalyse und Diskurs mit den Beteiligten, um eine Akzeptanz sicherzustellen.

Allerdings werfen vernetzte Automatisierungssysteme auch wirtschaftliche und rechtliche Fragen auf: Wie und von wem werden Werte geschaffen? Wie werden die riesigen Mengen an Daten genutzt und verwaltet? Sollen die Daten einzelner Kunden genutzt werden, um aufgrund der daraus gewonnenen Information Verbesserungen für alle anbieten zu können? Wie sind die Risiken der Informationszusammenführung vor dem Hintergrund von Sicherheitsaspekten einzuschätzen? Gibt es gesetzliche Rahmenbedingungen? Wie definieren sich die Beziehungen zu den traditionellen Geschäftspartnern und welchen Veränderungen sind diese in den Branchen ausgesetzt?

Neben den technischen Machbarkeiten, die die Grundvoraussetzung für eine zukünftige Datenökonomie darstellen, ergeben sich viele Fragestellungen, die Geschäftsmodelle, aber auch rechtliche und ethische Aspekte betreffen, die noch exploriert werden müssen.

9.2.4 Fazit zu den Mehrwerten und Potenzialen für eine Wertschöpfung

Offenkundig ist die Automatisierungs- und industrielle Informationstechnik ein Treiber für neue Funktionen und Fähigkeiten, die großen Nutzen und Mehrwerte stiften können. Doch wie ist ihre Zukunftsperspektive aufgrund dieser neuen Wertschöpfungspotenziale einzuschätzen?

Folgende Punkte dienen der Abwägung.

Die positiven Aspekte sind:

- Es entstehen neuartige Funktionen der Automatisierung, die den Umgang mit Maschinen und Produkten vereinfachen.
- Neue Automatisierungsfunktionen führen zu Erleichterungen in der Lebens- und Arbeitswelt, es lassen sich Ressourcen einsparen bzw. ihr Verbrauch überwachen.
- Neue Geschäftsmodelle und Dienstleistungskonzepte werden möglich, die die Industrie verändern.

Negative Aspekte sind:

- Die Arbeitswelt wird sich aufgrund der Automatisierung von Tätigkeiten verändern: Neue Aufgaben entstehen, andere fallen weg.
- Es entstehen neue Risiken im Bereich der IT- und Maschinensicherheit, da durch die Vernetzung aus der Ferne auf die Systeme zugegriffen werden kann.
- Aufgrund der Systemkomplexität geht eine Vorhersagbarkeit von Einzelfunktionen verloren, sodass dadurch eine Problematik in Bezug auf die Zuverlässigkeit entsteht.

Letztlich wird die Entwicklung einerseits durch die technische Machbarkeit bestimmt werden. Zum anderen spielen Aspekte wie die Verhandlungsmacht der Kunden und Wertschöpfungspartner, die Art und Intensität des Wettbewerbs, die Erfolgsstrategie neuer Marktteilnehmer neben gesellschaftspolitischen Aspekten eine wichtige Rolle bei der Umsetzung.

9.3   Eine Methodik zur werteorientierten Systemgestaltung

Um Automatisierungslösungen wertorientiert entwerfen zu können, ist ein strukturierter Ansatz erforderlich, der Denkschritte zur Berücksichtigung des Wertes systematisch bei der Systemgestaltung einfließen lässt.

Die Wertanalyse ist eine systematische Methode zur strukturierten und schrittweisen Erarbeitung und Analyse von Funktionen. Eine Wertanalyse berücksichtigt verschiedene Perspektiven und Einflüsse, wobei ein Schwerpunkt auf der Identifikation von wertsteigernden Funktionen bzw. Fähigkeiten liegt.

9.3.1   Methodik der Wertanalyse

Eine Methodik zur Wertanalyse für die Anwendung in Wirtschaft und Technik ist in der VDI Richtlinie 2800 (2010) und ein entsprechender Arbeitsplan in der DIN EN 12973 (2020) definiert.

Bei diesem Ansatz steht das technische Produkt im Vordergrund, das durch seine Funktionen einen Nutzen bzw. Mehrwert bieten soll. Die einzelnen Arbeitsschritte der Methode sind auf die Analyse, die Beschreibung und die Entwicklung ausgerichtet. Dabei wird jeweils geprüft, wie bzw. in welcher Form eine Verbesserung bestehender oder die Entwicklung neuer Funktionen sinnvoll ist.

Es steht dabei die technische Funktion im Mittelpunkt, die das Produkt erfüllen soll oder die durch das Zusammenwirken der Produktkomponenten erzeugt wird. Diese Funktion zielt darauf ab, einen Teil der Bedürfnisse eines Nutzers zu erfüllen.

Die Methodik der Wertanalyse beschreibt die Grundelemente des Systems und ihre Zusammenhänge. Dazu werden unterschiedliche Perspektiven analysiert und zusammengeführt. Kennzeichnend für die Methodik der Wertanalyse ist ein funktionsorientiertes Vorgehen, bei dem die Formulierung des Problems bzw. der Aufgabe Voraussetzung ist.

Das Verfahren der Wertanalyse gliedert sich in Arbeitsschritte, in denen zunächst die Ausgangssituation und das zu lösende Problem betrachtet werden. Danach wird systematisch überlegt, wie eine Lösung aussehen könnte, um schließlich die beste Lösung auf der Grundlage einer Bewertung auszuwählen.

Eine Übersicht zu den methodischen Schritten zur werteorientierten Systemgestaltung ist in Abb. 9.3 vorgestellt.

Zunächst wird die Ausgangssituation erfasst, wofür in einer ersten Phase die Definition, Planung und Erfassung der relevanten Informationen und Daten vorgesehen ist.

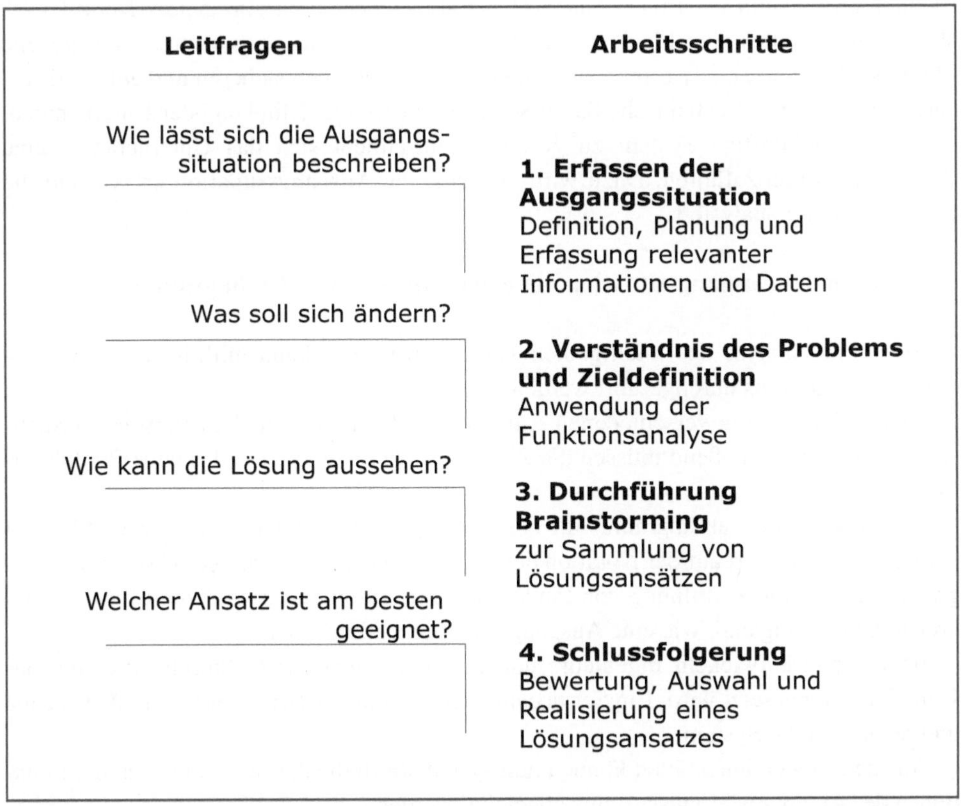

Leitfragen	Arbeitsschritte
Wie lässt sich die Ausgangssituation beschreiben?	**1. Erfassen der Ausgangssituation** Definition, Planung und Erfassung relevanter Informationen und Daten
Was soll sich ändern?	**2. Verständnis des Problems und Zieldefinition** Anwendung der Funktionsanalyse
Wie kann die Lösung aussehen?	**3. Durchführung Brainstorming** zur Sammlung von Lösungsansätzen
Welcher Ansatz ist am besten geeignet?	**4. Schlussfolgerung** Bewertung, Auswahl und Realisierung eines Lösungsansatzes

Abb. 9.3 Arbeitsschritte zur Wertanalyse. (In Anlehnung an DIN EN 12973 (2020) und VDI 2800 (2010))

In der zweiten Phase erfolgt die Problem- und Zieldefinition, für die eine Funktionsanalyse zur eindeutigen Bedarfsdefinition durch die Identifikation und Formulierung von nutzerbezogenen Funktionen, den Bewertungskriterien und Erfüllungsgraden durchgeführt wird. Diese Funktionsanalyse dient der Beschreibung und systematischen Darstellung, Klassifizierung und Bewertung der Funktionen und ihrer Zusammenhänge.

Anschließend werden in der dritten Phase im Rahmen eines Brainstormings methodisch mögliche Lösungsansätze ermittelt.

Schließlich wird in der letzten, vierten Phase ein konkreter Ansatz ausgewählt und in Richtung Realisierung weiter ausgearbeitet.

Diese Methode orientiert sich an den Fähigkeiten des zu untersuchenden Produkts und ist mit dem Bestreben verbunden, die Produktfunktionen in Bezug auf den Mehrwert, die Ressourcen und den Aufwand zu optimieren.

9.3.2 Ein Beispiel zur Anwendung der Methode

Man stelle sich ein Unternehmen vor, das Schließsysteme für Türen anbietet und sein Produktportfolio um neuartige „*Smart Home*"-Lösungen, u. a. ein „*Smart Door Lock*", also ein intelligentes Türschließsystem, erweitern möchte. Ziel ist es, zentral freigegebene Türen per App und Handy öffnen zu können. Dies bietet einen sicheren und automatisierbaren Zugang ohne mechanische Schlüssel, z. B. für Hotels, Kliniken oder Unternehmen.

Um das zukünftige System zu gestalten, entschließt sich das Unternehmen, eine Wertanalyse durchzuführen. Dazu wird zunächst die Ausgangssituation erfasst und die Problemstellung analysiert.

1. Erfassen der Ausgangssituation mit einem Anwendungsfalldiagramm

Eine erste Analyse des intelligenten Türschließsystems kann mithilfe eines Anwendungsfalldiagramms durchgeführt werden.

Hierbei können die verschiedenen Aufgaben und verantwortlichen Personen visualisiert werden. Anschließend müssen die Ziele erarbeitet werden, die das neue Produkt erfüllen soll.

Das Anwendungsfalldiagramm für das intelligente Türschließsystem ist in Abb. 9.4 dargestellt und basiert auf der Notation der *Unified Modeling Language* (UML). Das Diagramm nimmt eine Zuordnung von Funktionen und Akteuren vor und zeigt für den konkreten Anwendungsfall, wie eine Ausgangssituation definiert wird.

Im Beispiel entwickeln Ingenieure und Ingenieurinnen das technische Produkt, das vom Nutzer eingesetzt wird. Ein Serviceanbieter stellt die IT bereit und Techniker warten und reparieren die Systeme.

Aus den Anwendungsfällen können nun systematisch die Anforderungen an die Funktionen des Automatisierungssystems abgeleitet werden.

Für jeden Anwendungsfall und Akteur können so detaillierte funktionale Anforderungen festgelegt werden:

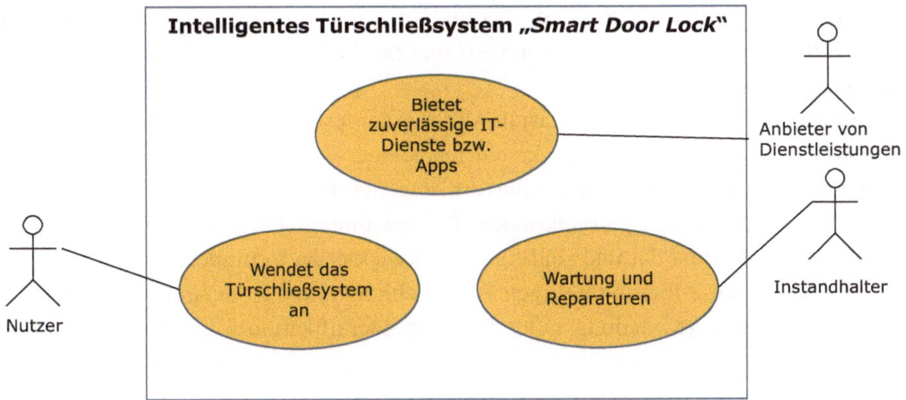

Abb. 9.4 Anwendungsfall *„Smart Door Lock"*

- Der Dienstleister stellt eine zuverlässige App und Cloud-Plattform zur Verfügung, um die Schließberechtigungen zu verwalten.
- Das Wartungspersonal wartet und repariert das System und kann auch neue Nutzer anlegen.
- Die Nutzer verwenden das Türschließsystem für ihre Anwendung.

In der Praxis werden diese Anwendungsfälle detailliert ausgearbeitet und zusätzlich zum Anwendungsfalldiagramm zur Verfügung gestellt. Diese Dokumentation ist wichtig, um eine gemeinsame und verständliche Basis für die IT-Entwicklung in Bezug auf die Akteure und ihre Aufgaben zu schaffen.

Im Zuge der Anforderungserarbeitung sollten dann auch sogenannte „nicht funktionale Anforderungen" beschrieben werden, die die Qualitätsmerkmale des Produkts festhalten. Eine solche nicht funktionale Anforderung ist beispielsweise die Verfügbarkeit bzw. Ausfallsicherheit der Cloud-Plattform, die für die Schließfunktionen und damit die Nutzerakzeptanz zentral ist. Durch das dargestellte Vorgehen wird sichergestellt, dass die tatsächlichen Bedarfe erkannt, erfasst und verstanden werden. Mit der Dokumentation des Anwendungsfalls ist die Ausgangssituation beschrieben.

2. **Verständnis des Problems und Entwicklung der Zielstellung mit der Funktionsanalyse**

Ziel dieses Arbeitsschrittes ist es, die Problemstellung zu verstehen und zu analysieren. Auf diese Weise können bereits vor der Entwicklung von Prototypen die Produktfunktionalitäten antizipiert und zielgerichtete Lösungen erarbeitet werden. Die Methode der Funktionsanalyse wird bei der Produktgestaltung eingesetzt, um die von Kunden und Nutzern gewünschten Produkte oder auch Dienstleistungen bedarfsgerecht bereitzustellen.

Im Rahmen der Funktionsanalyse werden die Funktionen und die zu erreichenden Ziele anhand von Anwendungsfällen analysiert und entwickelt. Dabei ist es wichtig, sich auf den Nutzen und nicht auf eventuell bereits vorhandene Lösungen zu konzentrieren. Anschließend können die sogenannten nutzer- und produktbezogenen Funktionen formuliert werden.

Das Konzept der Funktionsanalyse ist in Abb. 9.5 dargestellt. Zunächst werden die Nutzungsbedarfe erarbeitet und die Fähigkeiten festgelegt, die für die Nutzer relevant sind. Aus diesen Bedarfen werden dann die nutzerbezogenen Funktionen (NF) abgeleitet, die wiederum die produktbezogenen Funktionen (PF) bestimmen. Diese PF stellen die technische Sicht auf das Produkt dar und sind für die Entwickler zu formulieren.

Die Funktionsanalyse für ein intelligentes Türschließsystem ist in Abb. 9.6 dargestellt. Die Untersuchung des Anwendungsfalles führt zur Identifikation folgender Anforderun-

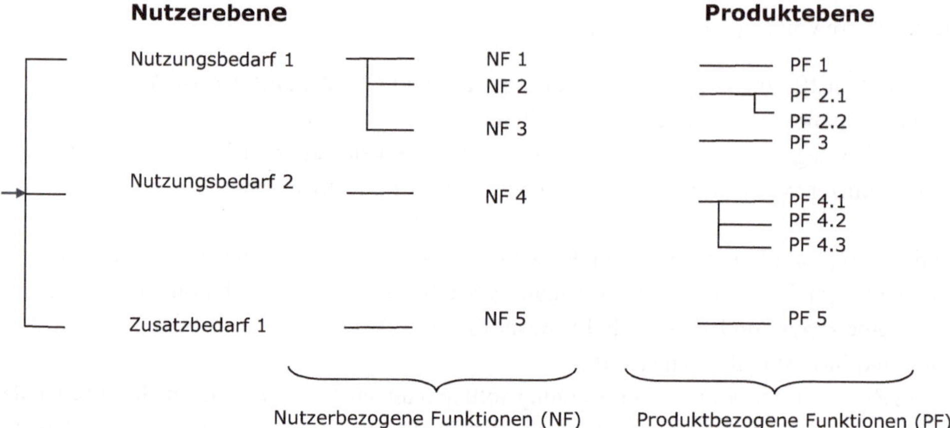

Abb. 9.5 Aufgliederung eines technischen Systems in nutzerbezogene und produktbezogene Funktionen

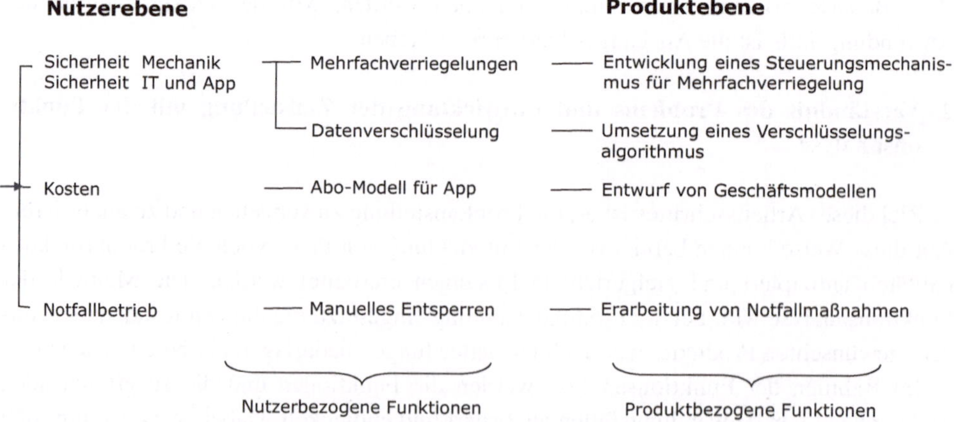

Abb. 9.6 Funktionsanalyse des intelligenten Türschließsystems

gen auf der Nutzerebene: „Sicherheit der Tür", „Sicherheit von persönlichen Daten", „Verhalten bei Stromausfall im Sinne eines Notfallbetriebs" und „Kosten des Systems".

Zu diesen Aspekten werden dann nutzerbezogene Funktionen formuliert. Dem Wunsch nach Sicherheit wird z. B. durch den Einbau einer Mehrfachverriegelung entsprochen. Die produktbezogenen Funktionen werden direkt aus diesen nutzerbezogenen Funktionen abgeleitet, also in diesem Fall durch die Entwicklung eines Mechanismus zur Steuerung mehrerer Riegel.

Nach Abschluss dieses Arbeitsschrittes sind die zukünftigen Funktionen des Systems sowohl aus Sicht des Nutzers als auch aus Sicht der Produktrealisierung festgelegt. Durch das Wechselspiel zwischen der Betrachtung von nutzerbezogenen und produktbezogenen Funktionen vor dem Hintergrund des Verständnisses des Anwendungsfalls wird sichergestellt, dass nur solche Funktionen entstehen, die auch einen Wert erzeugen.

Weitere Arbeitsschritte

Im Arbeitsschritt 3 erfolgt dann das „Brainstorming" zu den denkbaren technischen Lösungen zur Realisierung der produktspezifischen Funktionen. Hierbei können sich eine Reihe von unterschiedlichen Lösungsansätzen ergeben, die mögliche Realisierungen beschreiben.

Im Arbeitsschritt 4, „Schlussfolgerung", werden die möglichen Realisierungen bewertet und ausgewählt, sodass schließlich ein Lösungsvorschlag vorliegt, der sich an den Bedarfen und technischen Gegebenheiten orientiert.

9.3.3   Geht es auch agiler?

Die oben beschriebene Methodik ist in dieser Form standardisiert und beschreibt die einzelnen Schritte sehr systematisch. Dies hat den Vorteil der Planungssicherheit, die insbesondere bei mechatronischen Produkten mit entsprechendem Aufwand für die Realisierung von Vorteil ist, da zu Beginn der Arbeiten ein detaillierter Plan vorliegt.

Allerdings gibt es im Bereich der agilen Entwicklungsmethoden den Trend, das Vorgehen zu flexibilisieren bzw. zu agilisieren, vgl. beispielsweise Cagan (2005). Dabei steht nicht mehr die dezidierte Erstellung eines Konzepts oder einer Planung im Mittelpunkt, sondern die Interaktion der Entwickler zum Zwecke der Softwareerzeugung.

Die methodischen Kerngedanken werden zwar beibehalten, jedoch soll die Zufriedenheit des Kunden durch häufige Auslieferung der Software verbessert werden. So ist ein Feedback der Anwender schon im frühen Entwicklungsstadium möglich. Dementsprechend wird auch der Umfang der funktionierenden Software als zentraler Maßstab für den Fortschritt angesehen und nicht eine Entwicklungsdokumentation nach der oben genannten Methode.

Diese agile Entwicklung erfordert allerdings eine sehr enge Zusammenarbeit zwischen den Anwendungsexperten und den Softwareentwicklern. Die Schritte der Wertanalyse werden zwar nach wie vor durchgeführt, allerdings inkrementell entlang des Fortschritts der Entwicklung. Diese Form der Interaktion ist sehr viel effizienter, da die Problemstellungen vor dem konkreten Hintergrund und auch anhand erster Softwareprototypen durchgeführt werden können.

Allerdings stellt dieses Vorgehen hohe Anforderungen an die handelnden Personen: Sie müssen hochmotiviert sein und insbesondere über exzellente Fähigkeiten in der Technologieentwicklung, im Anwendungs-Know-how und in der Kommunikation verfügen, um viele gute Ideen in die Entwicklung von Produktfunktionalitäten überführen zu können. Insbesondere benötigt das beteiligte Entwicklerteam entsprechende Kompetenzen, um die Anwendung und den Einsatz des technischen Produkts beurteilen zu können.

9.4 Vom technischen Produkt zum erfolgreichen Geschäftsmodell

Die Entwicklung von technischen Systemen erfordert häufig große Investitionen und ist entsprechend kostspielig. Es sollten daher Maßnahmen getroffen werden, um auch den späteren Geschäftserfolg der Entwicklungen abzusichern.

Es ist daher naheliegend, nicht nur den Mehrwert einzelner Produktfunktionen, sondern auch das sogenannte Wertversprechen (*Value Proposition*) des neuen Produkts zu hinterfragen.

Dadurch werden zusätzliche Aspekte berücksichtigt, die wesentlich zur Akzeptanz und zum Erfolg des späteren Geschäftsmodells beitragen.

Das Wertversprechen, auch Nutzenversprechen, wird um die Produkte oder Dienstleistungen herum aufgebaut, um diese auf die Kundenbedürfnisse und die jeweilige Anwendung hin abzustimmen.

Abb. 9.7 illustriert drei wesentliche Perspektiven: die des Nutzers, des Anwendungsfeldes und des Produkts. Alle drei sind notwendig, um sicherstellen zu können, dass das Produkt die Gegebenheiten des Marktumfeldes tatsächlich trifft, wie schon Moore (2014) in seinem Standardwerk erläutert. Es ist wichtig, ein neues Produkt vor dem Hintergrund dieses Wertversprechens zu betrachten. Dies bedeutet, dass nicht nur die technische Realisierung des Produkts, sondern auch die Anforderungen der Nutzer berücksichtigt werden müssen, wie dies bereits in der zuvor erläuterten Methodik zur Produktgestaltung deutlich wurde. Um den Markterfolg sicherzustellen, sollten darüber hinaus auch die Gegebenheiten in der Anwendung, d. h. im jeweiligen Branchensegment, berücksichtigt werden.

Im Beispiel des intelligenten Türschließsystems, dem „*Smart Door Lock*", sind offensichtlich mehr Aspekte zu berücksichtigen als nur die Produktanforderungen aus einer funktionsorientierten Nutzerperspektive. Um die Funktionalitäten des Produkts bei der Entwicklung zu treffen, ist ein Verständnis der tatsächlichen Kundenbedürfnisse und der Gegebenheiten des Marktumfeldes erforderlich, das nicht zu spekulativ sein sollte.

Um ein neues Produkt in seiner Gesamtheit beurteilen zu können, ist es wichtig zu verstehen, was der Nutzer von einem Produkt hat, d. h. welchen Wert es für ihn und seinen Anwendungsfall generiert. Dabei kommt es auf das „Was" („Was bietet das Produkt?"), das „Wie" („Wie löst das Produkt das Problem?") und das „Warum" („Warum ist das Produkt wichtig?") an, um nachvollziehen zu können, auf welcher Basis ein Mehrwert entsteht.

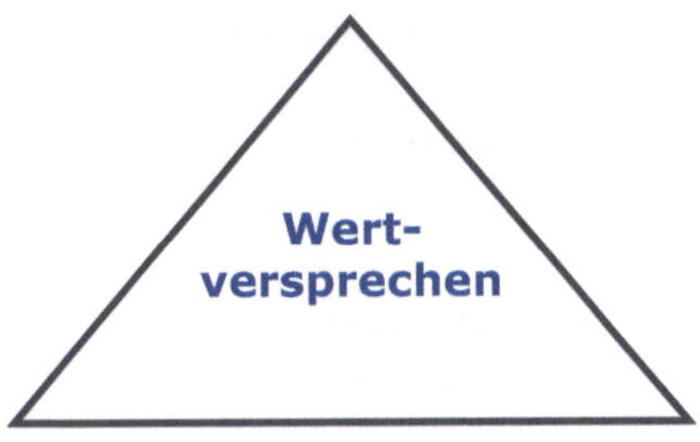

Abb. 9.7   Wertversprechen (*Value Proposition*) in Anlehnung an Moore (2014)

Bezogen auf das Beispiel des „*Smart Door Lock*" lassen sich diese Leitfragen wie folgt beantworten:

WAS bietet das Produkt?

- Das System ist per App steuer- und konfigurierbar und vereinfacht den Aufwand einer konventionellen Schlüsselverwaltung.
- Das System erfüllt hohe Sicherheitsanforderungen und erlaubt beim Verlust von Schlüsseln eine einfache Neuvergabe.

WIE löst das Produkt das Problem?

- Das Türschloss ist aus hochwertigem Material und mit Apps per Smartphone zu öffnen.
- Das System hat einen drahtlosen Sensor z. B. auf Basis von NFC.

WARUM ist das Türschließsystem wichtig und wozu?

- Spezielle Räume müssen aus vielen Gründen gut geschützt werden.

Für das neue Produkt „*Smart Door Lock*" lässt sich somit das Wertversprechen wie folgt formulieren:

„Diese Lösung eines intelligenten Türschließsystems ist praktisch in der Anwendung und ermöglicht einen sicheren Zugang zu geschützten Bereichen mit vielen Benutzern. Sensible Bereiche können so auch bei Verlust von Schlüsseln zuverlässig im Zugang reguliert werden. Das System ist technisch aus hochwertigen Materialien gefertigt und basiert auf sicheren Softwareanwendungen, sodass das Türschließsystem die Tür vor physischen und virtuellen Angriffen schützt."

Ein heute sehr verbreiteter Ansatz ist, z. B. nach Lukas (2018), der sogenannte *Value Proposition Canvas*, um die Aspekte detailliert und strukturiert auszuarbeiten.

Die Grundidee des Canvas-Ansatzes ist, dass Kunden mit den Produkten Aufgaben erfüllen, die aus funktionalen, sozialen, technischen und vielen anderen Kategorien stammen.

Um nun die jeweiligen Aufgaben eines Produkts zu ermitteln, können die folgenden Fragen gestellt werden:

- Welche Aufgaben wollen die Kunden erfüllen?
- Welche Probleme versuchen die Kunden zu lösen?

Nun wird untersucht, welche Hindernisse (*Pains*) die Kunden daran hindern, eine Aufgabe erfolgreich zu erledigen. Diese Hindernisse werden aus dem Blickwinkel des Kunden betrachtet. Um diese möglichen *Pains* zu identifizieren, können die folgenden Fragen gestellt werden:

- Welches sind die größten Schwierigkeiten und Herausforderungen der Kunden?
- Wo entsprechen die bestehenden Lösungen nicht den Erwartungen der Nutzer?

Analog dazu wird der Gewinn durch eine Lösung (*Gains*) untersucht. Kunden erhoffen sich Vorteile, die sich aus der erfolgreichen Bewältigung einer Aufgabe ergeben. *Gains* können anhand der folgenden Fragen ermittelt werden:

- Wo möchte der Kunde Geld, Zeit, Mühe oder Arbeit sparen?
- Was kann das Problem des Kunden leicht lösen?
- Wonach suchen die Kunden?

Ein passendes Therapeutikum (*Pain Reliever*) beschreibt, welche *Pains* wie behandelt werden können. Es lässt sich anhand der folgenden Fragen identifizieren:

- Wie können die Schwierigkeiten und Herausforderungen der Kunden beseitigt werden?
- Wie kann eine bessere Lösung im Vergleich zu anderen Anbietern geliefert werden?
- Wie lassen sich negative Folgen für die Kunden vermeiden?

In ähnlicher Weise werden die Mehrwerterzeuger (*Gain Creators*) untersucht, die ein Produkt im Zusammenhang mit der Erfüllung der Aufgaben für den Kunden darstellt. *Gain Creators* können formuliert werden, indem man die folgenden Fragen stellt:

- Wie kann man dem Kunden die Aufgaben erleichtern?
- Wie kann man die Bedürfnisse der Kunden erfüllen?
- Wie kann man das anbieten, was die Kunden auch wollen und brauchen?

Tab. 9.2 Canvas für das Beispiel des „*Smart Door Lock*"

Aufgaben	*Pains*	*Gains*
- Schutz der Einrichtung vor Eindringlingen - Eingeschränkter Zugang - Isolierung bestimmter Bereiche	- Eingeschränkte Funktionalität bei Stromunterbrechung - Sicherheitsbedrohungen - Datenspeicherung und Datenschutz	- Steuerung der Zugänge aus der Distanz - Fernüberwachung - Erleichterte Zugangskontrolle
Produkte und Dienste	*Pain Relievers*	*Gain Creators*
- Verstärkung des Türrahmens - Einsatz von Sensortechnologien zur sicheren Erkennung berechtigter Personen - Verwendung von wärme- und schalldämmendem Material	- Batteriebetriebener Notbetrieb - Hochmoderne Verschlüsselungsalgorithmen - Lokale Speicherung von persönlichen Daten	- Schlüsselloser Eingang - Fernverriegelung der Türen im Falle eines Sicherheitsverstoßes - Mehrfacher Zugang ersetzt die Schlüsselgenerierung

Tab. 9.2 stellt den *Value Proposition Canvas* für das Schließsystem dar. Auf dieser Basis kann nun ein dezidiertes Lasten- bzw. Pflichtenheft erstellt werden, an dem sich die technischen Entwicklungen klar orientieren können.

Auf diese Weise lassen sich zahlreiche weitere Aspekte betrachten. Keineswegs muss aber der neue technologische Ansatz sofort eine Lösung für alle Probleme der Nutzer sein.

Zwar empfiehlt es sich, stets neue Technologien einzusetzen, gleichwohl sollte eine kritische Reflexion auch mögliche Grenzen und Gegenkonzepte berücksichtigen, um einen ausgewogenen Blick auf die Chancen und Risiken haben zu können.

9.5   Denkanstöße

Dieses Kapitel zeigte einige grundlegende Ansätze, um Automatisierungstechnik zielgerichtet und marktorientiert auszugestalten. So bezieht die vorgestellte Methodik des wertorientierten Systemdesigns das Verständnis des Anwendungsfalls und die Wünsche der Systemnutzer systematisch mit ein. Weiterführende Konzepte des Wertversprechens und des Canvas-Ansatzes helfen, die tatsächlichen Bedürfnisse herauszuarbeiten, um die Lösung für ein Problem besser treffen zu können. In der Fachliteratur werden auch weiterführende Verfahren diskutiert, um z. B. die Reife von Märkten für neue Produkte besser zu verstehen und damit Aussagen über mögliche Erfolgschancen neuer Produkte treffen zu können.

Alle Analysemethoden und Denkmodelle ersetzen jedoch weder die Ingenieurskunst noch den Unternehmergeist, sondern helfen, die Aufgaben besser zu verstehen und strukturiert anzugehen.

Setzen Sie sich selbst das Ziel, den Wert einer neuen Technologie zu verstehen und ein Wertversprechen zu entwickeln. In Kap. 2 wurde das Konzept des Digitalen Zwillings eingeführt, das große Popularität erlangt hat und zu einer Schlüsseltechnologie der Digitalisierung geworden ist. Der Digitale Zwilling hat das Potenzial, Systeme im Maschinen- und Anlagenbau zu innovieren oder neuartige vernetzte und intelligente Produkte zu schaffen.

Wie beurteilen Sie die durch den Digitalen Zwilling entstehende Wertschöpfung im Bereich von Industrierobotern?

a. Verwenden Sie die folgende These und Antithese sowie die Pro- und Kontraargumente, um Anforderungen in Bezug auf den Digitalen Zwilling darzustellen!

Die folgende These und Antithese können aufgestellt werden, um den Anwendungsfall eines Digitalen Zwillings für die Anlagenautomatisierung ausgewogen zu erörtern:

These: „Der digitale Zwilling bringt einen Mehrwert für Industrieroboter und Werkzeugmaschinen. In Zukunft sollte der Digitale Zwilling in allen neuen Produkten enthalten sein, damit auf Basis von Modellen Maschinendaten in Echtzeit gesammelt und analysiert werden können, um neue Dienste anzubieten."

Antithese: „Die Entwicklung und Pflege eines Digitalen Zwillings ist ein unnötiger Zeit- und Kostenaufwand ohne klaren Nutzen, da sich diese Technologie noch in der frühen Implementierungsphase befindet und der tatsächliche Nutzen in der Praxis im Vergleich zum Aufwand nur gering ausfällt."

Die Tab. 9.3 bietet eine Argumentationshilfe für bzw. gegen die neue Technologie des Digitalen Zwillings.

Tab. 9.3 Argumentationshilfe: Pro und kontra Digitaler Zwilling

Argumente zur Stützung der These	Argumente zur Stützung der Antithese
- Einfache und schnelle Rekonfiguration wird nur so möglich gemacht	- Hohe Entwicklungsaufwände und -kosten zur Erstellung des Digitalen Zwillings
- Neue Funktionen der vorausschauenden Wartung durch den Einsatz von künstlicher Intelligenz werden möglich	- Es wird eine zusätzliche Wartung der Modelle und ihrer Daten sowie der Software erforderlich
- Es lassen sich Adaptionen automatisch durchführen (sog. Self-x-Fähigkeiten)	- Es ist von Inkompatibilität bei Verwendung von Bauteilen verschiedener Firmen auszugehen
- Eine Fernüberwachung und -steuerung oder Teleoperation in Echtzeit reduziert die Anzahl benötigter Fachkräfte	- Der Aufbau und die Pflege erfordert Kompetenzen und Fachpersonal
- Die Effizienz der technischen Anlage lässt sich durch Optimierung verbessern	- Es bestehen Beschränkungen aufgrund der Vertraulichkeit personenbezogener Daten

b. **Bilden Sie sich eine Meinung zu den folgenden Fragen:**
   - Ist der Digitale Zwilling eine Zukunftstechnologie der Automatisierung oder nur ein Hype?
   - Wie beurteilen Sie das Risiko, dass Mitbewerber einen nicht mehr aufzuholenden Innovationsvorsprung erhalten, wenn Ihr Unternehmen nicht vorangeht?
   - Wie lauten Fragen zu dem Zukunftsfeld, die noch offen sind und geklärt werden müssten?
c. **Führen Sie eine Recherche und ein Brainstorming durch und geben Sie eine Empfehlung für eine Machbarkeitsstudie ab, die spezielle Anwendungsfelder abdecken könnte.**
   - Stellen Sie dazu die unterschiedlichen technologischen Lösungsansätze einander gegenüber und notieren Sie die Fähigkeiten des neuen Systems.
   - Entwickeln Sie ein Anwendungsfalldiagramm und konkretisieren Sie die nutzer- und produktbezogenen Funktionen in einer Liste.
   - Leiten Sie Ihre Schlussfolgerungen ab und bewerten Sie denkbare Realisierungen, für die eine Machbarkeitsstudie durchgeführt werden könnte.
d. **Überlegen Sie, welche Aussagen Sie über ein Wertversprechen tätigen können und was in einem Canvas mit dem vorliegenden Wissensstand angegeben werden kann.**

Weiterführende Literatur

Gausemeier, J.; Dumitrescu, R.; Echterfeld, J.; Pfänder, T.; Steffen, D.; Thielemann, F.: **Innovationen für die Märkte von morgen: Strategische Planung von Produkten, Dienstleistungen und Geschäftsmodellen.** Hanser Verlag, 2019 https://www.hanser-elibrary.com/doi/book/10.3139/9783446429727

Saigal, N.: **Elements of a value proposition: A recap from Google's design sprint conference 2018**, 2021 https://medium.com/n5-now/elements-of-a-value-proposition-a-recap-from-design-sprint-conference-2018-2b2e393baae2

Referenzen

Cagan, M.: **Agile development processes**, Silicon Valley Product Group, Internet Blog, 2005 https://www.svpg.com/agile-development-processes/

DIN EN 12973: **Value management**; Deutsche Fassung, Beuth-Verlag, 2020 https://doi.org/10.31030/2874697

Lukas, T.: **Business Model Canvas – Geschäftsmodellentwicklung im digitalen Zeitalter.** In: Grote, S.; Goyk, R. (eds.): Führungsinstrumente aus dem Silicon Valley. Springer Gabler, Berlin, Heidelberg, 2018 https://doi.org/10.1007/978-3-662-54885-1_9

Moore, G. A.: **Crossing the chasm: Marketing and selling disruptive products to mainstream customers**, 3. Edition, Collins Business Essentials, 2014

VDI 2800: **Wertanalyse/Value Analysis.** VDI, Beuth-Verlag, 2010

Zusammenfassung

Die Automatisierungstechnik ist stark von technischen Innovationen geprägt und hat es in den letzten Jahrzehnten immer wieder geschafft, sich neu zu erfinden. Automatisierung integriert neue Technologien und Methoden, um diese für die industrielle Anwendung nutzbar zu machen.

Ziel dieses Kapitels ist die Vermittlung von Denkmodellen, Hintergründen und Entscheidungspunkten bei der Umsetzung der Automatisierungstechnik in die Praxis.

- Warum sind die Einführungszeiten für neue Technologien manchmal so lang?
- Wie werden Fragen der Wirtschaftlichkeit bewertet?
- Wo liegen heute die Grenzen für den Einsatz von Automatisierungstechnik in sehr großen Systemen?
- Was kann getan werden, um Einführungsprozesse zu beschleunigen und Beteiligte mitzunehmen?

Diese Fragen sind natürlich sehr weitreichend und können hier nur kurz angerissen werden. Dennoch gibt dieses Kapitel einen Eindruck davon, auf welchen Pfaden neue Technologien den Weg in die Praxis finden können und welche grundsätzlichen Muster dabei bestimmend sind.

© Springer-Verlag GmbH Deutschland, ein Teil von Springer Nature 2023
M. Weyrich, *Industrielle Automatisierungs- und Informationstechnik*,
https://doi.org/10.1007/978-3-662-56355-7_10

10.1   Ein Blick zurück

Um zu verstehen, wie Technologien in die Praxis der Automatisierungstechnik Einzug halten, ist ein Blick in die Vergangenheit nützlich. Rückblickend erkennt man Strömungen und Muster, die helfen können, die Dynamik der Entwicklung einzuschätzen.

Abb. 10.1 zeigt Meilensteine der Automatisierungstechnik und illustriert die sich wandelnde Bedeutung von Fachdisziplinen. Während in den frühen Tagen die Automatisierungstechnik durch den Maschinenbau geprägt wurde, gewinnen nun die Elektrotechnik, die Informationstechnik und die Informatik zunehmend an Gewicht.

Ohne Anspruch auf Vollständigkeit lässt sich die Historie wie folgt zusammenfassen:

In den Jahren ab etwa 1970 wurden einzelne automatisierte Tätigkeiten auf Basis von Mechanik und Elektronik, z. B. durch erste speicherprogrammierbare Steuerungen durchgeführt. Erste Robotersysteme sowie moderne Werkzeugmaschinen entstanden. Programmierbare Steuerungen erlaubten zusehends eine einfache Programmierung von Abläufen, statt auf einer fest verdrahteten Verknüpfungslogik zu basieren.

Ab Mitte der 1980er-Jahre wurden Mikroprozessoren kostengünstiger und erste Kommunikationsnetzwerke, z. B. Feldbusse verfügbar. Zu diesem Zeitpunkt kam auch das Mechatronik-Engineering auf, das die Mechanik, die Elektronik und Software erstmalig gemeinsam bei der Systemgestaltung zu betrachten suchte.

Software gewann ab 1990 immer stärker an Bedeutung und löste die maschinenbaulichen Aktivitäten nach und nach ab. Somit stellten ab etwa 2000 die Informationstechnik und Softwaresysteme einen durchgängigen Bestandteil von technischen Systemen dar. Seit dieser Zeit wird von einer Allgegenwart von *Embedded Systems* und vernetzter Software gesprochen, dem *Ubiquitous Computing*, später dem Internet der Dinge.

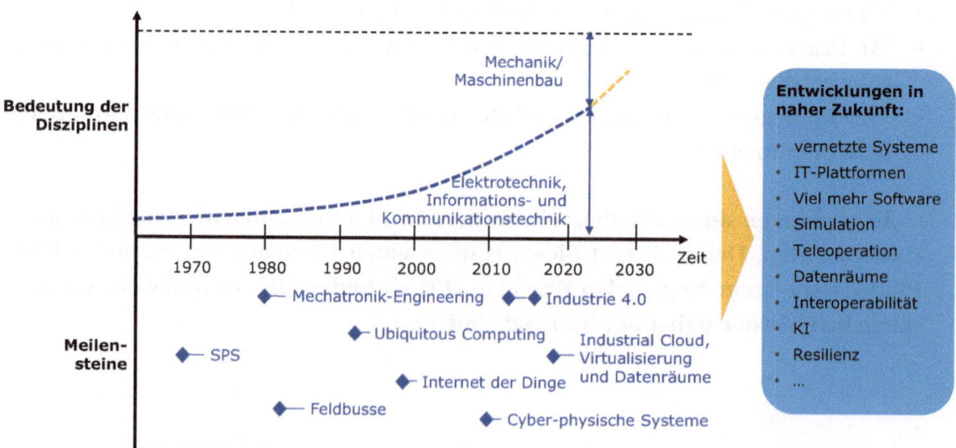

Abb. 10.1 Meilensteine der Automatisierungstechnik

Parallel dazu hatten Industrieroboter und Werkzeugmaschinen über Jahrzehnte eine treibende Funktion, die durch die Konzepte der Industrie 4.0 ab etwa 2012 erneut beflügelt wurde.

Seit einigen Jahren kommt nun der Erstarkung der „Informationswelt" eine wichtige Rolle zu und damit der Konnektivität im Sinne einer Verbindung zu Datenräumen mit allen digitalen Informationen der „realen" physischen Systeme.

Dieser Rückblick zeigt, dass die einzelnen Trends jeweils in etwa eine Dekade dauern, wobei von der ersten Idee bis zur Umsetzung in der Fläche auch zwei Dekaden verstreichen können.

Diese relativ langen Zeitspannen begründen sich durch die Entwicklungs- und Betriebszeiten von Systemen der Anlagen- und Produktautomatisierung, aber auch durch die Entwicklergenerationen, die oft Zeit brauchen, um von einem Entwicklungsparadigma in ein neues zu kommen.

Wendet man den Blick nach vorne, so liegt bereits auf der Hand, welche neuen Technologien zukünftig wichtig werden. Mehr vernetzte Kommunikation, IT-Plattformen und große Softwaresysteme sind Trends, die sich weiter fortsetzen werden. Teleoperation, Datenräume, Interoperabilität und KI werden mit Sicherheit bedeutsam werden, wobei auch hier die Zykluszeiten zur Umsetzung in die Praxis eher länger dauern.

Neu ist der Wunsch nach mehr Resilienz, also Widerstandskraft von Automatisierungssystemen gegenüber Änderungen und äußeren Einflüssen, z. B. die IT-Sicherheit für industrielle Systeme.

10.2   Einsatzentscheidungen und Auswahl von Automatisierungstechnik

In der Automatisierungstechnik sind über die letzten Jahrzehnte viele Technologien wie z. B. Feldbussysteme entstanden, die in der Praxis umfassend zum Einsatz kommen. Warum können diese nicht einfach durch modernere Kommunikationssysteme abgelöst werden? In der Unterhaltungselektronik erleben wir schließlich auch Innovationszyklen von wenigen Jahren. Wieso entwickelt die Automatisierungstechnik stattdessen Feldbusse weiter und setzt nicht auf ganz neue Technologien?

Die Antwort ist relativ einfach: Smartphones, Laptops und ähnliche Geräte haben eine Lebensdauer von drei bis etwa sechs Jahren. Danach werden diese Systeme ausgewechselt und durch modernere ersetzt. In der Anlagenautomatisierung hingegen haben Kraftwerke oder Fertigungsstätten je nach Branche eine Lebensdauer von über 20 Jahren. Auch Autos oder andere Industriegüter wie Maschinen funktionieren oft über zehn Jahre lang autark und ohne Veränderung.

10.2.1 Unterscheidung der Systemwelten Informationstechnik (IT) und Operational Technology (OT)

Die Lebensdauer der Technologie, aber auch die Anforderungen an die Zuverlässigkeit und Robustheit sind wichtige Kriterien bei der Abgrenzung von Automatisierungstechnik gegenüber beispielsweise der viel kurzlebigeren Welt der Unterhaltungselektronik.

In der Praxis hat sich eine Unterscheidung zwischen der Welt der IT („Informationstechnik") und der OT („Operational Technology") im Industrieeinsatz etabliert. Diese Kategorisierung ist insbesondere im Bereich der Anlagenautomatisierung gängig, spielt aber auch in anderen Branchen eine Rolle.

Abb. 10.2 zeigt die beiden Betrachtungsebenen der IT und OT sowie deren Anwendungsbereiche und die jeweiligen Aufgaben.

Die Ebene der IT umfasst die Verwaltungssoftware eines Unternehmens, die mit Servern, Netzwerken, Datenbanken und speziellen Prozessabläufen organisiert ist. IT steht dabei für Technologien, die im Bereich des Internets und der Unternehmens-IT entstanden sind, und die sich auf eine datenzentrierte Implementierung von Softwaresystemen z. B. für die Warenwirtschaft oder die Buchhaltung konzentrieren.

OT hingegen steht für Betriebstechnologien, für die Steuerung und Überwachung von Ereignissen, Prozessen und Geräten in Echtzeit. Die OT bezeichnet Systeme, die eine große Nähe oder einen direkten Bezug zum technischen Prozess haben und entsprechend robust ausgelegt sind. Die Prozessregelung von Reaktoren in der Chemieverfahrenstechnik ist ein typisches Beispiel für OT. Sie erfordert eine Adaption an die praktischen Bedürfnisse der Branchen, also z. B. robuste Kabel und explosionssichere Gehäuse.

Bisher sorgten die Unterschiede zwischen OT und IT für eine klare Trennung der Anwendungsbereiche. Mit der zunehmenden Digitalisierung wachsen diese Felder jedoch zusammen, da zum einen eine Vernetzung des Geschäftsprozesses mit den technischen Systemen stattfindet und zum anderen die IT leistungsfähiger und kostengünstiger wird.

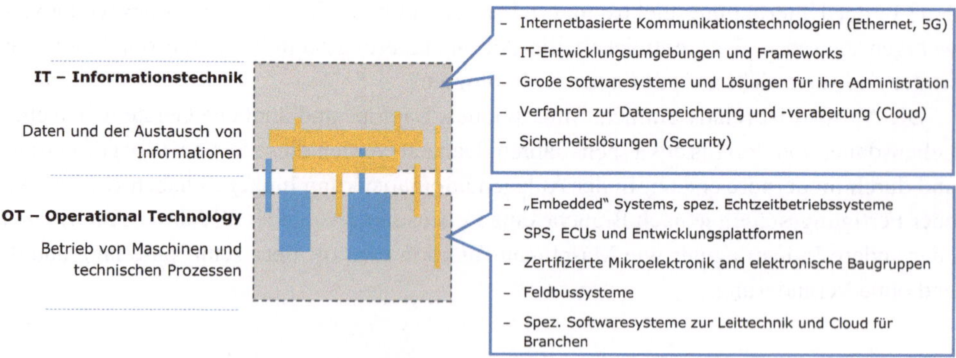

Abb. 10.2 Die Systemwelten der IT und OT

Beispielsweise werden Cloud-Lösungen zur Betriebsführung zuverlässig und echtzeitfähig, sodass diese IT durchaus auch zur übergeordneten Steuerung im Sinne der OT eingesetzt werden kann.

Inwieweit ein Zusammenwachsen der Technologie des maschinennahen Bereichs der Anlagenautomatisierung einerseits mit der in der Breite eingesetzten Informationstechnik andererseits stattfinden wird, kann heute noch nicht abschließend beurteilt werden.

Einerseits sind zwar enorme Entwicklungsschübe im Bereich der IT zu verzeichnen; so entstehen heutzutage viele Systemarchitekturen und Frameworks des Internets der Dinge sowie bei Cloud-Servern mit vielschichtigen technologischen Möglichkeiten. Andererseits nimmt dadurch die Komplexität zu, was mit Blick auf den sicheren Betrieb von Anlagen und technischen Produkten Zweifel daran sät, ob sehr komplexe IT- und Softwaresysteme für einen sicherheitskritischen technischen Betrieb geeignet sind.

In vielen Bereichen zeichnet sich ab, dass die IT erst für einen operativen Betrieb angepasst werden muss, also gar nicht in ihrer ursprünglichen Form zum Einsatz kommen kann.

Mit Sicherheit ist durch die IT eine Anbindung an übergeordnete Systeme wie das ERP oder MES (vgl. Kap. 3) gut umzusetzen. Hingegen stellt sich die Frage, ob die etablierten Feldbussysteme der OT tatsächlich durch angepasste IT-Netzwerke ersetzt werden sollten – wenn die Vorteile nicht deutlich überwiegen.

Die OT und IT werden sich daher noch eine Weile an den Nahtstellen reiben, bis schließlich eine Vereinheitlichung in der Anwendung stattgefunden hat. Dafür spricht insbesondere auch die sogenannte „installierte Basis", also etablierte Technologien der OT, die bereits im Einsatz sind. Es würde einen erheblichen Aufwand bedeuten, das Personal umzuschulen und die Systemwelten umzustellen. Allerdings kann der Einsatz von cloudbasierten Steuerungen aus der Welt der IT gegebenenfalls Kostenvorteile bieten, sodass eine Veränderung dann doch lohnend ist.

10.2.2 Beweggründe für den Einsatz von OT und IT in der Praxis

Es gibt große Unterschiede, wie, wo und warum IT oder OT eingesetzt wird und welchen Anforderungen diese Systeme gerecht werden müssen.

Tab. 10.1 zeigt eine Gegenüberstellung.

Die Tabelle macht deutlich, dass beispielsweise die Intervalle für Änderungen sehr unterschiedlich sind: An Updates z. B. der Bürosoftware haben wir uns längst gewöhnt. Bei langlebigen Industriesteuerungen o. Ä. erfolgen Änderungen jedoch nur sporadisch und eher selten.

Aber auch die Anforderungen an die Verfügbarkeit und Zuverlässigkeit zeigen deutliche Unterschiede. So sind Wartungspausen beispielsweise bei der Bürosoftware an Wochenenden oder nachts durchaus akzeptabel. Selbst Ad-hoc-Updates von Smartphones und Laptops nimmt man hin. Von Automatisierungssystemen in Kraftwerken, Heizungs-

Tab. 10.1 Unterschiede zwischen OT und IT

	Informationstechnik im Unternehmen (IT)	**Operational Technology (OT)**
Ursprüngliches Einsatzfeld	Automatisierung von Geschäftsprozessen z. B. für die Kostenrechnung oder die Disposition von Aufträgen	Messen, steuern und regeln von technischen Anlagen und Industrieprodukten in Echtzeit
Lebensdauer	Regelmäßiger Austausch spätestens alle 3 bis 6 Jahre	Verwendung von Altsystemen Laufzeiten über 20 Jahre
Technische Änderungen	Erfolgen regelmäßig, oft online durch Updates	Sporadisch, herstellerabhängig
Verfügbarkeit	Zu erweiterten Bürozeiten, Wartungspausen z. B. an Wochenenden oder nachts	Kontinuierlicher 24/7-Einsatz, hohe Kosten bei Betriebspausen
Sicherheitsprüfungen	Finden statt; es gibt Richtlinien zur IT-Sicherheit	Regelmäßige Prüfung der Hardware, im Softwarebereich *Security by obscurity*, d. h. die genaue Funktionsweise ist Angreifern nicht bekannt

steuerungen, Fahrzeugen und Ähnlichem wird hingegen ein kontinuierlicher Einsatz erwartet und Ausfälle nicht akzeptiert: Hier müssen die technischen Systeme sehr zuverlässig und stets verfügbar sein, da ein Systemausfall mit Betriebsunterbrechung erhebliche Folgen nach sich ziehen kann.

Auch mit Blick auf Sicherheitsprüfungen herrschen in den einzelnen Bereichen unterschiedliche Vorgehensweisen. Ein System darf weder andere Systeme gefährden noch von außen von Unbefugten manipuliert werden können. Allerdings sind die Auswirkungen möglicher Sicherheitslücken auf den Menschen und die Umwelt sehr unterschiedlich und können von der Kategorie „Ärgernis" bis „Katastrophe" reichen.

Daher finden in der Unternehmens-IT regelmäßige Sicherheitsprüfungen statt, um z. B. Viren oder Ähnliches erkennen zu können. Hingegen ist es im Industriebereich nach wie vor üblich, die Software von Steuerungen, Routern etc. nur gelegentlich zu überprüfen. Insbesondere bei prozessnaher Steuerungssoftware kommt eher das Prinzip der *Security by obscurity* (Sicherheit durch Verschleierung) zum Einsatz, das Angriffen aufgrund unklarer Wirkzusammenhänge entgegenwirkt.

Allerdings kommt inzwischen auch in der Produktionsautomatisierung der Datenauswertung in Prozessen eine besondere Rolle zu. Heute sollen beispielsweise Maschinen in Produktionswerken aus der Ferne gewartet oder bei komplexen Fehlermustern die Ursachen bestimmt werden können. Aufgrund der Vernetzung industrieller Systeme entstehen daher neue Verbindungen zwischen den Anlagen mit den Steuergeräten und der Außenwelt über das Internet. Deshalb sind für einen sicheren und zuverlässigen Betrieb gerade von Automatisierungssystemen, die Teil von kritischen Infrastrukturen wie Kraftwerken, Kläranlagen oder Verkehrssystemen sind, besondere Vorkehrungen zu treffen.

10.3 Wirtschaftliche Abwägungen

Um zu verstehen, wie neue Methoden und Verfahren der Automatisierungstechnik ihren Weg in die Praxis finden, ist es wichtig, die dort geltenden Maßstäbe zu begreifen.

Aus Sicht der Anwender geht es zunächst um die Funktion oder die Fähigkeit, die ein Automatisierungssystem bereitstellt. Je nach Industriesegment und Anwendung können diese sehr unterschiedlich ausfallen: beispielsweise die Fähigkeit des autonomen Fahrens, die Bereitstellung von Informationen zur Koordination von globalen Wertschöpfungsketten oder die Fähigkeit, mit maschinenbaulichen Systemen automatisch Güter zu produzieren.

Sobald diese Grundfunktionalität erbracht ist, ändert sich die Perspektive in Richtung Effektivität. Es geht nun darum, welchen Anteil das automatisierte System an der Wertschöpfung hat bzw. welche Einbußen aufgrund von Nutzungsausfällen drohen.

Die Aufmerksamkeit beim Einsatz von Automatisierungstechnik konzentriert sich häufig auf die Frage, welche Faktoren die wirtschaftliche Gesamteffektivität behindern und wie Verluste vermieden werden können. Insbesondere im Bereich der Anlagenautomatisierung zur Produktion ist die sogenannte OEE-Kennzahl (*Overall Equipment Effectiveness*) nach Nakajima (1988) ein weitverbreitetes Maß für die Gesamtanlageneffektivität. Die Abb. 10.3 zeigt die drei zentralen Kennzahlen, auch *Key Performance Indicator* (KPI), zur Ermittlung der Gesamtanlageneffektivität auf.

Erstrebenswert aus der Perspektive der Anwender ist das hundertprozentige Erreichen der OEE-Kennzahl.

Das bedeutet für die einzelnen Kennzahlen:

- Zur Erreichung der Verfügbarkeit (*Availability*) ist die geplante Lauf- bzw. Einsatzzeit des Automatisierungssystems unbedingt zu erreichen. Ungeplante technische Störungen, Wartungen oder Instandhaltungen sind möglichst zu vermeiden. Gleiches gilt für unproduktive Zeiten durch Umrüsten oder Umbauten.
- Die Leistung (*Performance*) des Systems sollte nicht durch eine unzureichende Arbeits- oder Betriebsorganisation beeinträchtigt werden. Es ist sicherzustellen, dass das System stets mit Aufträgen versorgt ist und sich nicht etwas im Leerlauf befindet.
- Die Qualität (*Quality*) der Leistungserbringung ist ebenfalls von Bedeutung. Abweichungen vom bestimmungsgemäßen Betrieb oder Fehlproduktionen sind zu vermeiden, da dadurch Ausschuss entsteht.

Abb. 10.3 *Overall Equipment Effectiveness* (OEE)

Die Entscheidung über den Einsatz von Automatisierungstechnik wird regelmäßig auf Basis der OEE-Kennzahlen getroffen: Zeigt eine Abschätzung eine Erhöhung der OEE-Kennzahl durch Automatisierung, dann ist der Einsatz der Automatisierungstechnik sinnvoll. Die Automatisierungstechnik wird also dann eingesetzt, um die Anlage wirtschaftlicher als bisher zu betreiben. Entscheidend bei dieser Abwägung ist zudem das Verhältnis der Verbesserung aufgrund der gesteigerten Gesamtanlageneffektivität zu den notwendigen Investitionen, der *Return on Investment* (ROI):

> „Der Return on Investment (ROI) ist die Kennzahl für die Rentabilität der Effizienzsteigerung im Verhältnis zum eingesetzten Kapital für die Umsetzung der Automatisierungstechnik".

Wie die Schwelle des ROI für eine Einsatzentscheidung von Automatisierungstechnik zu bemessen ist, hängt stark von der Branche ab. In vielen Bereichen der Produktionstechnik wird ein ROI von max. zwei Jahren für den Kapitaleinsatz angesetzt, d. h. die Effizienzsteigerung innerhalb von zwei Jahren muss die Investitionsmittel ausgleichen.

Diese Überlegungen zu den Kennzahlen OEE und ROI zeigen, dass der Einsatz von Automatisierungs- und industrieller Informationstechnologie nicht in jedem Fall sinnvoll ist, nämlich dann nicht, wenn eine manuelle oder teilautomatische Lösung kostengünstiger ist.

Außerdem sind die OEE-Kennzahlen und eine strikte Berücksichtigung des ROI nicht unumstritten, da diese ausschließlich auf die Effektivität eines abgegrenzten technischen Systems fokussieren. Dabei werden Aspekte wie Flexibilität oder Wandlungsfähigkeit außer Acht gelassen, bzw. auf die Quantifizierung von Ausfallzeiten z. B. für Umbauten reduziert. Damit wird der Agilität der Anlage wenig Bedeutung beigemessen, da Aufwände bei Produktänderungen in der Zukunft nicht quantifizierbar sind.

Auch der Mehrwert aufgrund von IT-Einsatz ist ohne die Verfügbarkeit von belastbaren Vergleichsdaten kaum bezifferbar. Soll z. B. bei einer neuen Anlage die Möglichkeit der Teleoperation, d. h. der Bedienung aus der Ferne, geschaffen werden, so stehen den entsprechenden Investitionen mögliche Steigerungen der OEE durch Ferneingriffe von Experten gegenüber, die nur schwer zu quantifizieren sind.

Dies erklärt, warum viele industrielle Branchen dem Einsatz ganz neuer Technologien eher abweisend gegenüberstehen; positive Veränderungen sind ohne einen längeren Versuchsbetrieb gar nicht quantifizierbar. Zudem besteht das Risiko des Absinkens der OEE-Kennzahl aufgrund von unerwarteten Fehlern oder Schwierigkeiten durch unreife Technologien, die unvorhergesehene Kosten erzeugen können und den ROI dann zusätzlich absenken.

Eine Entscheidung nur auf Basis der Wirtschaftlichkeitsbetrachtungen hemmt allerdings Innovation, da die exakte Erhebung der Kennzahlen den Einsatz voraussetzt, der wiederum erst nach der Investition in Automatisierungstechnik genau bestimmt werden kann. Um aus dieser Zwickmühle bei der Einsatzentscheidung herauszukommen, werden oft Kennzahlen anhand von Anlagenautomatisierung im Pilotbetrieb ermittelt, um dann auf die Gesamtanlage schließen zu können. Manchmal müssen aber auch Entscheidungen ohne eine Absicherung durch einen Pilotbetrieb getroffen werden, insbesondere dann, wenn es um Leittechnik, Betriebsführung und Ressourcen-Management geht, die ihre Wirkung nur bei einem Einsatz in der Breite entfalten können.

Zusammenfassend lässt sich feststellen, dass wirtschaftliche Abwägungen zwar eine zentrale Rolle beim Einsatz von Automatisierungstechnik spielen, allerdings können sie nicht immer eindeutig getroffen werden.

10.4 Technische Grenzen des Einsatzes von Automatisierungstechnik

Die technische Realisierbarkeit ist eine offenkundige Anforderung an ein automatisiertes System, es soll eine beherrschbare Komplexität aufweisen, d. h. praktikabel aufzubauen und abzuändern sein. Nach heutigem Verständnis muss ein automatisiertes System ein Verhalten zeigen, dass vorhersagbar und reproduzierbar ist.

10.4.1 Grenzen der Realisierbarkeit aufgrund von Komplexität

Mit zunehmender Komplexität rückt die Frage der Realisierbarkeit von Automatisierungssystemen stärker in den Vordergrund. Es stellen sich in der Praxis Fragen wie: Ist ein System mit vertretbarem Aufwand aufzubauen oder abzuändern? Oder führt die Vielschichtigkeit der technischen Realisierung dazu, dass Automatisierungstechnik nicht mehr oder nur mit sehr großem Aufwand beherrschbar ist?

Konzeptionell sind heute viele Ansätze für Implementierungen denkbar. Vorreiter in der Praxis stoßen jedoch auch immer wieder an Grenzen, sodass Realisierungen scheitern oder nicht zuverlässig funktionieren.

Es gibt keine klaren Kriterien, nach denen sich Entwürfe von Automatisierungssystemen mit Blick auf die Realisierbarkeit einschätzen lassen. Gescheiterte Projekte der Vergangenheit zeigen jedoch, dass nicht alle Möglichkeiten, die greifbar erscheinen, später in der Praxis zu einem nachhaltig funktionierenden System führen.

Die Machbarkeit aufgrund der Komplexität bei der Realisierung von Automatisierungssystemen hängt von der Anzahl der Ein- und Ausgänge und der Anzahl der Teilsysteme ab, sodass hierüber wenigstens eine grundsätzliche Eingruppierung dargestellt werden kann.

Abb. 10.4 zeigt ein Koordinatensystem, in dem die Anzahl der Teilsysteme eines Automatisierungssystems der Anzahl der Ein- und Ausgänge gegenübergestellt ist.

Exemplarisch werden für typische Gruppen der Produkt- und Anlagenautomatisierung die Anzahl der Teilsysteme und der Ein- und Ausgänge abgeschätzt, um für diese einen Eindruck der Systemkomplexität zu vermitteln.

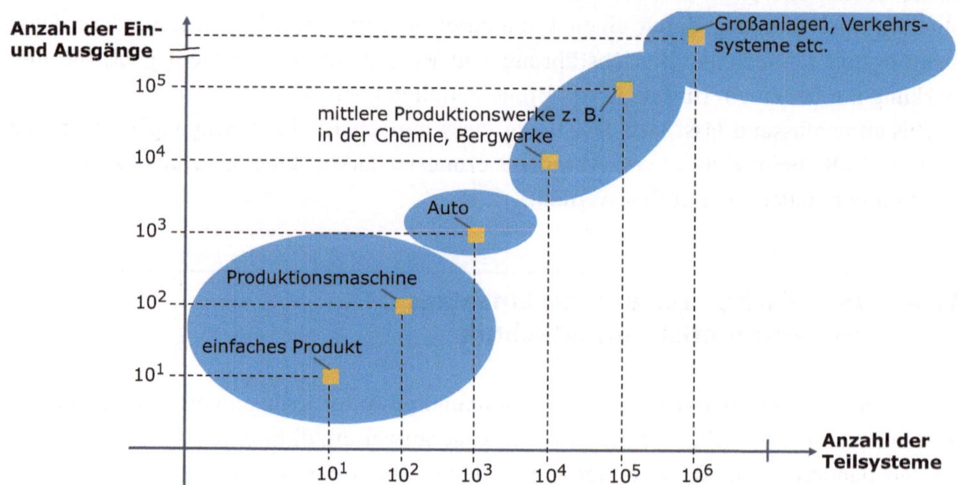

Abb. 10.4 Komplexität von technischen Systemen

Es ergibt sich folgende Einschätzung für die verschiedenen Systeme:

- Ein sehr einfaches automatisiertes Produkt, z. B. ein Bohrschrauber, stellt ein eigenständiges System dar und hat sehr wenige Ein- und Ausgänge. Produktionsmaschinen verfügen hingegen unter anderem über mehrere geregelte Achsen und diverse Teilanlagen.
- Autos haben in den letzten Jahren stark an Komplexität gewonnen. Sie verfügen über viele einzelne Teilsysteme (z. B. zur Motorsteuerung, für Lichtsysteme, Navigation und Fahrerassistenz) mit einer höheren Anzahl an Ein- und Ausgängen.
- Produktionswerke in der Chemie oder Anlagen des Bergbaus besitzen sehr viele Ein- und Ausgänge, die durch eine sehr große Anzahl von Teilsystemen bedient werden.
- Systeme zur Koordination des Verkehrs, z. B. Verkehrsanlagen der Bahn, werden mit mehr als 10^6 Teilsystemen betrieben.

Gibt es überhaupt Realisierungsgrenzen für Automatisierungssysteme und wenn ja, wo liegen sie?

Die Anzahl der Systeme mit zentral steuerbaren Ein- und Ausgängen hat tatsächlich praktische Grenzen. Nach Delsing (2017) liegen diese für zentral gesteuerte Systeme heute bei etwa 10^5 Ein- und Ausgängen und sind dadurch begründet, dass zur Entwicklungszeit alle Informationen vorliegen müssen, um einen Systementwurf und die Implementierung durchführen zu können.

Es gibt andere komplexitätstreibende Faktoren, z. B. eine Vernetzung im Sinne einer Vermaschung möglicher Pfade, die dazu führen kann, dass Menschen die Komplexität schon sehr früh nicht mehr überblicken.

Außerdem können sich Systeme im Feld evolutionär entwickeln, d. h. sie werden schrittweise erweitert, sodass die IT-Architektur schließlich eine Komplexität verarbeiten muss, für die sie nie gedacht war.

Heute geht die Tendenz klar zu immer größeren Systemen. Systemverbünde beispielsweise in Großstädten (sogenannte Mega-Cities) können sehr viele Teilsysteme aufweisen, die allerdings nicht alle gleichzeitig zu einem Entwurfszeitpunkt konzipiert wurden, sondern schrittweise über die Zeit hinzukommen.

Charakterisierend für diese Systemverbünde sind die wechselnden Systemkomponenten und ihre Fähigkeit zur Zusammenarbeit während der Laufzeit. Diese Teilsysteme sind dann interoperabel, d. h. die einzelnen sehr unterschiedlichen Komponenten besitzen die Fähigkeit zum Informationsaustausch und zur Zusammenarbeit. Die Steuerung erfolgt dabei in der Regel ereignisorientiert.

Allerdings ergeben sich viele Herausforderungen, wenn zum Zeitpunkt der Entwicklung die spätere Verwendung einiger Teilsysteme nicht im Detail feststeht. Aufgrund des späteren Zusammenspiels von Komponenten können Konstellationen entstehen, die zur Entwicklungszeit überhaupt nicht absehbar waren. Aber wie lassen sich Komponenten so gestalten, dass sie später leicht mit anderen Komponenten „verbunden" werden können? Die Entwicklung solcher vernetzter Automatisierungsverbünde befasst sich damit, wie einzelne Teilsysteme verteilt und interoperabel vernetzt werden können, um die Gesamtfunktion durch eine Zusammensetzung bzw. Orchestrierung herzustellen.

10.4.2 Grenzen aufgrund von nicht deterministischem Verhalten

Technische Prozesse, die automatisiert werden, müssen in einer vorhersagbaren und nachvollziehbaren Weise reagieren, damit eine Systemsicherheit im Betrieb und bei Fehlfunktionen gegeben ist.

Die Vorhersehbarkeit des Systemverhaltens, die sogenannte Determiniertheit, ist eine wichtige Eigenschaft von Automatisierungssystemen. Determiniertheit bedeutet, dass ein System in einer bestimmten Art und Weise funktioniert, und dies stets nachvollzieh- und reproduzierbar.

Lauber und Göhner (1999) definieren:

> „Ein Automatisierungssystem heißt determiniert, wenn es für jeden möglichen Zustand und für jede Menge an Eingabeinformationen eine eindeutige Menge von Ausgabeinformation und einen eindeutigen nächsten Zustand gibt. Es reagiert auf gleiche Eingaben mit gleichen Ausgaben".

Diese Anforderung ist wichtig, um Prüfungen, Inspektionen und Zertifizierungen durchführen zu können. Beispielsweise muss bei der Überprüfung eines Autopilotensystems in der Luftfahrt sichergestellt sein, dass sich das System wiederholbar in der gleichen Art und Weise verhält. Nur so kann nachvollzogen werden, was in bestimmten Fällen passiert. Würde hingegen ein Testfall jedes Mal und unvorhersehbar zu einem anderen Ergebnis führen, dann wäre dieses Ergebnis nicht reproduzierbar und das System könnte nicht zugelassen werden.

Aus Sicht der Entwicklung und des Systemtests ist die Forderung nach Determiniertheit also unerlässlich, um die technische Funktion eines Systems unter allen Umständen zu kennen und nachvollziehen zu können.

Allerdings erodiert diese Forderung unter dem Druck der technischen Weiterentwicklung aus zwei Gründen:

- Aufgrund der Komplexität von technischen Systemen ist die Determiniertheit unter Umständen zwar gegeben, dennoch kann aufgrund der Komplexität ein anderer Eindruck entstehen. So beschreibt der Effekt des deterministischen Chaos ein irregulär erscheinendes Verhalten, das trotzdem deterministischen Regeln folgt. Der Eindruck des zufälligen Verhaltens entsteht durch die Nichtreproduzierbarkeit der Ausgangsbedingungen. Spielen viele Automatisierungskomponenten zusammen, so hat der Beobachter keinen Überblick mehr, nach welchen Regeln sich das Automatisierungssystem verhält. Somit kann nicht mehr festgestellt werden, ob ein Determinismus vorliegt.
- Mit der zunehmenden Selbstständigkeit von Automatisierungssystemen interagieren diese in komplexen Umgebungen und mit dem Menschen. Es entstehen sozio-technische Systeme. Solche autonomen oder auch intelligenten Systeme werfen Fragen nach der Kontrolle durch den Menschen auf. Beispielsweise werden Verfahren der Bilderkennung auf Basis von Beispielbildern trainiert. Die Frage, ob ein bestimmtes Muster im Bild erkannt wird, ist nicht mit einem einfachen „Ja" oder „Nein" zu beantworten. Vielmehr muss ein aufwendiger Feldtest erfolgen, an dessen Abschluss eine statistische Aussage steht, die sich an der Häufigkeit, mit der das Qualitätsziel erreicht wurde, orientiert. Dies bedeutet, dass keine absolute Aussage möglich ist, sondern eine Wahrscheinlichkeit, etwa dass der Test in 99,8 % aller Fälle positiv ausfällt.

Die Forderung nach Determinismus ist aus Sicht der Ingenieurinnen und Ingenieure nachvollziehbar. Eine klare Abgrenzung der Systemgrenzen im Verbund mit der Vorhersagbarkeit des Verhaltens ist heute auch aus rechtlicher Sicht wichtig. Allerdings zeichnet sich ab, dass die Einbindung von intelligenten Automatisierungssystemen, die zunehmend Funktionen der Selbstorganisation praktizieren oder sogar angelernt werden und damit autonom reagieren, eine solche Abgrenzung kaum noch zulassen.

Vielmehr werden wir uns daran gewöhnen müssen, dass Aussagen zum Systemverhalten von komplexen Automatisierungssystemen mit Angaben von Wahrscheinlichkeiten einhergehen, statt mit klar deterministischen Aussagen zu einem offenkundigen Systemverhalten.

Haben wir uns beispielsweise beim Autofahren schon lange damit abgefunden, dass es aufgrund von menschlichem Versagen zu Unfällen kommt, sind wir mit Blick auf autonom fahrende Fahrzeuge bezüglich der Produkthaftung noch weit davon entfernt, Unfälle aufgrund von Fehlern der Autopiloten zu akzeptieren.

10.5 Nicht technische Herausforderungen beim Einsatz neuer Technologien

Oft genug halten neue Technologien nicht in die Automatisierungstechnik Einzug, obwohl sie einen Reifegrad erreicht haben, der eine industrielle Umsetzung erlauben würde. Die Entwicklungen der letzten Jahre zeigen, dass technologische Durchbrüche verpasst wurden, weil Entwicklungstrends übersehen wurden und Unternehmen den Einstieg verpasst haben. Die neue Informations- und Kommunikationstechnik führt jedoch zu so neuen Paradigmen der Wertschöpfung und verändert bestehende Industriezweige derart, dass Verzögerungen dazu führen können, dass Produkte veralten, Marktanteile verloren gehen oder Teilnehmer ganz als Mitbewerber ausscheiden.

10.5.1 Was behindert technologische Innovation?

Obwohl es in der Vergangenheit viele Beispiele für technologische Sprünge gibt, ist die Frage, wann und wie Innovationen eingeführt werden sollten, oft nur schwer zu beantworten. Das liegt an der Art vieler technologischer Entwicklungen: Sie schreiten oft in Form inkrementeller Innovationen voran, d. h. in vielen kleinen Schritten. Wenn solche schleichenden Veränderungen dann aber Kipppunkte (*Tipping Points*) überschreiten, kann eine über viele Jahre lineare Entwicklung plötzlich in eine disruptive Innovation umschlagen – dann nämlich, wenn ein technologischer Reifegrad erreicht ist, der einen robusten Einsatz in der Fläche ermöglicht. Nicht selten werden Unternehmen von solchen Kipppunkten überrascht, da sie diese nicht haben kommen sehen oder sich aufgrund interner Diskussionen nicht rechtzeitig neu orientiert haben.

Dies ist der Augenblick, der den Siegeszug neuer Marktteilnehmer markiert: Da sie oft konsequent auf neue Technologien setzen, werden sie als innovative Vorreiter wahrgenommen. Ihren Produkten wird eine höhere Wertigkeit zugesprochen als denen von Unternehmen, die die bestehenden Technologien lediglich inkrementell weiterentwickeln. Dadurch können sich die innovativen Unternehmen Vorteile verschaffen, wenn die etablierte Konkurrenz den Anschluss verliert.

Aber Innovationen können auch scheitern. Die Ursachen und Muster hierfür sind vielschichtig und werden seit Jahren in der Managementliteratur erörtert:

Zunächst müssen die technologischen Entwicklungen richtig erkannt und eingeschätzt werden. Dazu bedarf es einer Forschung und Entwicklung, die pragmatisch neue Möglichkeiten beurteilt, Machbarkeitsnachweise erarbeitet und praktikable Wege in die Zukunft aufzeigt.

Außerdem muss der richtige Zeitpunkt zum entschlossenen Handeln gefunden werden. Erfolgt die Markteinführung einer neuen Technologie zu früh, so besteht gegebenenfalls noch eine Skepsis am Markt, die zu einer fehlenden Nachfrage führt. Erfolgt die Einführung aber zu spät, so können sich andere Marktteilnehmer bereits damit profilieren.

Eine Problematik, die besonders erfolgreiche und große Unternehmen betrifft, ist als „Innovations-Dilemma" bekannt. Nach Christensen (1997) entsteht diese dann, wenn Unternehmen eingeschlagene Technologiepfade nicht verlassen wollen, um den Bestandsmarkt nicht aufzugeben. Sie laufen dann aber Gefahr, von neuen Marktteilnehmern überholt zu werden, die auf neue Technologien setzen.

Die Ursachen sind leicht nachzuvollziehen: Zunächst sträuben sich die etablierten Unternehmen, da die neuen Technologien noch nicht ausgereift sind. Bestandsmärkte haben wenig Verständnis für Experimente und das alteingesessene Personal will keine Risiken eingehen und steht daher Innovationen skeptisch gegenüber. Innovative, neue Marktteilnehmer setzen hingegen mit aller Kraft auf die Umsetzung neuer Technologie, erarbeiten sich so einen Vorsprung und drängen dadurch etablierte Unternehmen vom Markt.

10.5.2 Wie kann Innovation in die Praxis transferiert werden?

Viele Unternehmen haben diese Problematik erkannt und setzen auf Maßnahmen, um Innovationen zum richtigen Augenblick aufzugreifen. Ein Patentrezept gibt es jedoch nicht, da es häufig um Fragen der Unternehmenskultur, der Unternehmensorganisation und insbesondere um die Haltung von Interessensvertretern (*Stakeholder*) geht, die sehr unterschiedlich sind und deren tatsächlicher Einfluss schwer zu beurteilen ist.

Maßnahmen und ihre Herausforderungen lassen sich wie folgt skizzieren:

- Agile Forschungs- und Entwicklungsprozesse sind eine Schlüsselfunktion für das Erkennen, Aufnehmen und Umsetzen von Innovationen. Diese hängen jedoch sehr von den handelnden Personen ab, die technologische Strömungen frühzeitig erkennen und einschätzen müssen. Ist erst einmal ein Arbeitsklima der „Konformität" entstanden, so wirkt dieses hemmend auf Innovationen, die stets Kreativität, Experimentierfreudigkeit und Risikobereitschaft erfordern.
- Ein Auslagern von innovativen Geschäftsfeldern in eigenständige Unternehmen ist gängige Praxis, um dem Innovations-Dilemma zu entgehen, da keine Abhängigkeit zum etablierten Unternehmen besteht. Die neue Einheit kann autonom und mit einer innovativen Unternehmenskultur Neues erarbeiten. Allerdings bestehen auch hier Gefahren, wenn nämlich die Umsetzung nicht zielgerichtet erfolgt oder sich in technologischen Details verliert, z. B. weil ungeeignetes Personal aus dem etablierten Unternehmen eingesetzt wird.
- Einrichtung von Innovation-Scouting mit Förderung von Start-ups. Insbesondere für Großunternehmen ist die Einrichtung von Fachabteilungen wichtig, die innovative Unternehmen beobachten und fördern, um auf diese Weise auf neue Ideen aufmerksam zu werden. Entsprechend können dann Machbarkeitsstudien und kompetentes Personal in die eigene Entwicklung einbezogen werden. Allerdings müssen die kulturellen Unterschiede zwischen den etablierten Fachabteilungen und den Start-ups gemeistert werden.

Trotz dieser Maßnahmen ist unternehmerischer Weitblick nicht zu unterschätzen. Kundenbedürfnisse und Marktveränderungen müssen frühzeitig erkannt werden, um auf sie eingehen zu können. Allzu oft sind schon viele Innovationen und notwendige Veränderungen verkannt worden und Unternehmen dadurch ins Hintertreffen geraten.

10.5.3 Wie lassen sich Interessensvertreter für die Technologieeinführung gewinnen?

Die Einführung neuer Technologien in Unternehmen und die damit verbundenen Fragen nach Chancen, Risiken und Kosten werden von verschiedenen Interessensgruppen zum Teil kontrovers beurteilt.

Es ist wichtig, die unterschiedlichen Perspektiven der Interessensvertreter zu verstehen (z. B. Aspekte der Produktgestaltung, übergeordnete Fragen des Managements oder kommerzielle Interessen), um zu wissen, wer zu welchen Aspekten konsultiert werden sollte.

So ist es wesentlich, die Interessensvertreter, die sich für die Belange eines technischen Produkts interessieren, aktiv bei der Planung und Durchführung eines Projektes zu berücksichtigen.

Dabei spielt auch das Führungsverhalten eine Rolle. Es gibt umfassende psychologische Analysen zu den einzelnen Führungstypen, die sehr unterschiedlich agieren und bei Technologieeinführungen ein Klima schaffen, das dem Innovationsvorhaben zu- oder abträglich ist: So setzt ein „Macher" die Pläne durch, ein „Opportunist" befolgt alle Vorgaben, der „Bewahrer" versucht, den Status quo zu erhalten, während der „Kreative" unter Umständen überambitionierte Ziele setzt. Schon die Betrachtung dieser Typen zeigt, dass eine Technologieeinführung angeleitet werden muss, um gezielt Mitarbeitende zu ermutigen und zu fördern, um kluge Entscheidungen zu treffen und dann ziel- und ergebnisorientiert führen zu können. Es sind schon viele Technologieprojekte gar nicht erst zustande gekommen oder bei der Einführung gescheitert, weil das „Klima" nicht beachtet wurde und sich daher Hindernisse ergaben, die zu einem Abbruch des Projekts führten.

Die Methode der Stakeholder-Analyse wurde schon von Mendelow (1981) vorgeschlagen und hilft bei der systematischen Sammlung und Analyse von Informationen, um deutlich zu machen, wessen Interessen bei der Entwicklung und Umsetzung berücksichtigt werden sollten.

Die Stakeholder können je nach Interessenslage in Gruppen eingeteilt werden, die unter Umständen einen erheblichen Einfluss auf die Entwicklung, die Einführung und den Erfolg eines Produkts haben. Wenn man die Erwartungen der Stakeholder antizipiert und die entsprechenden Ergebnisse liefert, lassen sich die Stakeholder in die Aktivitäten einbeziehen.

Abb. 10.5 zeigt eine Einteilung der Stakeholder in vier Gruppen, die entlang der Achse „Einfluss" im Sinne von Bedeutung und Wirkung sowie entlang der Achse „Interesse" im Sinne von Beteiligung und Engagement geordnet sind.

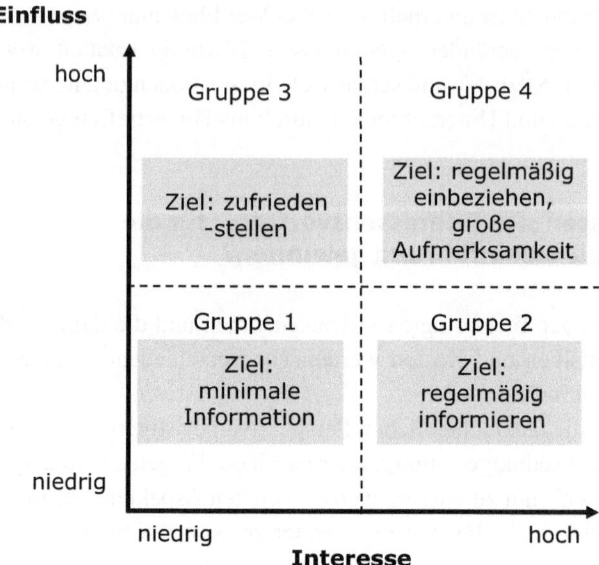

Abb. 10.5 Interessensvertreter und ihre Einteilung. (Adaptiert nach Mendelow 1981)

Gruppe 1 umfasst Stakeholder mit geringem Interesse und mäßigem Einfluss auf die Entwicklung. Diese sollte nur mit geringem Aufwand einbezogen werden, da ihre Einschätzungen nachrangig sind. Ein Beispiel für diese Interessensgruppe sind Personen aus Nachbarabteilungen, die zwar von den Aktivitäten gehört haben, aber nicht partizipieren werden.

Gruppe 2 besteht aus Stakeholdern mit hohem Interesse, aber einem geringen Einfluss auf die technische Entwicklung. Sie können die Entwicklung bzw. Umsetzung zwar nicht fachlich beeinflussen, jedoch durch ihr Interesse weitere Ideen generieren. Daher sollte diese Gruppe immer über den Stand der Dinge informiert werden, um von ihrer Einschätzung profitieren zu können. Kreditgeber und Investoren sind ein Beispiel für diese Gruppe.

Gruppe 3 hat ein geringes Interesse, aber hohen Einfluss auf die Entwicklung. Diese Interessensgruppe kann den Erfolg oder Misserfolg der Entwicklung maßgeblich beeinflussen, indem sie sich nicht hinreichend mit den Gegebenheiten befasst und das Projekt dadurch Opfer von Einflussnahmen Dritter wird. So könnte beispielsweise der Betriebsrat oder ein Datenschutzbeauftragter in Sorge um personenbezogene Daten Hürden bei der Einführung aufbauen und das Projekt so behindern. Diese Gruppe muss daher stets zufriedengestellt werden, um negative Konsequenzen auf das Projekt zu vermeiden.

Die vierte und wichtigste Gruppe hat ein hohes Interesse und einen großen Einfluss. Diese Gruppe sollte intensiv in den Entwicklungsprozess eingebunden werden. Hierzu zählen die Sponsoren im Topmanagement, Pilotkunden und Vertreter der Forschungs- und Entwicklungspartner, die das Projekt mit ihren Einschätzungen prägen.

10.6 Denkanstöße

Die bisherigen Ausführungen haben deutlich gemacht, dass es eine komplexe Gemengelage an Gründen für oder gegen den Einsatz von Automatisierungstechnik gibt. Wirtschaftliche Überlegungen sind allerdings sehr oft ein wesentliches Kriterium für oder wider die Automatisierungstechnik in der Industrie. Dabei spielt auch ein Zugewinn an Flexibilität oder die Steigerung der Qualität eine Rolle – allerdings oft eine schwer konkretisierbare, da monetär kaum zu bewerten.

Bei der Entscheidung über den Einsatz von Automatisierungstechnik sind Fragen zur Realisierung zu beantworten: Sollen bewährte Lösungen der Operational Technology (OT) gewählt werden? Oder sollen neue Wege der Informationstechnik (IT) beschritten werden? Oder gibt es bereits eine Konvergenz von OT und IT, sodass diese Differenzierung nicht notwendig ist?

Diskussionen zum Einsatz von Automatisierungstechnik zeigen, dass oft Investitionen erforderlich sind, um den Mehrwert tatsächlich erkennen zu können. Allerdings werden dann unter Umständen Strategien verfolgt, deren Nutzen nicht klar belegbar sind. Hinzu kommt ein rasantes Entwicklungstempo in speziellen Bereichen, das plötzlich neue Formen der Automatisierung hervorbringt. Viele Pro- und Kontraargumentationen mit Abwägungen zum Einsatz bleiben daher oft vage – so lange, bis diese realisiert und dann praktisch erprobt werden.

Die vorgestellte Analyse der Stakeholder ist eine Methode, die sichtbar macht, welche Haltungen und welchen Einfluss Interessensgruppen mitbringen.

Einsatzentscheidungen sollten fachlich und betriebswirtschaftlich begründet sein, wobei eine Offenheit und Zuversicht mit Blick auf Zukunftstechnologien entscheidend dafür sein kann, klug die richtigen Weichen zu stellen. Letztendlich sind es die mehr oder weniger gut informierten Menschen, die zu den Innovatoren, zu den konformen Folgern oder den Bewahrern gehören, die die Verantwortung dafür tragen, ob eine neue Technologie eingesetzt wird oder nicht.

Wählen Sie nun aus einer der in den Kap. 6, 7 und 8 vorgestellten Fallstudien eine aus, z. B. die der Automotive-IT.

Erörtern Sie die Aspekte zur Entwicklung der Technologie.

a. **Wie beurteilen Sie Ihre Lösungsansätze mit Blick auf die oben erläuterten Aspekte?**
   - Welche Risiken ergeben sich in der Entwicklung beim Einsatz von OT oder IT?
   - Wie schätzen Sie die Komplexität der Technologie ein?
   - Betrachten Sie Fragen der Wirtschaftlichkeit und überlegen Sie, welchen Einfluss die Einführung der Technologie auf den OEE oder ROI haben könnte.

b. **Welche Interessensgruppen (Stakeholder) sind von der neuen Technologie betroffen und welche Haltungen nehmen sie ein?**
   - Denken Sie an Entwickler, Management, Kooperationspartner bei Zulieferern, Produktionsplaner, das Serviceteam etc. Fertigen Sie eine Übersichtsmatrix nach Abb. 10.5 an und begründen Sie die Einordnung!

Weiterführende Literatur

Brockhoff, K.; Brem, A.: **Forschung und Entwicklung. Planung und Organisation des F&E-Management**, De Gruyter Studium, 2021 https://doi.org/10.1515/9783110600667-fm

Westkämper, E.; Löffler, C.: **Strategien der Produktion. Technologien, Konzepte und Wege in die Praxis**, Springer Verlag, 2016 https://doi.org/10.1007/978-3-662-48914-7

Referenzen

Christensen, C. M.: **The Innovator's Dilemma: When new technologies cause great firms to fail**. Harvard Business School Press, Boston, 1997 https://www.hbs.edu/faculty/Pages/item.aspx?num=46

Delsing, J. (Ed.): **IoT automation: Arrowhead framework**. CRC Press Taylor & Francis Group, 2017 https://doi.org/10.1201/9781315367897

Lauber, R.; Göhner, P.: **Prozessautomatisierung 1**. 3. Auflage, Springer-Verlag, 1999 https://doi.org/10.1007/978-3-642-58446-6

Mendelow, A. L.: **Environmental Scanning – The impact of the stakeholder concept**. International Conference on Interaction Science (ICIS), 1981 https://aisel.aisnet.org/icis1981/20

Nakajima, S.; Bodek, N.; Nakamura, K.: **Introduction to TPM: Total productive maintenance**. Japan Institute of Plant Maintenance, 1988

Auf dem Weg in die Zukunft 11

Zusammenfassung

Niemand weiß, wie sich die Dinge in der Zukunft entwickeln werden. Gleichwohl kann man den Fortschritt und die Entwicklung der Automatisierungstechnik mit Methoden der Zukunftsforschung bearbeiten. Im Folgenden werden Reifegradmodelle vorgestellt, mit denen Entwicklungsmöglichkeiten skizzierbar werden. Außerdem wird auf aktuelle Trends eingegangen, um einen Eindruck zu vermitteln, wohin sich die Automatisierungstechnik zukünftig bewegen kann.

Dabei werden folgende Fragen beleuchtet:

- Auf welchem Weg befindet sich die Automatisierungstechnik derzeit?
- Wie lassen sich Entwicklungen mit Reifegradmodellen beurteilen und vergleichen?
- Welche Entwicklungen sind absehbar? Und was kommt als Nächstes?

Dieses abschließende Kapitel wagt somit einen systematischen Ausblick auf die zukünftigen Entwicklungen, sodass sich die Chancen und Herausforderungen wenigstens schemenhaft abzeichnen.

© Springer-Verlag GmbH Deutschland, ein Teil von Springer Nature 2023
M. Weyrich, *Industrielle Automatisierungs- und Informationstechnik*,
https://doi.org/10.1007/978-3-662-56355-7_11

11.1   Reifegradmodelle zur Einordnung von Entwicklungen

Industrielle Prozesse und Produkte können mithilfe von Daten und Methoden zur Auswertung von Informationen mit neuen Funktionen bzw. Fähigkeiten ausgestattet werden. Diese neuen Möglichkeiten werden häufig unter dem Begriff „Digitalisierung", „Vernetzung" oder „KI" subsumiert.

Die Forschung hat im Umfeld der Automatisierungstechnik zahlreiche Reifegradmodelle entwickelt, die aufzeigen, in welchen Stufen eine Digitalisierung erfolgen könnte. Dabei geben diese Modelle zwar keine konkreten Hinweise, wie genau die weitere Entwicklung erfolgen soll, sie zeigen aber einen möglichen Weg in die Zukunft auf, der als Leitlinie verstanden werden kann. Den Reifegradmodellen liegen somit Denkwelten zugrunde, die bei einer Bewertung und Einschätzung neuer Technologien helfen.

Im Folgenden werden drei unterschiedliche Modelle vorgestellt, die den Reifegrad aus ganz verschiedenen Blickwinkeln beleuchten. Das erste Modell zur digitalen Reife von Produkten basiert auf einer Einschätzung zur Nutzung von Technologien, um intelligente und vernetzte Produkte zu erzeugen. Das zweite Reifegradmodell skizziert sinnvolle Entwicklungsschritte in der Produktion, nach denen eine Digitalisierung dort sequenziell erfolgen könnte. Das dritte Modell antizipiert Evolutionsstufen der Mensch-Maschine-Interaktion und zeichnet denkbare Reifegrade hin zu autonomen Systemen auf.

Die Modelle geben Anhaltspunkte, wie künftige Entwicklungen aussehen könnten – allerdings stammen die dahinterliegenden Denkwelten aus dem Hier und Jetzt und es ist gut möglich, dass in der Zukunft diese Vorstellungen nicht mehr relevant sind.

11.1.1 Die digitale Reife von Produktfähigkeiten

Welche Fähigkeiten können neue, „intelligente" Produkte durch die Digitalisierung entwickeln?

Auf Basis einer Expertenbefragung nach der Delphi-Methode (vgl. Abschn. 8.3.1) kann eine Identifikation von Technologien durchgeführt und strukturiert werden (Weyrich et al. (2017)). Es ergibt sich eine Beschreibung von Fähigkeiten, die neuartige Produkte kennzeichnen, die Daten und Informationen erfassen, analysieren und mittels KI weiterverarbeiten.

Abb. 11.1 gibt einen Überblick über die abgeleiteten Fähigkeiten. Sie lassen sich in zwei Hauptkategorien einteilen: „Erfassen und Verarbeiten von Daten und Informationen" und „Analysieren, Planen und Schlussfolgern mit KI".

a. **Fähigkeiten zur Erfassung und Verarbeitung von Daten und Informationen**

Diese Fähigkeiten verwalten die Beziehung zwischen dem System und seiner Umgebung. Sie ermöglichen es dem System, Daten zu verarbeiten, eine vernetzte Kommunikation aufzubauen und sich innerhalb von anderen IT-Systemen zu integrieren.

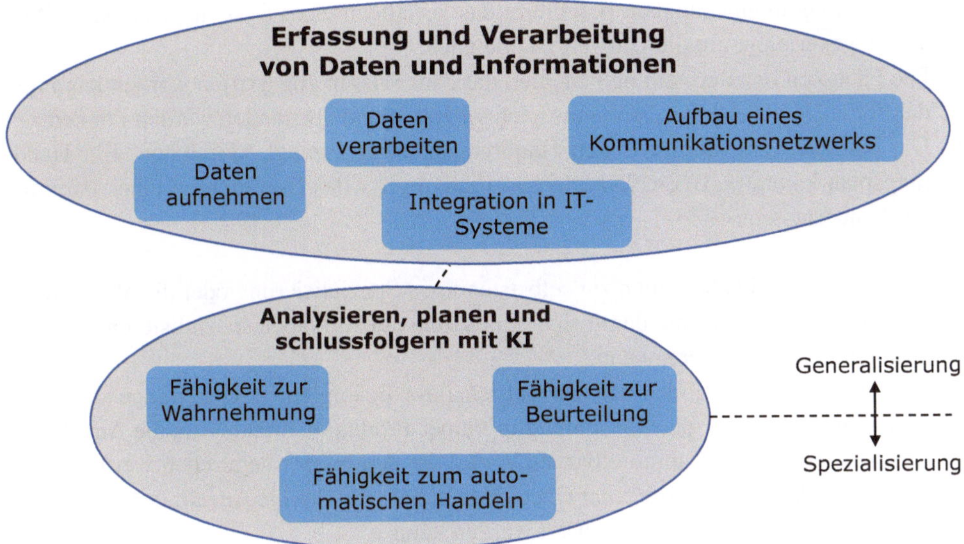

Abb. 11.1 Fähigkeiten von vernetzten intelligenten Produkten. (Nach Weyrich et al. 2017, mit freundlicher Genehmigung von © Springer International Publishing, 2017. All Rights Reserved)

Doch was macht diese Fähigkeiten aus?

- Die Fähigkeit, Daten aufzunehmen, ermöglicht die Erfassung großer Datenmengen. Da Daten sehr komplex sein oder sich schnell ändern können, muss es möglich sein, auf verschiedene Datenbanken, d. h. auf zentrale und auf verteilte Daten zuzugreifen. Dieser Zugriff sollte rasch, am besten in Echtzeit erfolgen.
- Die Fähigkeit, Daten zu verarbeiten, wird durch die verfügbaren Sensoren, die Integration verschiedener Sensortypen und eine mögliche Sensorfusion beeinflusst. Sie ist entscheidend für die Wahrnehmung des Systems seiner selbst und seiner Umgebung.
- Die Vernetzungsfähigkeit beschreibt, wie ein System mit anderen Systemen kommunizieren kann, indem es ein Kommunikationsnetzwerk aufbaut, das Daten und Informationen zwischen verschiedenen Systemen überträgt.
- Jedes Teilsystem sollte in der Lage sein, sich möglichst automatisch in ein IT-System zu integrieren. Eine solche Interoperabilität kann sich in Syntax und Semantik unterscheiden, je nachdem, ob z. B. nur ein einheitliches Alphabet oder eine gemeinsame Sprache zur Kommunikation verwendet wird.

b. Fähigkeiten zur Analyse, Planung und Schlussfolgerung mit KI

Diese Fähigkeiten betreffen die Wahrnehmung und die Bewertung von Informationen sowie die Möglichkeit, Schlussfolgerungen zu ziehen, um Handlungen planen zu können.

- Die Wahrnehmungsfähigkeit beschreibt das Vermögen eines Systems, aus Daten Wissen zu generieren, um die Umwelt zu erkennen.
- Die Fähigkeit der Beurteilung bedeutet, dass auf Wissen zugegriffen werden kann und damit die Ursachen eines Problems nachvollzogen und verstanden werden können.
- Die Fähigkeit zur automatischen Handlungsplanung erzeugt Aktivitäten. Ein Handlungsplan könnte z. B. eine Aktionsbeschreibung für das Durchfahren eines Parcours mit Hindernissen sein.

Darüber hinaus sind Fähigkeiten zur selbstständigen Spezialisierung oder die Möglichkeit zur Generalisierung relevant, damit sich ein System auf Aufgaben spezialisieren oder Zusammenhänge generalisieren kann.

Es muss bei diesem Modell bedacht werden, dass die implementierte Menge an technischen Fähigkeiten nicht gleichbedeutend mit einer Produktqualität ist, da die Anzahl der Produktfähigkeiten nicht unmittelbar als Vorteil für den Nutzer angesehen werden kann. Somit kommt das Modell eher einer Checkliste gleich, mit der die Anzahl der realisierten Funktionen verglichen und eingeschätzt werden kann.

c. Auf Basis welcher Metriken und Leistungsindikatoren lässt sich ein Reifegrad feststellen?

Je nachdem, welche der Fähigkeiten realisiert werden, ergeben sich ganz unterschiedliche Leistungsindikatoren eines neuen Produkts.

- So kann die Gebrauchstauglichkeit im Sinne von Benutzerfreundlichkeit, Bedienbarkeit und Wartbarkeit aus Sicht des Anwenders bewertet werden.
- Darüber hinaus können Aussagen über Modularität und Komplexität als Merkmale der Systemarchitektur zur Bewertung herangezogen werden. Hier können die Anzahl der Module und Schnittstellen gezählt und Maße für deren Verschachtelung angegeben werden.
- Auch Möglichkeiten der Rekonfiguration oder der Umfang der automatischen Anpassung können quantifiziert und für spezifische Situationen bewertet werden.

Merkmale, die eine Entscheidungsunterstützung oder soziale Interaktion beschreiben, sind aufgrund von Messbarkeitsproblemen allerdings schwieriger zu definieren.

So stellt die Entscheidungsunterstützung Wissensdienste bereit oder generiert Vorschläge, die es dem Benutzer erleichtern, eine fundierte Entscheidung zu treffen oder eine Aktion auszuführen. Mögliche Metriken sind die Anzahl der unterstützten Entscheidungssituationen oder der Anteil der erfolgreich unterstützten Situationen.

Soziale Interaktion wird als sehr fortgeschrittene Fähigkeit betrachtet; durch sie zeigen Systeme Interesse aneinander und sind in der Lage, Informationen auszutauschen oder sogar mit anderen zu verhandeln. Soziale Interaktion erleichtert die Zusammenarbeit und damit die Entscheidungsfindung, die Selbstkonfiguration und die Selbstoptimierung. Die Verfügbarkeit von Sprache, die Verwendung semantischer Definitionen, die Symbolerkennung und die Lernfähigkeit sind mögliche Metriken, um soziale Interaktion messen zu können.

11.1.2 Die digitale Reife von Prozessen in der Anlagenautomatisierung

In dem von Schuh et al. (2020) präsentierten Modell für die Digitalisierung in der Anlagenautomatisierung geht es um eine schrittweise Entwicklung von Systemfähigkeiten, die unterschiedlichen Evolutionsstufen entsprechen. Dieses Modell definiert fünf Schritte auf dem Weg zu einer neuen Generation von selbstoptimierenden und autonomen Automatisierungssystemen.

Tab. 11.1 zeigt die Reifegrade der Entwicklung von automatisierten Produktionssystemen für die verarbeitende Industrie auf, die zukünftig IT-Funktionalität einbeziehen sollen.

Nach diesem Modell werden automatisierte Fertigungssysteme im ersten Schritt der Konnektivität vernetzt sein, d. h. sie bestehen aus Komponenten, die untereinander Daten austauschen können. Im zweiten Schritt wird eine Sichtbarkeit von Daten entstehen, die auf der Erfassung mit Sensoren beruht. Dann wird in einem dritten Schritt eine Transparenz der Fertigungsprozesse erreicht werden, die auf Funktionen der Interpretation, Erkennung und Wahrnehmung erfolgen. Diese drei Schritte können zusammen als Erfassung und Analyse von Daten verstanden werden.

Weitere Auswertungsschritte dieser Daten nach den Prinzipien der künstlichen Intelligenz sind ebenfalls denkbar. So kann die Interpretation und Wahrnehmung von Daten in verschiedenen Komplexitätsstufen erfolgen. Zur Prognose (Schritt 4) kann z. B. eine prädiktive Simulation genutzt werden, die mehrere Szenarien in die Zukunft projiziert. Die fünfte und letzte Stufe (Adaptivität) ist ein vollständig anpassungsfähiges Produktionssystem. Solche Systeme der Zukunft werden selbstoptimierend oder sogar autonom sein.

Wie und in welcher Form diese Reifegrade erreicht werden, zeigt das Modell nicht. Gleichwohl skizziert es eine typische zeitliche Abfolge (Sammeln, Vernetzen und Auswer-

Tab. 11.1 Reifegrade für die Digitalisierung der Anlagenautomatisierung. (Adaptiert von Schuh et al. 2020)

	Systemfähigkeit	*Eigenschaft*
1. Konnektivität	Erfassen und Zusammenführen von Daten und Information	Systemkomponenten sind informationstechnisch vernetzt
2. Sichtbarkeit		Ein Digitaler Zwilling ordnet Informationen ein
3. Transparenz	Analysieren und Auswerten	Zusammenhänge werden erkannt
	Interpretieren und Wahrnehmen	Informationen werden interpretiert
4. Prognosefähigkeit	Prädiktive Simulation	Vorhersage auf Basis simulierter Szenarien
5. Adaptivität	Künstliche Intelligenz	Selbstoptimierung und Autonomie

ten von Daten), die sich allerdings eher auf die Realisierung einzelner Fähigkeitsbereiche als auf die Evolution der Anlagenautomatisierung bezieht. Trotzdem können Reifestufen übersprungen werden, z. B. wenn zu wenige Daten als Eingangsinformation für eine „Was-wäre-wenn-Simulation" genutzt werden, um Prognosen für die Zukunft anzustellen.

11.1.3 Die Reifegrade der Mensch-Maschine-Interaktion auf dem Weg zur Autonomie

Mit dem zunehmenden Einsatz von KI und damit der Realisierung von Fähigkeiten der Autonomie kann die Handlungsführung nach und nach vom Menschen auf ein autonomes System übergehen.

Abb. 11.2 verdeutlicht anhand der Überlegungen von Parasuraman et al. (2020) die Reifegrade auf dem Weg von der Assistenz über die Automatisierung hin zur Autonomie.

Auf Stufe 1 entscheidet der Mensch allein, auf Stufe 2 wird eine Auswahl an Optionen angeboten. Auf Stufe 3 wird die Auswahl der Möglichkeiten durch das System eingeschränkt und auf Stufe 4 wird eine Handlung vorgeschlagen. So kann ein Assistenzsystem einer Ampelanlage auf einen absehbaren Stau reagieren, indem es dem Operateur eine andere Phasenschaltung der Lichtsignale vorschlägt.

Der Mensch kann auf dieser Stufe auch anders entscheiden, daher wartet das System auf Stufe 5 zunächst auf eine Bestätigung durch den Menschen. Auf den nächsten Ebenen führt das System die Handlung – zunächst unter Einhaltung einer Vetofrist (Stufe 6) – voll-

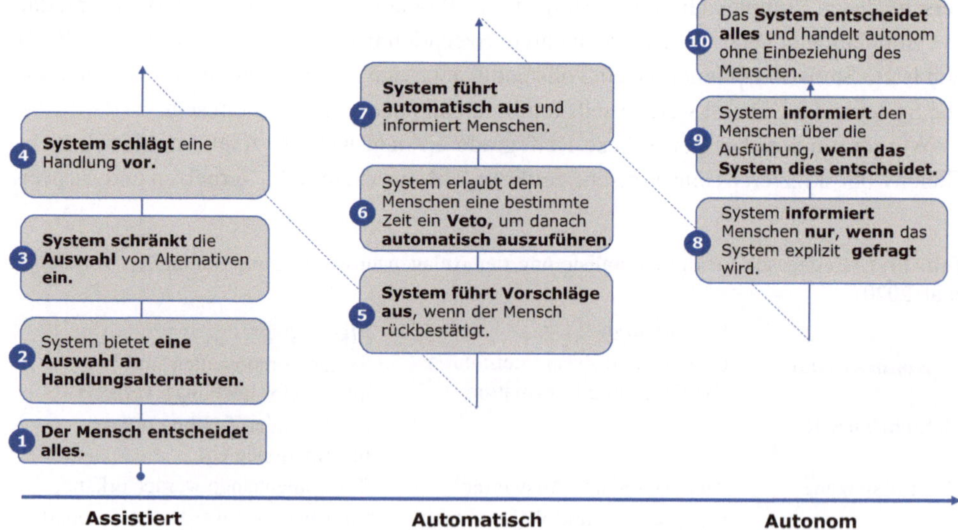

Abb. 11.2 Interaktionsrahmen von Assistenz-, Automatisierungs- und autonomen Systemen. (Adaptiert nach Parasuraman et al. 2020)

automatisch (Stufe 7) aus. Heute werden solche Systeme bereits bei klar abgrenzbaren Aufgaben und bekannten Systemgrenzen zur Automatisierung eingesetzt.

Ab Stufe 8 kommt es zur Übertragung der Handlungsführung auf ein autonomes System, das seine Beziehungen selbst regelt. Auf den Stufen 8 und 9 wird der Mensch gegebenenfalls noch über die Ausführung informiert, auf Stufe 10 werden die Handlungen ohne jede Einbeziehung des Menschen organisiert.

Dieses Erklärungsmodell bezieht sich in erster Linie auf die Automatisierung der Entscheidungsfindung und die Auswahl von Handlungsoptionen in Bezug auf die Eingriffsmöglichkeiten des Menschen. Eine Einteilung wird anhand der Interaktion und des Systemausgangs vorgenommen.

Dabei sind natürlich die Systemgrenzen, in denen sich ein automatisiertes bzw. autonomes System bewegt, von großer Bedeutung. Ist das Gesamtsystem klar definiert und abgrenzbar, z. B. die Regelung der Raumtemperatur durch ein Heizungsthermostat, dann wird eher von einem automatischen System gesprochen, da zum Zeitpunkt der Entwicklung alle Umstände des Einsatzes und der Handlungsführung absehbar waren. Autonome Systeme hingegen bewegen sich in einer nur teilweise bekannten Welt. In dieser „offenen Welt" (*Open World*) findet sich ein autonomes System selbst zurecht und kann diese sogar explizit verändern.

11.2 Welche technologischen Trends bestehen und welche Entwicklungen sind absehbar?

Die bisherigen Ausführungen haben gezeigt, dass es viele Entwicklungsrichtungen in der industriellen Informationstechnologie gibt, von denen die Automatisierungstechnik zukünftig profitieren wird.

Hierbei gibt es eine Reihe klar erkennbarer Trends, die die Entwicklungen und Geschäfte im Bereich Automatisierung in den nächsten Jahren bestimmen werden. So sind aus der Informations- und Kommunikationstechnik sowie aus der Informatik zahlreiche Innovationen zur Vernetzung von Systemen, zum Umgang mit Daten, zur Einbeziehung des Menschen und der künstlichen Intelligenz zu erwarten.

Es ist natürlich heute noch nicht absehbar, mit welchem Nachdruck sich die eine oder andere Entwicklung durchsetzen wird und ob diese dann zu signifikanten Veränderungen in der Praxis führt. Dafür hängt die Verbreitung von zu vielen Faktoren ab: die Akzeptanz in der Praxis, der erzeugte Mehrwert, die Unterstützung durch Anbieter von Plattformen, die Erfolge bei der Standardisierung etc.

Ein Blick in die Vergangenheit zeigt zwar eine stetige Weiterentwicklung, die durch Durchbrüche in speziellen Technologiefeldern auch disruptiv sein kann. Rückblickend sind solche sprunghaften Innovationen leicht nachvollziehbar, aufgrund der vielen unterschiedlichen Strömungen der Automatisierungstechnik aber schwer für die Zukunft zu prognostizieren.

11.2.1 Trend: Allgegenwärtige Verbindung zu den Systemen im Feld

Die Verbindung von automatisierten Systemen im Feld hin zu den Entwicklungsabteilungen der herstellenden Unternehmen bietet völlig neuartige Möglichkeiten zur Veränderung der Software im Betrieb, z. B. durch Updates und auch zum Kennenlernen der tatsächlichen Einsatzbedingungen durch Rückführung von Sensorinformationen.

Eine Evolutionsstufe in der Systementwicklung ist bereits seit einiger Zeit im Einsatz: Sogenannte Over-the-Air-Updates bieten Softwareaktualisierungen von automatisierten Systemen im laufenden Betrieb.

So reichen die Realisierungsmöglichkeiten des Software-Engineerings heute vom strukturierten Prozess über Software-Prozessverbesserungen hin zu einem *Continuous Integration and Deployment* (CI/CD). Entwicklungsprozesse hochvernetzter Softwaresysteme nutzen schon heute einen CI/CD-Loop mit automatischer Softwareauslieferung. Dazu sind dann allerdings auch neue IT-Architekturen wie Mikroservices und Container notwendig. Auch spielt die Konnektivität mittels 5G/*Edge* sowie neue Standards für das Testen unterschiedlicher Softwarestände nach ISO/SAE 21434 (2021) eine wichtige Rolle.

Eine Datenversorgung mit Einsatzdaten aus dem Feld gilt für die KI-Systementwicklung in der Automatisierungstechnik als Schlüssel zum Erfolg: In einer Datenschleife (*Data Loop*) wird die KI durch kontinuierlich aus dem Feld erhobene Daten trainiert und validiert.

Der *Data Loop* wurde bereits in der Fallstudie zu Automotive-Architekturen (Kap. 8) vorgestellt. Die von den Systemen im Feld erzeugten Daten werden der KI zugeführt. Dazu muss vor dem Hintergrund der Entwicklungsanforderungen eine Auswahl von Szenarien erfolgen, die aus dem realen Umfeld stammen, aber meist zusätzlich mit synthetischen Daten angereichert werden, um eine geeignete Trainingsbasis für die KI zu bieten.

Die so trainierten KI-Module müssen dann anhand von weiteren Szenarien validiert werden. Bei positiver Validierung und Test können die so verbesserten KI-Fähigkeiten dann per Update in den realen Systemen eingesetzt werden.

Der *Data Loop* der Zukunft kann somit bei der Entwicklung von autonomen Systemen zum szenarienbasierten Lernen für KI eingesetzt werden, sodass auf Echtdaten aus dem Feld sowie weiteren, synthetisch erzeugten Daten zum Training der KI zurückgegriffen werden kann.

Eine Entwicklung per *Data Loop* sollte sich dabei auf spezielle Einsatzszenarien, die *Operational Design Domain* (ODD), konzentrieren. Dabei ist die Art und der Umfang der ODD entscheidend für das Lernverhalten der KI. Über solche ODDs kann dann auch der vorschriftsgemäße Betrieb des autonomen Systems auf Basis einer trainierten KI sichergestellt werden, weil diese die verbindlich festgelegten Einsatzfälle repräsentiert, für die die KI funktionieren soll. Die ODD spezifiziert sozusagen die Betriebsszenarien, für die ein autonomes System ausgelegt sein muss. Diese beinhalten z. B. die Umgebungsbedingungen, in denen sich ein autonomes Fahrzeug bewegen kann. Dazu definiert die ODD eine Art Nutzungsszenario und gegebenenfalls auch Szenarien für eine nicht bestimmungsgemäße Nutzung.

Neue Testformen auf Basis der ODD, z. B. Thorn et al. (2018), im Bereich autonomer Fahrzeuge sind daher in Verbindung mit dem *Data Loop* von besonderer Bedeutung, da so die Einsatzszenarien im Sinne einer testbasierten Entwicklung festgelegt werden.

11.2.2 Trends der Modularität, der Konnektivität, des Digitalen Zwillings und der Autonomie bzw. KI

Die aktuellen Entwicklungen in der Automatisierung zielen auf einen umfassenden Einsatz von Software und insbesondere die Erschließung des Informations- und Datenraumes ab. Auch die KI wird wesentliche Umwälzungen in Bezug auf autonome Systeme verursachen.

Veränderungen ergeben sich insbesondere durch die Modularität von Automatisierungskomponenten, die Konnektivität im Sinne einer informationstechnischen Vernetzung, die Modellierung von Daten und Informationen im Digitalen Zwilling und durch den Einsatz von KI zur Steuerung und Handlungsführung in autonomen Systemen.

Auf Basis dieser Technologien geht es um die Verbindung von Software- und Systemengineering hin zu einer neuen Agilität durch kontinuierliche Weiterentwicklung (DevOps), vernetzte Softwareplattformen und die systematische Nutzung von Daten und Informationen. Dabei spielt KI für die Wahrnehmung und Planung autonomer Fähigkeiten bereits heute in Pilotanwendungen und empirischen Evaluationen eine wichtige Rolle.

Die vier angesprochenen Technologiebereiche leisten unterschiedliche und wichtige Beiträge:

a. **Modularität und Interoperabilität von Automatisierungskomponenten**

Kostengünstige ECUs beflügeln die Modularität von Komponenten, sodass Automatisierungssysteme stärker aus Modulen zusammengestellt werden können statt aus individuellen Lösungen. Es ist heute leicht möglich, beispielsweise Sensoren mit aufwendigen Mikrokontrollern auszustatten, sodass Funktionen der Signalverarbeitung direkt auf dem Sensor erfolgen. Diese Modularisierung erlaubt die Entwicklung „intelligenter" Komponenten, die leicht zusammengeführt werden können.

- Module vereinfachen die Entwicklung von Automatisierungssystemen, da das Gesamtsystem aus Komponenten orchestriert werden kann.
- Aufgrund von Standards ist eine Interoperabilität von Modulen gegeben, die eine einfache Austauschbarkeit ermöglicht.
- Durch Standardisierung und das Angebot von Modulen unterschiedlicher Hersteller wird ein langfristiger Betrieb von Systemen und Anlagen möglich.

Dadurch wird Zeit für Entwicklung eingespart und die Komplexität von Software durch Kapselung beherrschbar. Idealerweise lassen sich auch die Kosten durch Verwendung von

Serienprodukten senken. Es ist absehbar, dass die zunehmende Komplexität der Automatisierung sich nur durch Modularität beherrschen lässt.

b. Konnektivität zur informationstechnischen Vernetzung

Die Konnektivität, d. h. die Verbindung zwischen allen Komponenten und Modulen, ist die Voraussetzung für einen reibungslosen Daten- und Informationsfluss. Technologien wie echtzeitfähige Funktechnologien (z. B. 5G) und Möglichkeiten zur Erweiterung des Ethernets durch ein *Time Sensitive Networking* (TSN) entwickeln sich rasant.

Die Kommunikation mit über-, unter- und nebengelagerten Systemen, ihren Komponenten und dem Menschen verbessert sich zunehmend im Sinne von

- Latenzen, d. h. Verzögerungszeiten in der Kommunikation,
- Datenraten bzw. Übertragungsgeschwindigkeiten,
- Zuverlässigkeit und IT-Sicherheit der Daten- und Informationsübertragung.

Um Dateninseln zu vermeiden, sollte die Einbindung von Kommunikationspartnern ohne aufwendige Engineeringarbeiten zur Anpassung und „Übersetzung" von Daten und Informationen erfolgen. Um die vorhandenen Daten austauschen zu können, müssen daher Systeme mit standardisierten Schnittstellen und Sprachen eingesetzt werden.

c. Digitaler Zwilling zur virtuellen Abbildung technischer Systeme

Daten sollten von vornherein digitalisiert, gespeichert und laufend aktualisiert werden und zwar nicht in vielen verschiedenen Systemen, sondern immer in einem oder mehreren Digitalen Zwilling(en).

Ein Digitaler Zwilling kann auf unterschiedliche Weise realisiert werden, um eine digitale Repräsentation der realen Welt in einem Informationsraum zu ermöglichen. Dabei werden Eigenschaften, Zustände und Verhaltensweisen von Objekten und Prozessen abgebildet. Auf dieser Basis können dann Algorithmen zur Realisierung von KI-basierten Diensten erstellt werden. Somit entsteht ein Datenraum, in dem Daten und Informationen von der Entwicklung über die Herstellung des individuellen Systems, die Montage und Inbetriebnahme, den lebenslangen Betrieb bis hin zum Recycling vollständig oder in Teilen abgebildet werden. Daten und Informationen können jederzeit ausgewertet und für neue Softwaredienste und Verbesserungen eingesetzt werden. Durch den Digitalen Zwilling findet eine Virtualisierung statt, bei der der Ausführungsort der Software und der Speicherort der Daten technisch irrelevant ist; sie können entfernt in einer Cloud gehostet oder in einem vernetzten *Embedded System* ausgewertet werden.

d. Autonome Systeme auf Basis von KI

Autonome Systeme und KI sind wichtige Treibertechnologien auf dem Weg in die Zukunft. Durch KI können Aufgaben automatisiert werden, die vorher nicht oder nur mit unverhältnismäßig hohem Aufwand automatisiert werden konnten. Wird KI konsequent zur Steuerung eingesetzt, so können Automatisierungssysteme nicht nur vorausgedachten Programmstrukturen folgen, sondern zukünftig auch selbst Entscheidungen treffen.

In der Zukunft ist von technischen Systemen auszugehen, deren Komponenten autonome Fähigkeiten haben werden, die sich zu komplexen Gesamtsystemen zusammenschließen können. Dabei entstehen neuartige Fähigkeiten von automatisierten Systemen zur Unterstützung des Menschen oder zur Übernahme der Handlungsführung, d. h. sogar zum Ersatz von menschlichen Entscheidungsträgern.

Der wirtschaftliche und gesellschaftliche Nutzen wird Dimensionen erreichen, die denen der vorhergehenden Entwicklungsstufen der Automatisierung und Digitalisierung entsprechen oder diese sogar übertreffen.

Die Durchbrüche im Bereich der KI hin zu selbstlernenden Systemen lassen die Zukunft derzeit nur erahnen. Beispiele hierfür sind *DeepMind AlphaStar*, der 2019 im Strategie-Videospiel „StarCraft II" ein Grandmaster-Level erreichte, oder *ChatGPT*, der seit Ende 2022 als KI-Chatbot auf Basis eines großen Sprachmodells für Furore sorgt.

11.3 Was kommt als Nächstes?

In diesem Buch konnten die treibenden Technologiefelder, Zukunftstechnologien und das Themen-Portfolio der Automatisierungstechnik in den Branchen skizziert werden. Als Integrationswissenschaft sorgt die Automatisierung dafür, dass ein Transfer in die Praxis stattfindet. Die aktuellen Themen werden dabei im Diskurs zwischen Wissenschaft, Herstellern von Automatisierungstechnik, Betreibern automatisierter Systeme und Beratungsgesellschaften intensiv erforscht, erprobt und in praxisorientierten Projekten evaluiert.

Dabei zeigt sich, dass viele Entwicklungen einen inkrementellen Verlauf nehmen, d. h. sich über die Jahre entwickeln und schließlich zu einem Praxiseinsatz gelangen. Es gibt aber auch eine Reihe von Technologien, die ein disruptives Verhalten mit technischen Durchbrüchen zeigen.

Wertet man die Eindrücke von Fachkonferenzen, Befragungen von Innovatoren, Roadmaps etc. aus, so ergeben sich Themen, wie sie in Abb. 11.3 dargestellt sind.

Insbesondere den Technologien im Bereich der Kommunikation, der Daten- und Informationsvernetzung sowie der Speicherung wird aus einer Perspektive der anwendenden Branchen eine Schlüsselrolle zugeschrieben. Diese Technologien bedürfen sehr umfassender Investitionen in die IT-Infrastruktur, um im industriellen Maßstab eingesetzt werden zu können.

KI für autonome Systeme wird insbesondere im Bereich der Anwendung gesehen. So fließen aktuell große Investitionen in den Bereich des autonomen Fahrens, in die Automatisierung von industriellen Entwicklungs- und Geschäftsprozessen oder in die Digitalisierung der Arbeitswelt.

Auch Aktivitäten zur IT-Sicherheit sowie zur Förderung von Resilienz, d. h. einer Widerstandsfähigkeit gegenüber Störungen, und dem Management zunehmender Komplexität wird große Aufmerksamkeit gewidmet.

Abb. 11.3 Schlüsselthemen der zukünftigen Automatisierung

Nicht zuletzt werden auch ganz neue Einsatzfelder von Automatisierungstechnik eine wichtige Rolle spielen, beispielsweise neue Verfahren zur CO_2-Reduktion, die Erzeugung von Wasserstoff oder die Kreislaufwirtschaft.

Die Abwägung zwischen Chancen und Risiken ist oft schwierig. So kann ein „Hype" um Innovationen, deren Reife noch nicht gesichert ist, zu Ernüchterung bei den Anwendern führen. Andererseits drohen Unternehmen, die nicht aktiv sind, technologisch ins Hintertreffen zu geraten und den Anschluss zu verlieren.

Die Geschwindigkeit der Adaption neuer Technologien und Innovationen ist je nach Branche sehr unterschiedlich: Manche hegen deutliche Vorbehalte hinsichtlich des Nutzens von technologischen Innovationen und befürchten einen hohen Einführungsaufwand und erhebliche Risiken. Andere, wie der Automobilbereich oder die Heimautomatisierung, können ihre Nutzer so von den technischen Möglichkeiten begeistern, dass wirtschaftliche Kostenbetrachtungen nur eine nachrangige Rolle spielen: Hauptsache, das Produkt weist neue Features auf.

Es ist schon jetzt absehbar, dass es in Zukunft durch neue Wellen der Automatisierung zu markanten Veränderungen der Arbeits- und Lebenswelt kommen wird und sehr viel mehr Menschen als heute direkt von diesen Systemen und ihrem Wirken betroffen sein werden.

Dies wirft viele neue Fragen zur Vertrauenswürdigkeit und Zuverlässigkeit von autonomen Systemen auf, die eng mit ethischen und gesellschaftlichen Aspekten verknüpft sind.

Sie sind nun am Ende dieses Lehrbuchs angekommen. Anhand vieler Informationen, Denkanstöße und Beispiele aus der Praxis konnten Sie einen Eindruck von den Chancen und Risiken der Automatisierungs- und industriellen Informationstechnik gewinnen. Es liegt nun in den Händen von Ingenieurinnen und Ingenieuren, von Technologen und Entscheidungs-trägerinnen – in Ihren Händen –, die Herausforderungen anzunehmen, gekonnt Entwicklungen durchzuführen, kluge Entscheidungen zu treffen und die richtigen Maßnahmen zu ergreifen, um eine zukunftsfähige Automatisierungstechnik zu gestalten.

Weiterführende Literatur

Deichmann, J.; Doll, G.; Klein, B.; Mühlreiter, B.; Stein, J. P.: **Cracking the complexity code in embedded systems development.** Firmenschrift McKinsey, 2022

Gartner: **Emerging technology roadmap for large enterprises 2021–2023.** Firmenschrift, 2021

Tilley, J.: **Automation, robotics, and the factory of the future.** McKinsey, Firmenschrift, 2021

Wahlster, W.; Winterhalter, Ch. (Hrsg.): **Deutsche Normungsroadmap Künstliche Intelligenz.** Ausgaben 2, DIN und DKE Deutsche Kommission Elektrotechnik. 2022

Referenzen

ISO/SAE 21434: **Straßenfahrzeuge – Cybersecurity engineering.** Beuth-Verlag, 2021

Parasuraman, R.; Sheridan, T. B.; Wickens, C. D.: **A model for types and levels of human interaction with automation.** IEEE Transactions on Systems, Man, and Cybernetics – Part A: Systems and Humans, Vol. 30, No. 3. 2020 https://doi.org/10.1109/3468.844354

Schuh, G.; Anderl, R.; Dumitrescu, R.; Krüger, A.; ten Hompel, M. (Hrsg.): **Industrie 4.0 Maturity Index. Die digitale Transformation von Unternehmen gestalten – Update.** Acatech Studie, München 2020 https://www.acatech.de/publikation/industrie-4-0-maturity-index-update-2020/download-pdf?lang=de

Thorn, E.; Kimmel, S.; Chaka, M.: **A framework for automated driving system testable cases and scenarios.** Report No. DOT HS 812 623. Washington, DC: National Highway Traffic Safety Administration, 2018

Weyrich, M.; Klein, M.; Schmidt, J. P.; Jazdi, N.; Bettenhausen, K. D.; Buschmann, F.; Rubner, C.; Pirker, M.; Wurm, K.: **Evaluation model for assessment of cyber-physical production systems.** In: Jeschke, S.; Brecher, C.; Song, H.; Rawat, D. B. (Hrsg.) Industrial Internet of Things: Cybermanufacturing Systems, Springer International Publishing, 2017 https://doi.org/10.1007/978-3-319-42559-7_7

Stichwortverzeichnis

© Springer-Verlag GmbH Deutschland, ein Teil von Springer Nature 2023
M. Weyrich, *Industrielle Automatisierungs- und Informationstechnik*,
https://doi.org/10.1007/978-3-662-56355-7